JN231903

中学レベルからはじめる！

やさしくわかる統計学のための数学

ノマド・ワークス 著

ナツメ社

はじめに

最近注目を集めている統計学の入門書は、大きく「**統計をとる**」ためのものと、「**統計を読む**」ためのものに分かれるように思います。

たとえば、新薬の臨床実験の結果を論文にまとめたり、アンケート調査の結果を分析するときには、前者の「**統計をとる**」ための知識が参考になるでしょう。データの集計や計算には手間がかかりますが、最近では高機能の統計ソフトや表計算ソフトが普及しているので、簡単な操作で計算・分析が行えるようになりました。

一方、新薬が患者に効くかどうか調べるために論文を調べたり、アンケート調査の分析結果を解釈する場合には、「**統計を読む**」ための知識が必要です。この場合、数式を計算したり、統計ソフトを操作したりすることはほとんどありませんが、分析結果を正しく解釈するためには、統計用語や、結果の意味をきちんと理解しておく必要があります。

しかし、どちらのアプローチでも見過ごされがちなように思うのは、「**統計は数学である**」ということです。数学アレルギーの読者に配慮して「数式はなるべく使わない」入門書もありますが、統計処理のもとになっている考え方は、やはり数式で示したほうが深く納得できるのではないでしょうか。

そこで本書では、統計のもとになっている「数学」としての意味を、わかりやすく解説しようと試みました。おおよそ**中学数学**の知識で理解できるように、必要に応じて基本的な事項の復習も行っています。「**数学はあまり得意じゃないなあ**」という人もいるかもしれませんが、そういう人こそ、本書を手に取っていただければと思います。

本書の特長

本書の構成

本書は8章からなり，中学生レベルの数学からはじめて，段階的に高度な統計の知識が身についていくように構成しました。なるべく図版を多く取り入れて，わかりやすく読み進めるようにしました。

第1章　データを整理する

1-1 度数分布表とヒストグラム

この節の概要

- たくさんのデータから、データ全体の特徴をつかむために、度数分布表（どすうぶんぷひょう）の作り方を説明します。
- 度数分布表をグラフで表したものをヒストグラムといいます。

度数分布表をつくろう

複数のデータからデータ全体の特徴をみるには、そのデータを表にまとめたり、グラフで表したりするのが良い方法です。

たとえば次のデータは、ある学年の生徒100人分の数学のテストの点数を集めたものです。

53，62，56，70，18，85，73，84，50，54，69，73，50，53，67，
72，53，76，65，67，70，58，78，58，98，61，63，66，60，44，
59，65，62，63，46，22，62，79，67，48，58，86，38，56，72，
82，62，100，65，62，94，66，58，66，64，68，50，62，54，64，
61，26，72，74，64，76，68，66，56，96，55，72，60，58，72，
55，70，59，60，40，91，68，63，60，52，48，69，70，47，75，
64，59，56，63，55，68，69，61，42，54

このデータから何が言えるでしょうか？　並んでいる数字を眺めているだけではよくわかりませんね。そこで、データを一定の範囲ごとに区切って、それぞれの区間ごとに分けてみましょう。

0以上10未満：なし
10以上20未満：18
20以上30未満：22，26
30以上40未満：38
40以上50未満：44，46，48，40，48，47，42

14

例題

実際の問題を解きながら，統計への理解を深めていきましょう。

調和平均を求める

例題　家から学校まで、往きは時速6kmで走り、帰りは時速4kmで歩いた。往復の平均時速はいくらか。

算術平均で、$\frac{6+4}{2}=5$km/時　とするのは間違った答えです。

家から学校までの距離を$d$kmとすると、「時間＝距離÷速度」ですから、

往きにかかる時間：$\frac{d}{6}$　　帰りにかかる時間：$\frac{d}{4}$

往復では$\frac{d}{6}+\frac{d}{4}$時間がかかります。

一方、往復の距離は$2d$kmです。「速度＝距離÷時間」より、往復の平均時速は次のように求められます。

$$\text{平均時速}=\frac{2d}{\frac{d}{6}+\frac{d}{4}}=\frac{2d}{d\left(\frac{1}{6}+\frac{1}{4}\right)}=\frac{2}{\frac{1}{6}+\frac{1}{4}}=\frac{2}{\frac{2+3}{12}}=\frac{2\times 12}{5}=\text{4.8km/時}$$

答え

時速 6km
d km
時速 4km
家
病院

このような平均を調和平均（ちょうわへいきん）といいます。

調和平均は、一般に「各データの逆数の算術平均の逆数」で求めることができます。

分母と分子にnを掛ける

$$\bar{x}_h=\frac{1\times n}{\left(\frac{1}{x_1}+\frac{1}{x_2}+\cdots+\frac{1}{x_n}\right)\times\frac{1}{n}\times n}=\frac{n}{\frac{1}{x_1}+\frac{1}{x_2}+\cdots+\frac{1}{x_n}}$$

各データの逆数の算術平均

より、

24

分散は、$s^2 = \overline{x^2} - (\overline{x})^2$ で求めることができました。$\overline{x^2}$ はデータの2乗の平均なので、この式は、

$$分散 = \underbrace{\frac{データの2乗和}{データ個数}}_{\overline{x^2}} - \underbrace{平均の2乗}_{(\overline{x})^2}$$

と書けますね。A組のデータの2乗和を A^2 として、上の式に数値をあてはめると、次のようになります。

$$\frac{A^2}{10} - 50^2 = 825 \quad \Rightarrow \frac{A^2}{10} = 825 + 50^2 = 825 + 2500 = 3325$$

$$\Rightarrow \quad A^2 = 3325 \times 10 = 33250$$

同様にして、B組のデータの2乗和 B^2 も求めます。

$$\frac{B^2}{10} - 50^2 = 175 \quad \Rightarrow \frac{B^2}{10} = 175 + 50^2 = 175 + 2500 = 2675$$

$$\Rightarrow \quad B^2 = 2675 \times 10 = 26750$$

以上から、A組とB組を合わせたデータの分散は、

$$\frac{A^2 + B^2}{20} - 50^2 = \frac{33250 + 26750}{20} - 2500 = 500$$ …答え

A組、B組の平均はどちらも50なので、A組とB組を合わせたデータの平均も50になる

となります。

練習問題5 (答えは272ページ)

データAは平均40, 分散700で、データ個数は20個である。また、データBは平均55, 分散400で、データ個数は10個である。データA、データBを合併すると、平均と分散はそれぞれいくつになるか。

第1章 データを整理する

練習問題

解説した統計の知識を使って，問題を解く力を養います。解説と解答は，巻末に記載しています。

相対度数分布表から、横軸に階級、縦軸に相対度数をとったヒストグラムをつくることもできます。

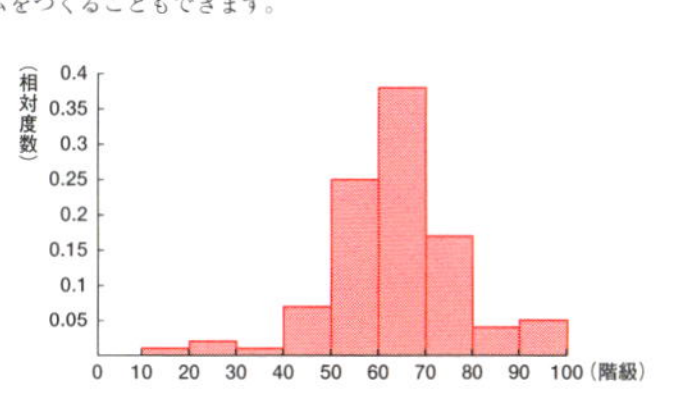

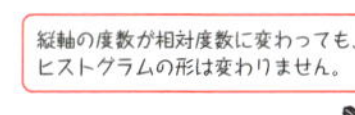

第1章 データを整理する

コラム 記述統計と推測統計

統計学は、大きく2つの分野にわかれます。ひとつは**記述統計**で、もうひとつは**推測統計**といいます。

記述統計とは、得られたデータからその特徴を引き出すテクニックのことです。この節で説明した度数分布表やヒストグラムをはじめ、この章で説明する平均値、分散、標準偏差などが、記述統計に含まれます。

もうひとつの推測統計は、いわば「部分から全体を推測する」ためのテクニックです。たとえば、医薬品の効果を、一部の患者に対する臨床試験の結果から推定するには、推測統計の手法を使います。本書では第4章以降で推測統計を扱います。

17

コラム

本文で解説しなかった用語や統計にまつわるこぼれ話などを掲載しています。

目次

はじめに …… 3
本書の特長 …… 4

第1章　データを整理する

1-1 **度数分布表とヒストグラム** …… 14
- 度数分布表をつくろう …… 14
- 相対度数分布表をつくろう …… 16

コラム **記述統計と推測統計** 17

1-2 **平均値の求め方** …… 18
- 算術平均を求める …… 18
- 加重平均を求める …… 19
- 度数分布表から平均を求める …… 20
- 幾何平均を求める …… 22
- 調和平均を求める …… 24

コラム **中央値と最頻値** 25

1-3 **分散と標準偏差** …… 26
- 分散を求める …… 26
- 分散の公式を覚えよう …… 28
- 標準偏差を求める …… 30
- データを合体する …… 30

1-4 **分布の変形と標準得点** …… 32
- 分布の形を変えるには …… 32
- 平均0、分散1の分布をつくる …… 35
- 偏差値を求める …… 37

第２章　統計を理解するためのキホンの確率

2-1　確率の基本 …… 40
- 確率の考え方 …… 40
- 「かつ」と「または」の確率 …… 41
- 排反な事象と確率の加法定理 …… 43
- 確率の基本性質 …… 44

2-2　独立試行と反復試行 …… 46
- 独立な試行と積の法則 …… 46
- 反復試行の確率の求め方 …… 48

コラム　順列と組合せ　50

2-3　条件付き確率 …… 52
- 確率の乗法定理とは …… 52
- 条件付き確率を求める …… 54
- 独立事象の乗法定理とは …… 56

2-4　確率変数と確率分布 …… 58
- 確率変数とは …… 58
- 確率分布とは …… 59
- 確率分布と度数分布 …… 60

コラム　保険料と大数の法則　61

2-5　確率変数の期待値と分散 …… 62
- 期待値とは …… 62
- 確率分布から期待値を求める …… 63
- 確率分布から分散を求める …… 64

2-6　期待値と分散の公式 …… 65
- よく使う期待値と分散の公式 …… 65
- 和の期待値は期待値の和 …… 67
- 互いに独立な確率変数 …… 70

コラム　確率変数の公式まとめ　72

2-7 二項分布 …… 73
• 二項分布とは …… 73
• 二項分布の期待値と分散 …… 76
• 二項分布の回数を無限にする …… 78
コラム ポワソン分布 79

2-8 連続型の確率変数 …… 80
• 連続型確率変数とは …… 80
• 連続型確率変数の確率分布 …… 81
• 確率密度関数とは …… 82
• 確率密度関数から確率を求める …… 84
• グラフが曲線になる確率密度関数 …… 85
• 連続型確率変数の期待値と分散 …… 87

第3章　正規分布なしでは生きられない

3-1 正規分布とは …… 90
• 正規分布は釣りがね型 …… 90
• 正規分布の平均と分散 …… 91
• 平均0、分散1の標準正規分布 …… 92
コラム ネイピア数について 94

3-2 正規分布の確率計算①　標準正規分布表を使う …… 96
• 正規分布する X の確率を求める …… 96
• 標準正規分布表を使って確率を求める …… 97
• いろいろな確率を求める …… 101
• パーセント点を求める …… 102

3-3 正規分布の確率計算②　表計算ソフトExcelを使う …… 105
• 表計算ソフトExcelで正規分布の確率を求める …… 105
• Excelでパーセント点を求める …… 106

3-4 正規分布と標準偏差 …… 109
• 標準偏差からわかること …… 109
• 平均 ± 標準偏差の面積 …… 110
• 偏差値からわかること …… 112
• チェビシェフの不等式 …… 113

3-5 **二項分布と正規分布** …… 116
• 正規分布を二項分布の代用として使う …… 116

3-6 **95%の確率で的中する推理** …… 119
• 何パーセントの確率なら「確実」か …… 119
• 95 パーセントのデータが収まる範囲 …… 120
• 95 パーセントの確率で的中する推理 …… 121

3-7 **95 パーセント信頼区間** …… 123
• 結果からさかのぼって推定する …… 123
• 測定値から実際の値を推定する …… 125
• 95 パーセント信頼区間の意味 …… 126
• 信頼度を上げると推定する範囲が広くなる …… 128

第 4 章　部分から全体を推定する（基礎編）

4-1 **統計的推定のキホン①　母平均、標本平均、標本平均の平均** … 130
• 母集団と標本 …… 130
• 復元抽出と非復元抽出の違い …… 132
• 標本平均の平均は母平均 …… 132
• 標本平均 $\overline{X}$ の公式を証明する …… 135
• 正規母集団と標本平均 …… 136

4-2 **統計的推定のキホン②　大数の法則と中心極限定理** …… 137
• 大数の法則 …… 137
• 大数の法則を証明する …… 138
• 中心極限定理 …… 140

4-3 **統計的推定のキホン③　標本分散と不偏分散** …… 142
• 標本分散には不偏性がない …… 142
• 不偏分散を求める …… 145
• 標本分散、不偏分散には一致性がある …… 146

4-4 **母平均を推定する①　母分散がわかっている場合** …… 148
• 母分散がわかっている場合の母平均の推定 …… 149

4-5 **母平均を推定する②　標本が大きい場合（大標本の推定）** … 152
- 大標本の推定 …… 152

4-6 **母比率を推定する　視聴率や内閣支持率の推定** …… 155
- 母比率の推定 …… 155

第5章　部分から全体を推定する（発展編）

5-1 **正規分布から派生した分布①　カイ2乗分布** …… 160
- カイ2乗分布の登場 …… 160
- カイ2乗分布は自由度で形が変わる …… 161
- カイ2乗分布するデータの95パーセントが収まる範囲 … 162

5-2 **母分散を推定する①　母平均がわかっている場合** …… 166
- カイ2乗分布する統計量をつくる …… 166

5-3 **母分散を推定する②　母平均がわからない場合** …… 170
- 母分散の代わりに標本平均を使う …… 170
- なぜ自由度が1減るのか …… 172

コラム **自由度について**　174

5-4 **正規分布から派生した分布②　t 分布** …… 175
- 標準正規分布を t 分布で代用する …… 175
- t 分布にしたがうデータの95パーセントが収まる範囲 …… 178

コラム **スチューデントの t 分布**　177

5-5 **母平均を推定する③　母分散がわからない場合** …… 181
- t 分布する統計量をつくる …… 181

第6章　仮説を検証する　仮説検定（基礎編）

6-1 **仮説検定の考え方** …… 186
- 「たまたま」か「トリック」か …… 186
- 帰無仮説と対立仮説を立てる …… 187
- 帰無仮説を検証する …… 188
- 帰無仮説が棄却されない場合 …… 192

- 結論が間違ってしまうこともある …… 193

コラム 背理法 189

6-2 母平均に関する検定 …… 194
- 母平均に関する仮説を検定する（母分散がわかっている場合）… 194
- 母平均に関する仮説を検定する（母分散がわからない場合）…… 198
- 片側検定と両側検定 …… 201

コラム p 値（有意確率） 197

6-3 母分散に関する検定 …… 205
- 母分散に関する仮説を検定する（母平均がわかっている場合）… 205
- 母分散に関する仮説を検定する（母平均がわからない場合）…… 208

第７章 仮説を検証する 仮説検定（発展編）

7-1 母平均の差を検定する① 母分散がわかっている場合 …… 212
- 母平均が等しいかどうかを検定する（母分散がわかっている場合）…… 213

7-2 正規分布から派生した分布③ F 分布 …… 217
- F 分布とは …… 217
- ２つの母集団の分散が等しいかどうかを検定する …… 218

7-3 母平均の差を検定する② 母分散がわからない場合 …… 226
- 母平均が等しいかどうかを検定する（母分散がわからない場合）…… 226
- 準備段階として、母分散が等しいかどうかを検定する …… 227
- 母分散が等しいと仮定して、母平均が等しいかどうかを検定する … 229

7-4 母平均の差を検定する③ ウェルチの t 検定 …… 234
- 母平均が等しいかどうかをウェルチの t 検定で検定する … 234

7-5 母比率に関する検定 …… 237
- 母比率の検定 …… 237

コラム サイコロのいかさまを見抜く 239

7-6 **適合度検定** …… 240
• 理論的な分布に適合しているかを検定する …… 240

7-7 **独立性の検定** …… 244
• クロス集計表の行と列が独立しているかどうかを検定する … 244

第８章　データ間の関係を分析する

8-1 **散布図と相関** …… 250
• 散布図を描く …… 250
• 正の相関と負の相関 …… 251
コラム **相関関係と因果関係** 253

8-2 **相関の度合いを数値化する** …… 255
• 共分散を求める …… 255
• 相関係数を求める …… 258
• 相関係数が－１以上１以下になる理由 …… 260

8-3 **回帰直線** …… 264
• 回帰直線とは …… 264
• 直線の式を求める …… 265
• 回帰直線の式を求める …… 266
• 最小２乗法による回帰直線の求め方 …… 268

練習問題の解説と解答 …… 272
索引 …… 285

付表

標準正規分布表 …… 99
カイ２乗分布の下側パーセント点 …… 164
***t* 分布の上側パーセント点** …… 180
***F* 分布の上側 2.5 パーセント点** …… 221

第1章

データを整理する

1-1　度数分布表とヒストグラム
1-2　平均値の求め方
1-3　分散と標準偏差
1-4　分布の変形と標準得点

1-1 度数分布表とヒストグラム

この節の概要

- たくさんのデータから、データ全体の特徴をつかむために、度数分布表の作り方を説明します。
- 度数分布表をグラフで表したものをヒストグラムといいます。

度数分布表をつくろう

複数のデータからデータ全体の特徴をみるには、そのデータを表にまとめたり、グラフで表したりするのが良い方法です。

たとえば次のデータは、ある学年の生徒 100 人分の数学のテストの点数を集めたものです。

53, 62, 56, 70, 18, 85, 73, 84, 50, 54, 69, 73, 50, 53, 67,
72, 53, 76, 65, 67, 70, 58, 78, 58, 98, 61, 63, 66, 60, 44,
59, 65, 62, 63, 46, 22, 62, 79, 67, 48, 58, 86, 38, 56, 72,
82, 62, 100, 65, 62, 94, 66, 58, 66, 64, 68, 50, 62, 54, 64,
61, 26, 72, 74, 64, 76, 68, 66, 56, 96, 55, 72, 60, 58, 72,
55, 70, 59, 60, 40, 91, 68, 63, 60, 52, 48, 69, 70, 47, 75,
64, 59, 56, 63, 55, 68, 69, 61, 42, 54

このデータから何が言えるでしょうか？　並んでいる数字を眺めているだけではよくわかりませんね。そこで、データを一定の範囲ごとに区切って、それぞれの区間ごとに分けてみましょう。

0 以上 10 未満：なし
10 以上 20 未満：18
20 以上 30 未満：22, 26
30 以上 40 未満：38
40 以上 50 未満：44, 46, 48, 40, 48, 47, 42

50以上60未満：53，56，50，54，50，53，53，58，58，59，58，56，58，
50，54，56，55，58，55，59，52，59，56，55，54
60以上70未満：62，69，67，65，67，61，63，66，60，65，62，63，62，
67，62，65，62，66，66，64，68，62，64，61，64，68，
66，60，60，68，63，60，69，64，63，68，69，61
70以上80未満：70，73，73，72，76，70，78，79，72，72，74，76，72，
72，70，70，75
80以上90未満：85，84，86，82
90以上　　　：98，100，94，96，91

こうすると、点数が50点台、60点台に集中しているという、データの特性が少し見えてきます。各区間に含まれるデータの個数を表にまとめると、次のようになります。このような表を**度数分布表**（どすうぶんぷひょう）といいます。

階級	階級値	度数
0以上10未満	5	0
10以上20未満	15	1
20以上30未満	25	2
30以上40未満	35	1
40以上50未満	45	7
50以上60未満	55	25
60以上70未満	65	38
70以上80未満	75	17
80以上90未満	85	4
90以上	95	5

度数分布表には、次の項目があります。

階級：　データ全体を範囲ごとに区切った区間。この例では10点ごとに範囲を区切りましたが、一般にはデータの最小値と最大値の間を、5～8程度の階級に区切ります。

階級値：各階級を代表する値。この例では階級の真ん中の値です。

度数：　各階級に含まれるデータの個数（頻度（ひんど））。

さらに、度数分布表をグラフで表すと、データの特徴が視覚的にわかりやすくなります。

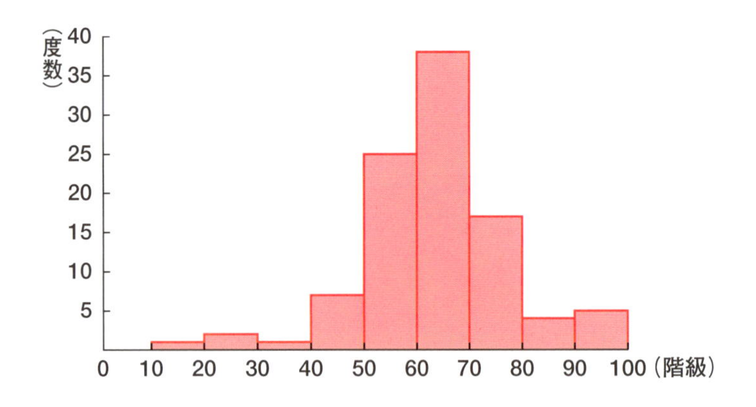

このように、度数分布表の階級を横軸にとり、度数を縦軸にとった棒グラフを**ヒストグラム**（柱状図）といいます。

相対度数分布表をつくろう

個々の度数をデータ総数で割った値を**相対度数**（そうたいどすう）といいます。たとえば、前ページの度数分布表で、「50 以上 60 未満」の度数は 25 です。データ総数は 100 なので、相対度数は 25÷100 ＝ 0.25 となります。

相対度数は、データ全体に占める各階級の割合を示します。相対度数を含む度数分布表を、**相対度数分布表**といいます。

階級	階級値	度数	相対度数
0 以上 10 未満	5	0	0
10 以上 20 未満	15	1	0.01
20 以上 30 未満	25	2	0.02
30 以上 40 未満	35	1	0.01
40 以上 50 未満	45	7	0.07
50 以上 60 未満	55	25	0.25
60 以上 70 未満	65	38	0.38
70 以上 80 未満	75	17	0.17
80 以上 90 未満	85	4	0.04
90 以上	95	5	0.05
		計 100	計 1

25÷100

← 相対度数の合計は 1 になる

相対度数分布表から、横軸に階級、縦軸に相対度数をとったヒストグラムをつくることもできます。

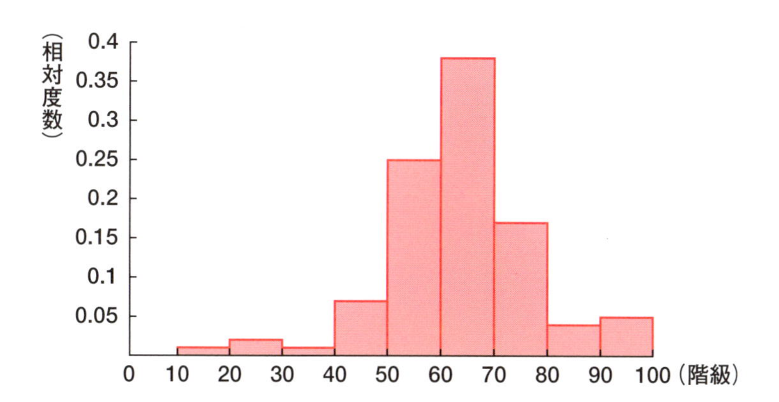

コラム 記述統計と推測統計

統計学は、大きく２つの分野にわかれます。ひとつは**記述統計**で、もうひとつは**推測統計**といいます。

記述統計とは、得られたデータからその特徴を引き出すテクニックのことです。この節で説明した度数分布表やヒストグラムをはじめ、この章で説明する平均値、分散、標準偏差などが、記述統計に含まれます。

もうひとつの推測統計は、いわば「部分から全体を推測する」ためのテクニックです。たとえば、医薬品の効果を、一部の患者に対する臨床試験の結果から推定するには、推測統計の手法を使います。本書では第４章以降で推測統計を扱います。

1-2 平均値の求め方

この節の概要

- 日常でもよく使う算術平均をはじめ、加重平均、幾何平均、調和平均といった様々な種類の平均について説明します。
- 本書ではとくに算術平均と加重平均が重要です。度数分布表から平均を求める方法も、加重平均の一種と考えることができます。

たとえば数学のテストで、A 組の平均点が 60 点、B 組の平均点が 70 点だったとすると、「B 組のほうが成績が良い人が多そうだ」という感じがします。

平均値のように、複数のデータの特徴をたった 1 つの数値に要約して表したものを**代表値**といいます。この節では平均値について説明しますが、代表値にはこのほかにも**中央値**や**最頻値**などがあります。

算術平均を求める

例題　次の 5 つの数の平均を求めなさい。
5, 7, 7, 10, 11

平均の求め方については、すでに知っている人が多いと思います。

$$\frac{5+7+7+10+11}{5}=\frac{40}{5}=\boxed{8}$$ …答え

このように、データの合計をデータの個数で割った値を**算術平均**（相加平均）といいます。あとで紹介するように、平均にはほかにもいくつかの種類がありますが、単に**平均**といった場合には算術平均を指します。

算術平均

$$\bar{x} = \frac{x_1 + x_2 + \cdots + x_n}{n}$$

※ $x_1, x_2, \cdots, x_n$：n 個のデータ

平均は「平らに均す」と書きます。例題の5つの数字を積み木で表すと、「平らに均す」とは、5本の積み木の塔がすべて同じ高さになるように調整することと同じです。そのためには、積み木をいったん1か所にまとめてから、各列に公平に分配します。これが、平均を求める手順になります。

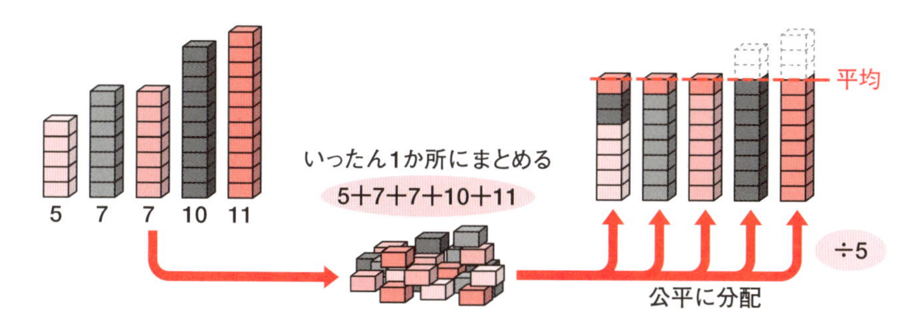

加重平均を求める

例題 数学のテストを行ったところ、A 組の平均点は 52 点、B 組の平均点は 70 点、C 組の平均点は 64 点であった。生徒全体の平均点はいくらか。ただし、各組の生徒数は A 組が 30 人、B 組が 40 人、C 組が 50 人とする。

この計算を、単純に各組の平均として、

$$\frac{52 + 70 + 64}{3} = \frac{186}{3} = 62$$

とすると、間違った答えになってしまいます。なぜなら、各組の生徒数が違うからです。

しかし、この問題を「52 点の生徒が 30 人、70 点の生徒が 40 人、64

点の生徒が50人いた」と考えれば、計算は次のようになりますね。

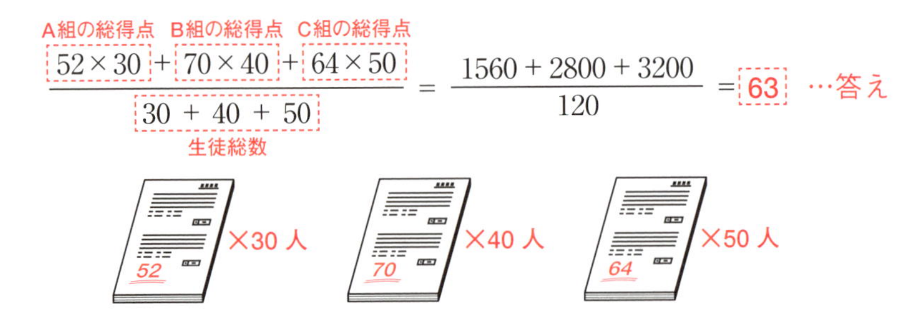

このような計算で求める平均を**加重平均**といいます。加重平均では、個々のデータに**重み**を掛けた値の和を、重みの和で割ります。

加重平均

$$\overline{x} = \frac{x_1 \times w_1 + x_2 \times w_2 + \cdots + x_n \times w_n}{w_1 + w_2 + \cdots + w_n}$$

※ $x_1, x_2, \cdots, x_n$：n 個のデータ
　$w_1, w_2, \cdots, w_n$：個々のデータに対する重み

例題の場合は、各組の平均点が「個々のデータ」で、各組の生徒数が「重み」に相当します。

練習問題 1　（答えは272ページ）

ビールを500mL、ウイスキーの水割り100mL、日本酒を200mL飲んだ。摂取したアルコールは平均何％か。ただし、アルコール度数はビール5％、ウイスキーの水割り9％、日本酒12％とする。

度数分布表から平均を求める

加重平均の計算式は、度数分布表から平均を求める場合にも使えます。たとえば、15ページの度数分布表から平均を求めるには、階級ごとに「階級値 × 度数」を計算し、その合計をデータの個数で割ります。この場合、階級値が「個々のデータ」で度数が「重み」に相当します。

階級	階級値	度数	相対度数	階級値 × 度数
0 以上 10 未満	5	0	0	➡ 5 × 0 = 0
10 以上 20 未満	15	1	0.01	➡ 15 × 1 = 15
20 以上 30 未満	25	2	0.02	➡ 25 × 2 = 50
30 以上 40 未満	35	1	0.01	➡ 35 × 1 = 35
40 以上 50 未満	45	7	0.07	➡ 45 × 7 = 315
50 以上 60 未満	55	25	0.25	➡ 55 × 25 = 1375
60 以上 70 未満	65	38	0.38	➡ 65 × 38 = 2470
70 以上 80 未満	75	17	0.17	➡ 75 × 17 = 1275
80 以上 90 未満	85	4	0.04	➡ 85 × 4 = 340
90 以上	95	5	0.05	➡ 95 × 5 = 475
				合計 6350

$$\bar{x} = \underbrace{6350}_{\text{階級値×度数の合計}} \div \underbrace{100}_{\text{データ数}} = 63.5$$

ただし、相対度数を使えば、上の計算は「階級値×相対度数」の合計で行えます。一般に、階級値を x_1, x_2, …, x_n、各階級の相対度数を f_1, f_2, …, f_n とすれば、

度数分布表の平均

$$\bar{x} = x_1 \times f_1 + x_2 \times f_2 + \cdots + x_n \times f_n$$

※ x_1, x_2, …, x_n：各階級の階級値
　f_1, f_2, …, f_n：各階級の相対度数

相対度数を使って計算すると、上の度数分布表の平均は次のようになります。

5	× 0	=	0
15	× 0.01	=	0.15
25	× 0.02	=	0.50
35	× 0.01	=	0.35
45	× 0.07	=	3.15
55	× 0.25	=	13.75
65	× 0.38	=	24.70
75	× 0.17	=	12.75
85	× 0.04	=	3.40
95	× 0.05	=	4.75
		合計	63.5 ←答え

加算 ↓

幾何平均を求める

例題 ある企業の年間売上高が2年連続で上昇した。各年の売上上昇率（前年比）は、1年目が10%、2年目が20%だった。平均の売上上昇率はいくらか。

当初の売上高を仮に100億円としましょう。売上上昇率は、1年目が10%、2年目が20%なので、2年後の売上高は

100億円（当初の売上高） × 1.1（1年目） × 1.2（2年目） = 132億円

となります。売上の平均倍率を x とすると、1年目と2年目の倍率が等しく x と考えればよいので、次の式が成り立ちます。

$$100億円 \times x \times x = 100億円 \times 1.1 \times 1.2$$

$$\Rightarrow x^2 = \frac{100億円 \times 1.1 \times 1.2}{100億円}$$ ← 仮の100億円は式から消える

$$\Rightarrow x^2 = 1.1 \times 1.2$$

$$\Rightarrow x = \sqrt{1.1 \times 1.2} \fallingdotseq 1.1489$$

(1.1489 − 1) × 100%

以上から、平均の売上上昇率は約**14.89%**となります。　…答え

このような平均を**幾何平均**（きか）（相乗平均）といいます。

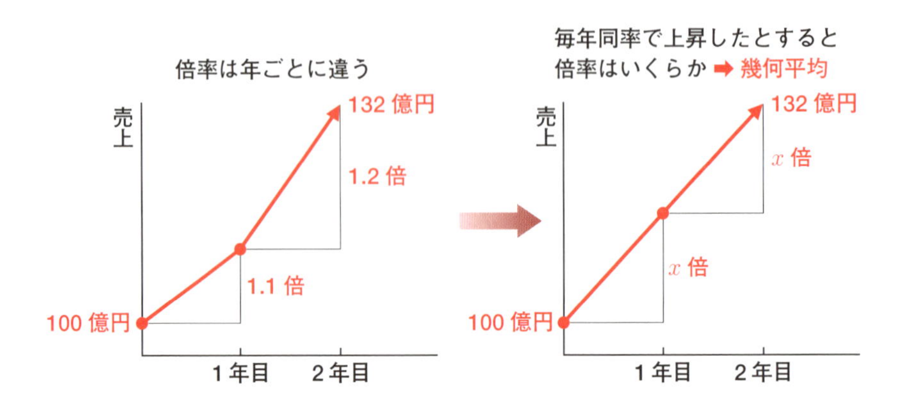

ちなみに、売上上昇率の算術平均を求めると

$$\frac{10+20}{2}=\frac{30}{2}=15\%$$

ですが、1年目と2年目の上昇率を15%とすると、2年後の売上高は100億円×1.15×1.15＝132.25億円となり、実際より多くなってしまいます。

一般に、幾何平均は次の式で求めることができます。

幾何平均

$$\bar{x}_g=\sqrt[n]{a_1\times a_2\times\cdots\times a_n}$$

※ a_1, a_2, …, a_n：n個のデータ(ただし、データはすべて正の数)

たとえば、データの個数が3個のときの幾何平均は、

$$\bar{x}_g=\sqrt[3]{a_1\times a_2\times a_3}$$

となります。ここで、$\sqrt[3]{a}$は「3乗(じょう)するとaになる数」を表し、aの**立方根**(りっぽうこん)(3乗根)といいます。

→ $(\sqrt[3]{a})^3=a$

同様に、データの個数が4個のときの幾何平均は、

$$\bar{x}_g=\sqrt[4]{a_1\times a_2\times a_3\times a_4}$$

となります。$\sqrt[4]{a}$は「4乗するとaになる数」を表し、aの**4乗根**といいます。

例題ではデータの個数が2個だったので、上の公式にしたがえば$\sqrt[2]{\ }$(平方根)なのですが、$\sqrt[2]{\ }$の2はふつう省略して$\sqrt{\ }$と書きます。

一般に、n個のデータの幾何平均は、「すべてのデータの積のn乗根」で求められます。

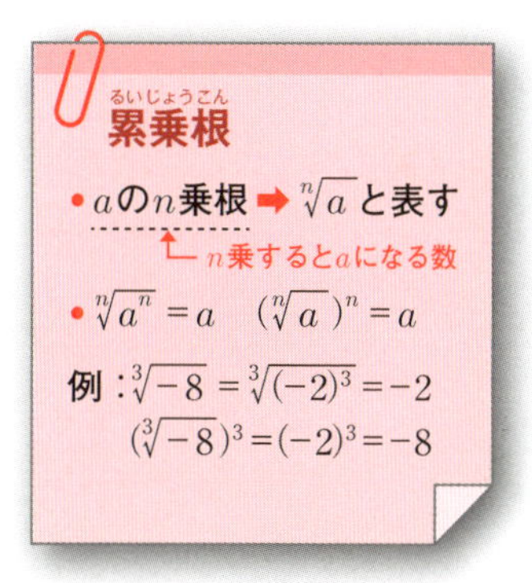

練習問題2

(答えは272ページ)

ある投資信託の初年度からの利回りは、1年目が20%、2年目が−20%、3年目が10%だった。3年間の平均利回りはおよそ何%か。

調和平均を求める

例題 家から学校まで、往きは時速6kmで走り、帰りは時速4kmで歩いた。往復の平均時速はいくらか。

算術平均で、$\frac{6+4}{2}=5$km/時　とするのは間違った答えです。

家から学校までの距離を$d$kmとすると、「時間＝距離÷速度」ですから、

往きにかかる時間：$\frac{d}{6}$　　帰りにかかる時間：$\frac{d}{4}$

往復では $\frac{d}{6}+\frac{d}{4}$ 時間がかかります。

一方、往復の距離は$2d$kmです。「速度＝距離÷時間」より、往復の平均時速は次のように求められます。

$$\text{平均時速}=\frac{2d}{\frac{d}{6}+\frac{d}{4}}=\frac{2d}{d\left(\frac{1}{6}+\frac{1}{4}\right)}=\frac{2}{\frac{1}{6}+\frac{1}{4}}=\frac{2}{\frac{2+3}{12}}=\frac{2\times 12}{5}=\boxed{4.8\text{km/時}}$$

答え

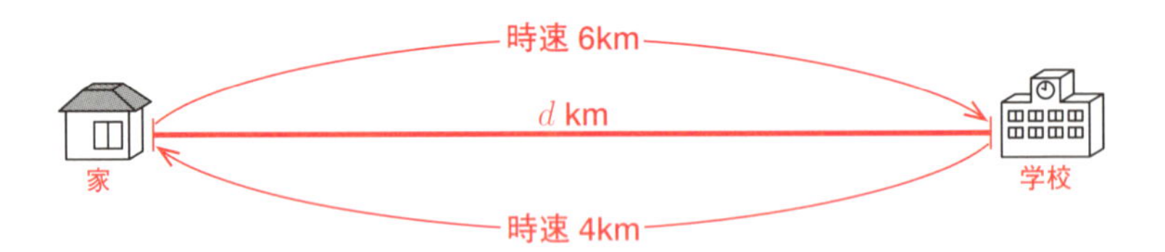

このような平均を**調和平均**（ちょうわ）といいます。

調和平均は、一般に「各データの逆数の算術平均の逆数」で求めることができます。

分母と分子にnを掛ける

$$\bar{x}_h=\frac{1\times n}{\left(\frac{1}{x_1}+\frac{1}{x_2}+\cdots+\frac{1}{x_n}\right)\times\frac{1}{n}\times n}=\frac{n}{\frac{1}{x_1}+\frac{1}{x_2}+\cdots+\frac{1}{x_n}}$$

各データの逆数の算術平均

より、

調和平均

$$\bar{x}_h = \frac{n}{\dfrac{1}{x_1} + \dfrac{1}{x_2} + \cdots + \dfrac{1}{x_n}}$$

※ x_1, x_2, …, x_n：n 個のデータ

練習問題 3 （答えは 272 ページ）

ある作業を 1 人で行うと、A 君は 10 日、B 君は 15 日かかる。2 人で行うと何日で作業を終えることができるか。

コラム 中央値と最頻値

平均値以外の代表値についても、簡単に説明しておきましょう。

◆中央値

データを小さい順（または大きい順）に並べたとき、ちょうど真ん中にある値を**中央値**（メディアン）といいます。たとえば、

2, 4, 7, 8, 9

の 5 つのデータの場合は、真ん中の位置にある「7」が中央値になります。

この例のようにデータが奇数個の場合は真ん中の値をとればいいだけですが、データの数が偶数個の場合は、真ん中の 2 つの値の平均を中央値とします。

◆最頻値

データの中で最も出現度数が大きい数値を、**最頻値**（さいひんち）（モード）といいます。たとえば、

1, 3, 4, 4, 7, 7, 7, 7, 8, 8, 8, 10, 11

には、4 が 2 個、7 が 4 個、8 が 3 個含まれています。このうち、いちばん多い「7」が最頻値になります。

1-3 分散と標準偏差

この節の概要

▶ 分散（ぶんさん）と標準偏差（ひょうじゅんへんさ）は、どちらもデータの散らばり具合（ばらつき）を表す数値です。ここでは、分散と標準偏差の求め方を説明します。

平均はデータ全体を代表する値ですが、データの特徴は平均だけではわかりません。たとえば、次の２つのデータを比べてみてください。

A組：5，15，25，35，45，55，65，75，85，95
B組：25，35，40，45，50，55，55，60，65，70

平均値は計算するとどちらも50になります。しかしヒストグラムをつくってみると、データの散らばり方がかなり違うことがわかります。

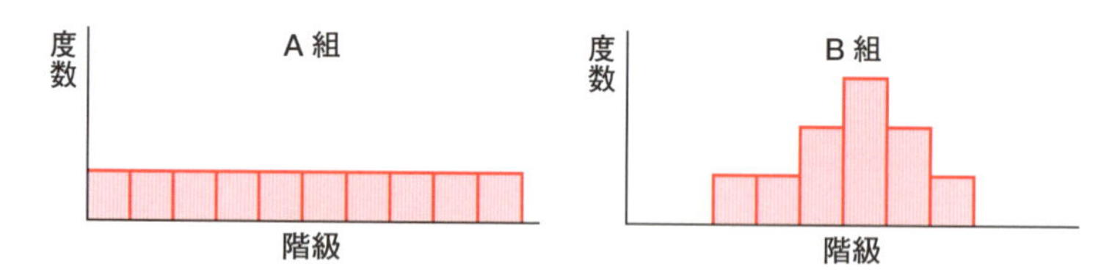

このようなデータの散らばり具合（散布度）を表す数値として、**分散**（ぶんさん）と**標準偏差**（ひょうじゅんへんさ）について説明します。

分散を求める

例題　A組のデータの分散を求めなさい。
A組：5，15，25，35，45，55，65，75，85，95

分散を求めるには、まず、個々のデータが全体の平均値からどのくらい離れているかを調べます。個々のデータから平均を引いた値を**偏差**(へんさ)といいます。

A組の平均値は50なので、個々のデータから50を引いた偏差は次のようになります。

絶対値(ぜったいち)

- 数値から符号を取り除いた非負の値。値 x の絶対値を、$|x|$ のように表す。

例：$|-45|=45$

データ：	5,	15,	25,	35,	45,	55,	65,	75,	85,	95
	↓	↓	↓	↓	↓	↓	↓	↓	↓	↓ 平均値50を引く
偏差：	−45,	−35,	−25,	−15,	−5,	5,	15,	25,	35,	45

データが広い範囲に散らばっている場合は、絶対値の大きい偏差が多くなると考えられます。逆にデータが狭い範囲に集まっている場合は、絶対値の小さい偏差が多くなるでしょう。そこで、データ全体の散らばり具合を表すには、すべての偏差の平均を求めればいいような気がします。

ところが、実際に偏差の平均を求めると、値がゼロになってしまいます。考えてみるとこれは当たり前で、偏差の合計は

$$
\begin{aligned}
&(x_1-\overline{x})+(x_2-\overline{x})+(x_3-\overline{x})+\cdots+(x_n-\overline{x})\\
&=(x_1+x_2+x_3+\cdots+x_n)-n\overline{x}\\
&=(x_1+x_2+x_3+\cdots+x_n)-n\frac{x_1+x_2+x_3+\cdots+x_n}{n} \leftarrow \overline{x}\\
&=(x_1+x_2+x_3+\cdots+x_n)-(x_1+x_2+x_3+\cdots+x_n)=0
\end{aligned}
$$

ですから、常にゼロになります。

そこで分散では、上で求めた個々の偏差を2乗してから、その平均を求めます。負の数も正の数も、2乗するとすべて正の数になるので、その平均がゼロになることはありません。

A組の偏差の2乗の平均は、次のようになります。

$$
\frac{(-45)^2+(-35)^2+(-25)^2+(-15)^2+(-5)^2+5^2+15^2+25^2+35^2+45^2}{10}
$$

$$= \frac{2025+1225+625+225+25+25+225+625+1225+2025}{10}$$

$$= \frac{8250}{10} = \boxed{825} \quad \text{…答え}$$

この値「825」が、A 組のデータの**分散**になります。

このように、分散は各データの偏差の 2 乗の平均で求めます。また、分散の平方根を標準偏差といいます（30 ページ）。標準偏差を記号 s で表すと、分散は s の 2 乗なので s^2 と書けます。

分散

$$s^2 = \frac{(x_1-\overline{x})^2+(x_2-\overline{x})^2+\cdots+(x_n-\overline{x})^2}{n}$$

※ $x_1, x_2, \cdots, x_n$：n 個のデータ　$\overline{x}$：データの平均値

練習問題 4　（答えは 272 ページ）

B 組のデータの分散を求めなさい。

B 組：25，35，40，45，50，55，55，60，65，70

分散の公式を覚えよう

分散は、偏差の 2 乗の平均ですが、次のような公式も覚えておくと便利です。

分散

$$s^2 = \overline{x^2} - (\overline{x})^2$$

ここで、$\overline{x^2}$ は個々のデータの 2 乗の平均、$(\overline{x})^2$ はデータの平均の 2 乗を表します。

$$\overline{x^2} = \frac{{x_1}^2+{x_2}^2+\cdots+{x_n}^2}{n}$$ ⬅ データの 2 乗の平均

$$(\overline{x})^2 = \left(\frac{x_1+x_2+\cdots+x_n}{n}\right)^2$$ ⬅ データの平均の 2 乗

上の公式が成り立つことを確認しておきましょう。分散は偏差の2乗の和を個数で割ったものなので、

$$\frac{(x_1-\overline{x})^2+(x_2-\overline{x})^2+\cdots+(x_n-\overline{x})^2}{n}$$

と表せます。この式を展開すると、

式の展開公式

- $(a\pm b)^2=a^2\pm 2ab+b^2$
- $(x+a)(x+b)=x^2+(a+b)x+ab$
- $(a+b)(a-b)=a^2-b^2$

$$s^2=\frac{(x_1-\overline{x})^2+(x_2-\overline{x})^2+\cdots+(x_n-\overline{x})^2}{n}$$

$(a-b)^2=a^2-2ab+b^2$ より

$$=\frac{\{x_1{}^2-2x_1\overline{x}+(\overline{x})^2\}+\{x_2{}^2-2x_2\overline{x}+(\overline{x})^2\}+\cdots+\{x_n{}^2-2x_n\overline{x}+(\overline{x})^2\}}{n}$$

$$=\frac{(x_1{}^2+x_2{}^2+\cdots+x_n{}^2)-2\overline{x}(x_1+x_2+\cdots+x_n)+n(\overline{x})^2}{n}$$

$$=\frac{x_1{}^2+x_2{}^2+\cdots+x_n{}^2}{n}-2\overline{x}\cdot\frac{x_1+x_2+\cdots+x_n}{n}+(\overline{x})^2$$

↑この部分は2乗の平均なので$\overline{x^2}$　↑この部分は平均を求める式なので$\overline{x}$

$$=\overline{x^2}-2\overline{x}\cdot\overline{x}+(\overline{x})^2$$

$$=\overline{x^2}-2(\overline{x})^2+(\overline{x})^2$$

$$=\overline{x^2}-(\overline{x})^2$$

となります。

B組のデータの分散を、上の公式 $s^2=\overline{x^2}-(\overline{x})^2$ で求めてみましょう。$\overline{x^2}$と$(\overline{x})^2$は、それぞれ次のように計算できます。

$$\overline{x^2}=\frac{25^2+35^2+40^2+45^2+50^2+55^2+55^2+60^2+65^2+70^2}{10}$$

$$=\frac{625+1225+1600+2025+2500+3025+3025+3600+4225+4900}{10}$$

$$=\frac{26750}{10}=2675$$

$$(\overline{x})^2=50^2=2500$$

以上から、B 組のデータの分散は、

$$s^2=\overline{x^2}-(\overline{x})^2=2675-2500=\boxed{175}$$

やはり、A 組のデータの分散（825）は、B 組の分散（175）に比べて大きいことがわかります。

標準偏差を求める

分散は偏差の 2 乗の平均値なので、単位も元のデータの単位の 2 乗になってしまいます。そこで、元のデータと単位をそろえるために、分散の正の平方根を求めます。これを**標準偏差**といいます。

分散と同様に、標準偏差もデータの散らばり具合を表す値です。

標準偏差

$$s=\sqrt{\frac{(x_1-\overline{x})^2+(x_2-\overline{x})^2+\cdots+(x_n-\overline{x})^2}{n}}=\sqrt{分散}$$

A 組の分散は 825、B 組の分散は 175 なので、標準偏差はそれぞれ次のようになります。

A 組：$s_{\mathrm{A}}=\sqrt{825}\fallingdotseq 28.72$

B 組：$s_{\mathrm{B}}=\sqrt{175}\fallingdotseq 13.23$

たとえばA 組の標準偏差28.72は、個々のデータと平均値との距離が、平均すると約29あることを示しています。

データを合体する

例題 A 組の分散は 825、B 組の分散は 175 である。A 組とB 組を合わせたデータの分散はいくらか。ただし、A 組・B 組ともにデータ個数は 10、平均は 50 とする。

A組とB組の個々のデータは26ページをみればわかりますが、ここでは例題の数値だけで合体したデータの分散を求めます。

分散は、$s^2 = \overline{x^2} - (\overline{x})^2$ で求めることができました。$\overline{x^2}$ はデータの2乗の平均なので、この式は、

$$\text{分散} = \underbrace{\frac{\text{データの2乗和}}{\text{データ個数}}}_{\overline{x^2}} - \underbrace{\text{平均の2乗}}_{(\overline{x})^2}$$

と書けますね。A組のデータの2乗和を A^2 として、上の式に数値をあてはめると、次のようになります。

$$\frac{A^2}{10} - 50^2 = 825 \quad \Rightarrow \frac{A^2}{10} = 825 + 50^2 = 825 + 2500 = 3325$$

$$\Rightarrow \quad A^2 = 3325 \times 10 = 33250$$

同様にして、B組のデータの2乗和 B^2 も求めます。

$$\frac{B^2}{10} - 50^2 = 175 \quad \Rightarrow \frac{B^2}{10} = 175 + 50^2 = 175 + 2500 = 2675$$

$$\Rightarrow \quad B^2 = 2675 \times 10 = 26750$$

以上から、A組とB組を合わせたデータの分散は、

$$\frac{A^2 + B^2}{10 + 10} - 50^2 = \frac{33250 + 26750}{20} - 2500 = 500 \quad \cdots\text{答え}$$

A組、B組の平均はどちらも50なので、A組とB組を合わせたデータの平均も50になる

となります。

練習問題5 （答えは272ページ）

データAは平均40，分散700で、データ個数は20個である。また、データBは平均55，分散400で、データ個数は10個である。データA、データBを合併すると、平均と分散はそれぞれいくつになるか。

1-4 分布の変形と標準得点

この節の概要

- 異なる分布を比較するためには、分布を変形して平均や分散をそろえる必要があります。そのための方法を説明します。
- 代表的な標準得点として、z 得点と偏差値の求め方を説明します。

A 君は 100 点満点のテストで、数学が 50 点、英語が 70 点だったとします。点数だけみると英語のほうが成績が良いようにみえますが、そうとは限りません。たとえば、点数の分布が次のような場合はどうでしょうか。

数学：平均 40 点、分散 144
英語：平均 60 点、分散 400

このように、点数の分布が違っている場合には、両者の点数を単純に比べることができません。そこで、両者を比較できるように、分布の形を変えることを考えます。

分布の形を変えるには

例として、次のようなデータを考えます。

2，3，5，7，8

平均 $\overline{x}$ と分散 s^2 は、それぞれ次のように計算できます。

$$\overline{x} = \frac{2+3+5+7+8}{5} = \frac{25}{5} = \boxed{5}$$ ← 平均

$$s^2 = \frac{(2-5)^2+(3-5)^2+(5-5)^2+(7-5)^2+(8-5)^2}{5}$$

$$= \frac{(-3)^2+(-2)^2+0^2+2^2+3^2}{5} = \frac{9+4+0+4+9}{5} = \frac{26}{5} = \boxed{5.2}$$

分散

①各データに値を加える

例題 前ページの5つのデータすべてに2を加えると、平均と分散はどうなるか。

各データに2を加えると、データは次のように変わります。

2	3	5	7	8	
↓	↓	↓	↓	↓	+2
4	5	7	9	10	

2を加えた後のデータの平均と分散は、それぞれ次のようになります。

$$\bar{x} = \frac{4+5+7+9+10}{5} = \frac{35}{5} = \boxed{7}$$

⬅ 平均＝5＋2

$$s^2 = \frac{(4-7)^2+(5-7)^2+(7-7)^2+(9-7)^2+(10-7)^2}{5}$$

$$= \frac{(-3)^2+(-2)^2+0^2+2^2+3^2}{5} = \frac{9+4+0+4+9}{5} = \frac{26}{5} = \boxed{5.2}$$

分散

以上のように、各データに2を加えると、平均は2増加しますが、分散は変わりません。一般に、

各データに値 a を加えると、平均は $\bar{x}+a$ になるが、分散 s^2 は変わらない。

同じことですが、各データから値 a を引いたときは、平均も a 減ります（分散は変化しない）。

ヒストグラムでは、各データに値 a を加えるのは、グラフ全体を a だけ横にずらすのと同じことです。

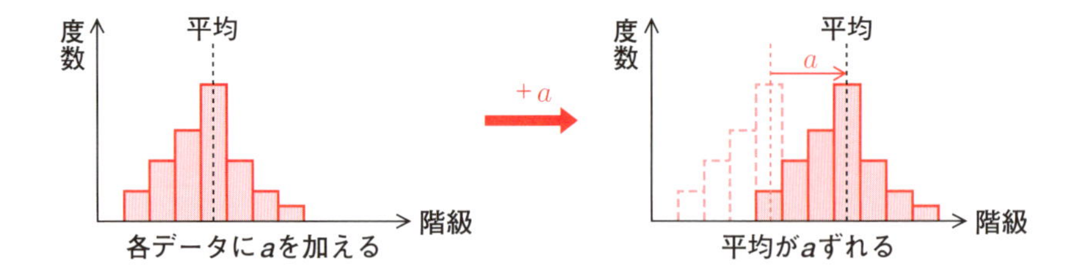

②各データをk倍する

例題 32ページの5つのデータを2倍すると、平均と分散はどうなるか。

各データを2倍すると、データは次のように変わります。

2	3	5	7	8	
↓	↓	↓	↓	↓	×2
4	6	10	14	16	

2倍した後のデータの平均と分散は、それぞれ次のようになります。

$$\bar{x} = \frac{4+6+10+14+16}{5} = \frac{50}{5} = 10$$

← 平均＝5×2

$$s^2 = \frac{(4-10)^2+(6-10)^2+(10-10)^2+(14-10)^2+(16-10)^2}{5}$$

$$= \frac{(-6)^2+(-4)^2+0^2+4^2+6^2}{5}$$

$$= \frac{36+16+0+16+36}{5}$$

$$= \frac{104}{5} = 20.8$$

← 分散＝5.2×4

以上のように、平均は2倍、分散は4倍になります。一般に、

各データをk倍すると、平均はk倍になり、分散はk^2倍になる。

同じことですが、各データを$\frac{1}{k}$倍すると、平均は$\frac{1}{k}$倍、分散は$\frac{1}{k^2}$倍になります。

平均 0、分散 1 の分布をつくる

各データに値を加えたり掛けたりすることで、平均や分散が変化することがわかりました。

- 各データに値 a を加える ➡ 平均は a 増加する
- 各データに k を掛ける ➡ 平均は k 倍、分散は k^2 倍になる

ここに、平均 $\overline{x}$、分散 s^2 となるひとまとまりのデータがあるとしましょう。このデータの平均を 0、分散を 1 にする手順を考えます。

①まず、各データから値 $\overline{x}$ を引きます。この手順によって、平均は0になります（分散は変わりません）。

平均：$\overline{x}-\overline{x} \rightarrow 0$　　分散：s^2（変化なし）

②次に、このデータを $\dfrac{1}{s}$ 倍します。これにより、平均は $\dfrac{1}{s}$ 倍、分散は $\dfrac{1}{s^2}$ 倍になります。ただし平均は前の手順で0になっているので、$\dfrac{1}{s}$ 倍しても0のままです。

平均：$0\times\dfrac{1}{s} \rightarrow 0$　　分散：$s^2\times\dfrac{1}{s^2} \rightarrow 1$

ここで、s とは分散 s^2 の平方根、すなわち標準偏差のことです。以上から、各データから $\overline{x}$ を引き、標準偏差 s で割ると、データ全体の平均が0に、分散が1になります。

このように、平均0、分散1になるように各データを加工することを**標準化**といい、加工後のデータを **z 得点**といいます。加工前の値を x とすると、z 得点は次の式で求められます。

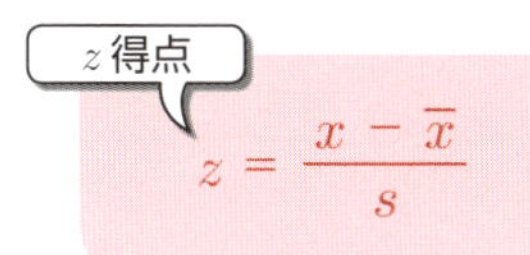

$$z=\frac{x-\overline{x}}{s}$$

※ x：標準化前の値
$\overline{x}$：平均　s：標準偏差

例題 次の5つのデータの z 得点を求めよ。
40，60，70，80，100

まず、5つのデータの平均と分散、標準偏差を求めます。

$$\bar{x} = \frac{40 + 60 + 70 + 80 + 100}{5} = \frac{350}{5} = 70$$ ⬅平均

$$s^2 = \frac{(40-70)^2 + (60-70)^2 + (70-70)^2 + (80-70)^2 + (100-70)^2}{5}$$

$$= \frac{900 + 100 + 0 + 100 + 900}{5} = 400$$ ⬅分散

$$s = \sqrt{400} = 20$$ ⬅標準偏差

前ページの公式を各データに当てはめて z 得点を求めます。

$$\frac{40-70}{20} = -1.5,\ \frac{60-70}{20} = -0.5,\ \frac{70-70}{20} = 0,\ \frac{80-70}{20} = 0.5,\ \frac{100-70}{20} = 1.5$$

データ：	40	60	70	80	100	
	↓	↓	↓	↓	↓	
z 得点：	−1.5	−0.5	0	0.5	1.5	…答え

念のため z 得点の平均と分散を求めると、次のように平均0，分散1になっていることが確認できます。

$$\bar{x} = \frac{-1.5 - 0.5 + 0 + 0.5 + 1.5}{5} = \frac{0}{5} = 0$$ ⬅平均

$$s^2 = \frac{(-1.5-0)^2 + (-0.5-0)^2 + (0-0)^2 + (0.5-0)^2 + (1.5-0)^2}{5}$$

$$= \frac{1.5^2 + 0.5^2 + 0 + 0.5^2 + 1.5^2}{5}$$

$$= \frac{2.25 + 0.25 + 0 + 0.25 + 2.25}{5} = \frac{5}{5} = 1$$ ⬅分散

この節のはじめにあげたA君のテスト結果から、z得点を求めてみましょう。A君の成績は数学50点、英語70点でした。点数の分布は**数学**が「平均40点，分散144」、**英語**が「平均60点，分散400」なので、z得点はそれぞれ次のようになります。

数学：$z_1 = \dfrac{50-40}{\sqrt{144}} = \dfrac{10}{12} \fallingdotseq 0.83$ ← z得点で比べると、数学の方が成績が良い

英語：$z_2 = \dfrac{70-60}{\sqrt{400}} = \dfrac{10}{20} = 0.5$

偏差値を求める

z得点はテストの点数としてあまりピンとこないので、平均が**50**、標準偏差が**10**（分散100）になるようにさらに分布を加工します。

z得点は平均が0、分散が1の分布なので、これに10を掛ければ、平均0、分散$10^2=100$の分布になります。この値に50を加算すれば、平均50、分散100の分布になります。この値を**偏差値**（へんさち）といいます。平均$\bar{x}$、標準偏差sのとき、データxの偏差値は、次の式で求められます。

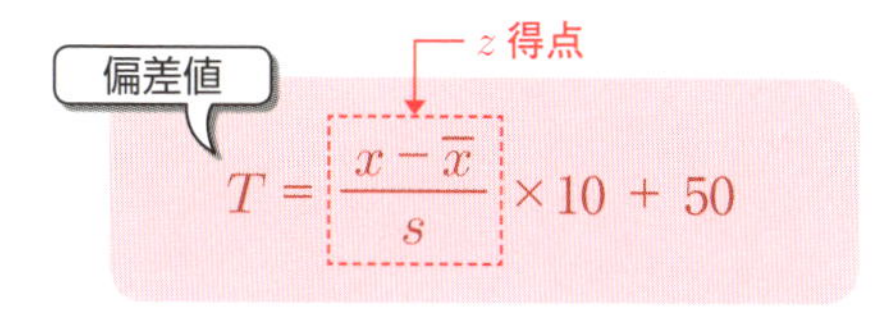

$$T = \frac{x-\bar{x}}{s} \times 10 + 50$$

A君の数学と英語の偏差値は、

数学：$T_1 = 0.83 \times 10 + 50 = 58.3$

英語：$T_2 = 0.5 \times 10 + 50 = 55$

となります。

例題 次の5つのデータの偏差値を求めよ。

40，60，70，80，100

5つのデータは36ページの例題と同じなので、平均と標準偏差はそれぞれ70と20です。したがって、それぞれの偏差値は次のようになります。

$$\frac{40-70}{20}\times10+50=35,\quad \frac{60-70}{20}\times10+50=45,\quad \frac{70-70}{20}\times10+50=50,$$

$$\frac{80-70}{20}\times10+50=55,\quad \frac{100-70}{20}\times10+50=65$$

データ：	40	60	70	80	100
	↓	↓	↓	↓	↓
偏差値：	35	45	50	55	65 …答え

念のため偏差値の平均と分散を求めると、次のように平均50，標準偏差10になっていることが確認できます。

$$\bar{x}=\frac{35+45+50+55+65}{5}=\frac{250}{5}=50$$ ⬅平均

$$s^2=\frac{(35-50)^2+(45-50)^2+(50-50)^2+(55-50)^2+(65-50)^2}{5}$$

$$=\frac{15^2+5^2+0+5^2+15^2}{5}$$

$$=\frac{225+25+0+25+225}{5}=\frac{500}{5}=100$$ ⬅分散

$$s=\sqrt{100}=10$$ ⬅標準偏差

偏差値は、データが正規分布するときにはもっと意味をもつのですが、くわしくは第3章で説明します。

練習問題 6 （答えは273ページ）

B君の数学のテストの点数は70点だった。B君の数学（平均40点，分散144）の偏差値を求めなさい。

第2章

統計を理解するためのキホンの確率

2-1　確率の基本
2-2　独立試行と反復試行
2-3　条件付き確率
2-4　確率変数と確率分布
2-5　確率変数の期待値と分散
2-6　期待値と分散の公式
2-7　二項分布
2-8　連続型の確率変数

2-1 確率の基本

この節の概要

- 確率の考え方は、統計と深い関わりがあります。確率の考え方を基本から理解しましょう。
- 積事象（せきじしょう）と和（わ）事象、排反（はいはん）事象について説明します。
- 確率の基本的な性質について説明します。

確率の考え方

たとえば「サイコロを振ったとき、4以上の目が出る確率」は、サイコロの目が⚀, ⚁, ⚂, ⚃, ⚄, ⚅の6通りで、4以上の目が⚃, ⚄, ⚅の3通りなので、

$$\frac{3}{6} = \frac{1}{2}$$

（分子の3 ← 4以上の目の数 ⚃ ⚄ ⚅）
（分母の6 ← サイコロの目の数 ⚀ ⚁ ⚂ ⚃ ⚄ ⚅）

となります。

ここで、「サイコロを振ること」を**試行（しこう）**といいます。また、サイコロを振って出る可能性のあるすべての目の集合を**標本空間（ひょうほんくうかん）**、「4以上の目」の集合を**事象（じしょう）**といいます。この例では、

標本空間＝{⚀, ⚁, ⚂, ⚃, ⚄, ⚅}　←すべてのサイコロの目
事象＝{⚃, ⚄, ⚅}　←4以上の目

ですね。一般に、ある試行の標本空間Uにおいて、その要素のどれが起こることも**同様に確からしい**とき、事象Eの起こる確率は、次のように求められます。

$$P(E)=\frac{\text{事象}\,E\,\text{に含まれる要素の数}}{\text{標本空間}\,U\,\text{に含まれる要素の数}}$$

ここで「同様に確からしい」とは、サイコロの目の出方にかたよりがないという意味です。たとえばサイコロに何か細工がしてあって、特定の目が出やすくなっている場合には、当然確率が違ってきます。このような場合は「同様に確からしい」とは言えません。

「かつ」と「または」の確率

例題 サイコロを1回振ったとき、「偶数の目が出る」という事象をA、「4以上の目が出る」という事象をBとする。次の確率を求めよ。

① A かつ B が起こる確率

② A または B が起こる確率

「偶数の目が出る」という事象をA、「4以上の目が出る」という事象をBとします。それぞれの要素は、次のような集合で表せます。

標本空間 U = {⚀, ⚁, ⚂, ⚃, ⚄, ⚅}

事象 A = {⚁, ⚃, ⚅} ← 偶数の目

事象 B = {⚃, ⚄, ⚅} ← 4以上の目

① A かつ B が起こる確率

サイコロの目が「偶数の目」と「4以上の目」の両方に当てはまる場合は、2つの事象A, Bが同時に起こったことになります。このような場合を事象Aと事象Bの**積事象**（せきじしょう）といい、「AかつB」あるいは「$A \cap B$」のように表します。

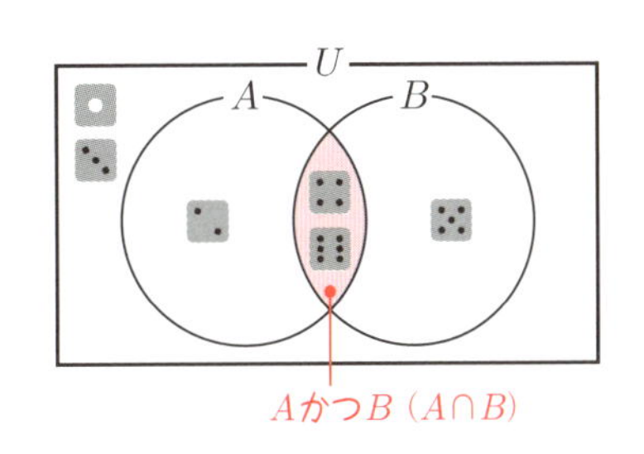

「AかつB」に含まれる要素は、「偶数の目」かつ「4以上の目」である⚃と⚅

です。したがって、事象Aかつ事象Bが起こる確率P(AかつB)は、

$$P(A\text{かつ}B) = \frac{A\text{かつ}B\text{の要素数}}{\text{標本空間}U\text{の要素数}} = \frac{2}{6} = \frac{1}{3}$$ …答え

となります。

② A または B が起こる確率

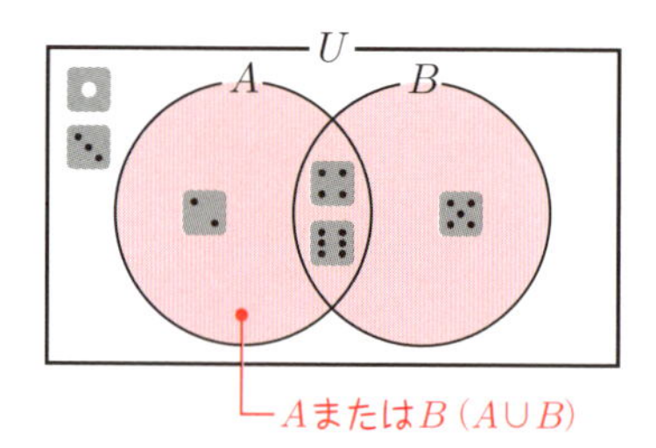

サイコロの目が「偶数の目」か「4 以上の目」のどちらかまたは両方に当てはまる場合を、事象Aと事象Bの**和事象**（わじしょう）といい、「AまたはB」あるいは「$A \cup B$」のように表します。

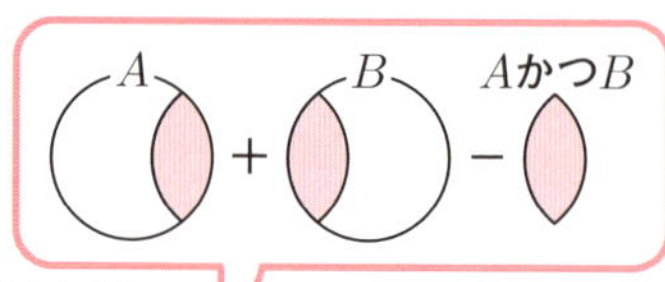

一般に、「A または B」に含まれる要素の数は、

Aの要素数＋Bの要素数－AかつBの要素数

で求めることができます。この例では、Aの要素数=3，Bの要素数=3，AかつBの要素数=2 ですから、

AまたはBの要素数 = 3 + 3 − 2 = 4

したがって、事象 Aまたは事象 B が起こる確率は、

$$P(A\text{または}B) = \frac{A\text{または}B\text{の要素数}}{\text{標本空間}U\text{の要素数}} = \frac{4}{6} = \frac{2}{3}$$ …答え

となります。

練習問題 1

（答えは 273 ページ）

1 組（52 枚）のトランプからカードを 1 枚引いたとき、そのカードがハートである事象を A、絵札（ジャック，クィーン，キングのいずれか）である事象を B とする。A かつ B が起こる確率と、A または B が起こる確率を求めよ。

排反な事象と確率の加法定理

例題 サイコロを1回振ったとき、偶数の目が出るか、または5の目が出る確率を求めよ。

「偶数の目が出る」という事象を A、「5の目が出る」という事象を B とすると、

標本空間 U = {⚀, ⚁, ⚂, ⚃, ⚄, ⚅}
事象 A = {⚁, ⚃, ⚅} ← 偶数の目
事象 B = {⚄} ← 5の目

3つの集合の関係は、右のようなベン図で表すことができます。

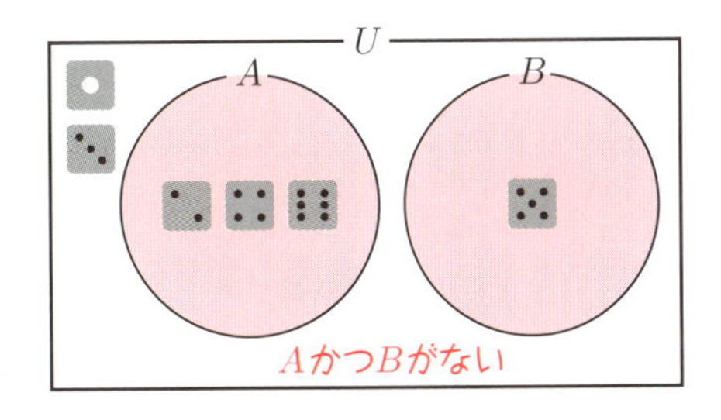

この場合、事象 A と事象 B には共通部分がありません。このことを「事象 A と事象 B は互いに**排反**（はいはん）である」といいます。

A と B が互いに排反であるとき、集合 A かつ B は空（要素数0）なので、

A または B の要素数 = A の要素数＋B の要素数－ A かつ B の要素数（ゼロ）
= A の要素数＋B の要素数

になります。したがって、A または B が起こる確率は、次のように求められます。

$$P(A\text{または}B) = \frac{A\text{または}B\text{の要素数}}{\text{標本空間}U\text{の要素数}} = \frac{A\text{の要素数}+B\text{の要素数}}{\text{標本空間}U\text{の要素数}}$$

$$= \frac{A\text{の要素数}}{\text{標本空間}U\text{の要素数}} + \frac{B\text{の要素数}}{\text{標本空間}U\text{の要素数}}$$

$$= P(A) + P(B)$$

これを、**確率の加法定理**（かほうていり）といいます。

確率の加法定理

事象Aと事象Bが互いに排反のとき　$P(A\text{または}B)=P(A)+P(B)$

例題は、事象Aの起こる確率$P(A)=\frac{3}{6}$、事象Bの起こる確率$P(B)=\frac{1}{6}$、事象Aと事象Bは互いに排反なので、

$$P(A\text{または}B)=P(A)+P(B)=\frac{3}{6}+\frac{1}{6}=\frac{4}{6}=\frac{2}{3}$$ …答え

練習問題2　(答えは273ページ)

1組(52枚)のトランプからカードを1枚引いたとき、そのカードの数字が2以下か、または絵札である確率を求めよ。

確率の基本性質

確率に関する一般的な性質をまとめておきましょう。

①ある事象が起こる確率は0以上1以下である

ある事象の要素数は、標本空間(すべての事象)の要素数より大きくなることはないので、

$$\text{事象}A\text{が起こる確率}=\frac{\text{事象}A\text{の要素数}}{\text{標本空間の要素数}}$$

は、かならず0以上1以下になります。

②空の事象が起こる確率は0

たとえば、10本のくじの中に“当たり”が1本もない場合、くじが当たる確率は、

$$\frac{\text{“当たり”の本数}}{\text{くじの本数}}=\frac{0}{10}=0$$

です。このような要素数0の事象を**空事象**（くうじしょう）といい、記号ϕで表します。

③標本空間に等しい事象が起こる確率は1

たとえば、10本のくじがすべて“当たり”の場合、当たりくじの集合はくじ全体の集合に等しいので、くじが当たる確率は、

$$\frac{\text{“当たり”の本数}}{\text{くじの本数}} = \frac{10}{10} = \mathbf{1}$$

になります。

④余事象の確率

事象Aに対して、“Aが起こらない”という事象を、事象Aの**余事象**（よじしょう）といい、記号$\overline{A}$で表します。

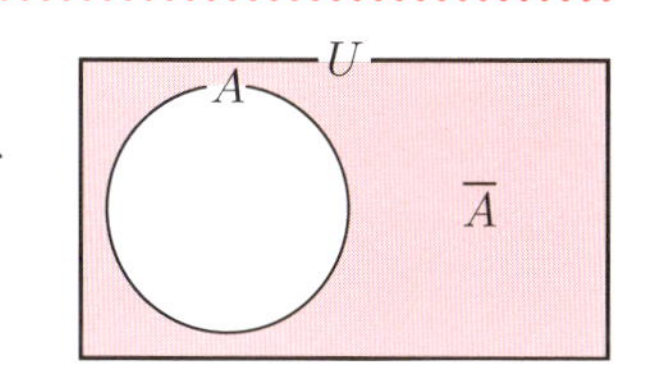

Aと$\overline{A}$は互いに排反で、Aまたは$\overline{A}=U$です。したがって、確率の加法定理より、

$$P(U) = P(A\text{または}\overline{A}) = P(A) + P(\overline{A})$$

$P(U) = 1$ですから、$P(A) + P(\overline{A}) = 1$が成り立ちます。以上から、事象$A$の余事象$\overline{A}$の確率は、

$$P(\overline{A}) = 1 - P(A)$$

で求められます。

確率の基本性質

① $0 \leqq P(A) \leqq 1$ ← 確率は0以上1以下

② $P(\phi) = 0$ ← 空事象が起こる確率は0

③ $P(U) = 1$ ← 標本空間と等しい事象が起こる確率は1

④ $P(\overline{A}) = 1 - P(A)$ ← 余事象が起こる確率は、1－事象Aの確率

2-2 独立試行と反復試行

この節の概要

- サイコロを２回振ったとき、２回目に出る目は、１回目に出た目によって変わることはありません。このように、他の試行の影響を受けない試行を独立試行（どくりつしこう）といいます。
- 独立試行の積（せき）の法則と、反復（はんぷく）試行の公式を説明します。

独立な試行と積の法則

例題　５本のくじの中に“当たり”が２本入っている。最初にＡ君が１本くじを引き、次にＢ君が１本くじを引く。Ａ君とＢ君が２人とも“当たり”を引く確率を求めよ。

ただし、Ａ君が引いたくじは、Ｂ君がくじを引く前に元に戻すものとする。

Ａ君が引いたくじを元に戻さなかった場合、Ｂ君が“当たり”を引く確率は、Ａ君が引いたくじによって変わってしまいます。

しかし、Ａ君は引いたくじを元に戻すので、Ａ君が引いたくじが何であっても、Ｂ君が“当たり”を引く確率には影響ありません。このように、２つの試行の結果が互いに影響を与えないとき、「２つの試行は互いに**独立**（どくりつ）である」といいます。

Ａ君が“当たり”を引く事象をA、Ｂ君が“当たり”を引く事象をBとしましょう。５本のくじを①，②，③，④，⑤とし、Ａ君のくじとＢ君のくじを

(Ａ君のくじ，Ｂ君のくじ)

のように表すと、Ａ君とＢ君が引くくじの組合せは

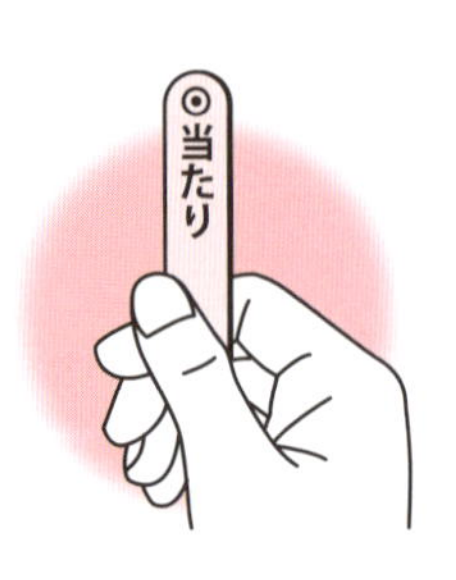

全部で $5 \times 5 = 25$ 通りあります。

A君のくじ5通りに対し、B君のくじが5通りずつあるので、5×5=25通り

$$U = \left\{ \begin{array}{lllll} (①,①), & (①,②), & (①,③), & (①,④), & (①,⑤), \\ (②,①), & (②,②), & (②,③), & (②,④), & (②,⑤), \\ (③,①), & (③,②), & (③,③), & (③,④), & (③,⑤), \\ (④,①), & (④,②), & (④,③), & (④,④), & (④,⑤), \\ (⑤,①), & (⑤,②), & (⑤,③), & (⑤,④), & (⑤,⑤) \end{array} \right\}$$

このうち、くじ①とくじ②を“当たり”とすると、A君とB君が2人とも“当たり”を引く組合せは、次の4通りです。

事象 A の2通りに対し、事象 B が2通りずつあるので、2×2=4通り

$$A\text{かつ}B = \{(①,①),\ (①,②),\ (②,①),\ (②,②)\}$$

以上から、A君とB君が2人とも“当たり”を引く確率は、

$$P(A\text{かつ}B) = \frac{2 \times 2}{5 \times 5} = \frac{4}{25}$$ …答え

この計算は、A君が“当たり”を引く確率 $P(A) = \frac{2}{5}$、B君が“当たり”を引く確率 $P(B) = \frac{2}{5}$ として、次のように求めることもできます。

$$P(A\text{かつ}B) = P(A) \times P(B) = \frac{2}{5} \times \frac{2}{5} = \frac{4}{25}$$

これを、**独立試行の積（せき）の法則**といいます。

独立試行の積の法則

2つの独立な試行において、一方の試行で事象 A が起こり、もう一方の試行で事象 B が起こる確率

$$P(A\text{かつ}B) = P(A) \times P(B)$$

練習問題３　（答えは 273 ページ）

サイコロを３回振って、３回とも⚀の目が出る確率を求めよ。

反復試行の確率の求め方

例題　サイコロを５回振ったとき、⚀の目が２回出る確率を求めよ。

同じ試行を繰り返し行うことを、**反復試行**（はんぷくしこう）といいます。反復試行の各試行は独立です。

サイコロを５回振り、そのうち２回で⚀が出るケースは、次のように全部で 10 通りあります（${}_5C_2 = 10$）。

	１回目	２回目	３回目	４回目	５回目	確率
①	⚀	⚀	⚀以外	⚀以外	⚀以外	$\frac{1}{6} \times \frac{1}{6} \times \frac{5}{6} \times \frac{5}{6} \times \frac{5}{6}$
②	⚀	⚀以外	⚀	⚀以外	⚀以外	$\frac{1}{6} \times \frac{5}{6} \times \frac{1}{6} \times \frac{5}{6} \times \frac{5}{6}$
③	⚀	⚀以外	⚀以外	⚀	⚀以外	$\frac{1}{6} \times \frac{5}{6} \times \frac{5}{6} \times \frac{1}{6} \times \frac{5}{6}$
④	⚀	⚀以外	⚀以外	⚀以外	⚀	$\frac{1}{6} \times \frac{5}{6} \times \frac{5}{6} \times \frac{5}{6} \times \frac{1}{6}$
⑤	⚀以外	⚀	⚀	⚀以外	⚀以外	$\frac{5}{6} \times \frac{1}{6} \times \frac{1}{6} \times \frac{5}{6} \times \frac{5}{6}$
⑥	⚀以外	⚀	⚀以外	⚀	⚀以外	$\frac{5}{6} \times \frac{1}{6} \times \frac{5}{6} \times \frac{1}{6} \times \frac{5}{6}$
⑦	⚀以外	⚀	⚀以外	⚀以外	⚀	$\frac{5}{6} \times \frac{1}{6} \times \frac{5}{6} \times \frac{5}{6} \times \frac{1}{6}$
⑧	⚀以外	⚀以外	⚀	⚀	⚀以外	$\frac{5}{6} \times \frac{5}{6} \times \frac{1}{6} \times \frac{1}{6} \times \frac{5}{6}$
⑨	⚀以外	⚀以外	⚀	⚀以外	⚀	$\frac{5}{6} \times \frac{5}{6} \times \frac{1}{6} \times \frac{5}{6} \times \frac{1}{6}$
⑩	⚀以外	⚀以外	⚀以外	⚀	⚀	$\frac{5}{6} \times \frac{5}{6} \times \frac{5}{6} \times \frac{1}{6} \times \frac{1}{6}$

ここで、①〜⑩のケースになる確率は、いずれも$\frac{1}{6}$を2回、$\frac{5}{6}$を3回掛けたものなので、

$$\left(\frac{1}{6}\right)^2\left(\frac{5}{6}\right)^3$$

と書けます。また、①〜⑩は互いに排反なので、5回のうち2回で⚀が出る確率は、①〜⑩の確率の合計となります。

$$
\begin{aligned}
&{}_5C_2\times\left(\frac{1}{6}\right)^2\left(\frac{5}{6}\right)^3\\
&=10\times\frac{1^2\times5^3}{6^2\times6^3}\\
&=10\times\frac{5^3}{6^5}\\
&=\frac{1250}{7776}\fallingdotseq \mathbf{0.16}\quad\cdots\text{答え}
\end{aligned}
$$

> **組合せ**
>
> ● n 個から r 個を取る組合せ
>
> $${}_nC_r=\frac{n!}{r!\,(n-r)!}$$
>
> 例：5人の中から掃除当番2人を選ぶ組合せ
>
> $${}_5C_2=\frac{5\cdot4\cdot3\cdot2\cdot1}{2\cdot1\times(3\cdot2\cdot1)}=\frac{5\cdot4}{2\cdot1}=10\text{通り}$$
>
> ※順列・組合せについては次ページ参照

（事象Aの起こる → ⚀の目が出る、p → $\frac{1}{6}$、n → 5、k → 2）

一般に、ある試行で事象Aの起こる確率がpのとき、この試行をn回繰り返したときに事象Aがk回起こる確率は、次の式で求めることができます。

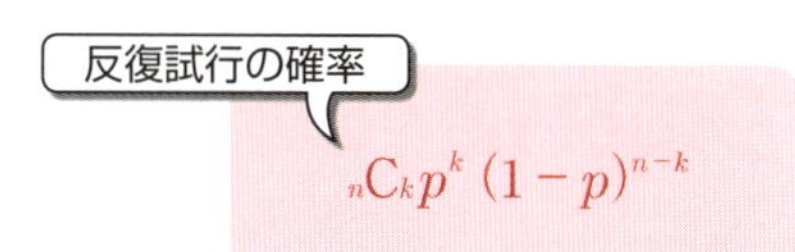

練習問題4 （答えは273ページ）

コインを4回投げて、表が2回出る確率を求めよ。

コラム 順列と組合せ

◆順列

A, B, C, D, Eの5人の中から、3人を選んで順に並べます。1番目は、5人の中から1人選ぶので5通り、2番目は、残り4人の中から1人選ぶので4通り、3番目は、残り3人の中から1人選ぶので3通りです。

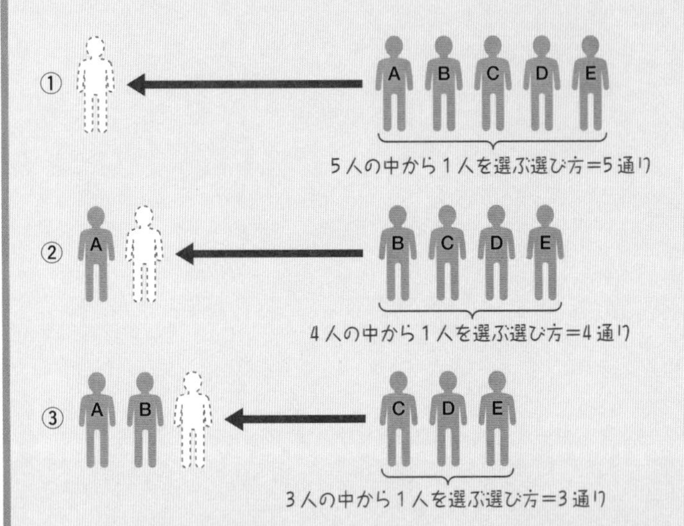

以上から、5人の中から3人を選んで並べる場合の数は、

$5\times4\times3=60$通り

このように、順番を考慮した場合の数を順列といいます。一般に、n個の中からr個選んで並べる順列${}_nP_r$は、次のように求められます。

順列

$${}_nP_r=\frac{n!}{(n-r)!}$$

例：${}_5P_3=\dfrac{5!}{(5-3)!}=\dfrac{5\times4\times3\times2\times1}{2\times1}=5\times4\times3=60$

◆**組合せ**

A, B, C, D, Eの5人の中から、順番を考慮せずに3人を選びます。このような場合の数を組合せといい、記号 ${}_nC_r$ で表します。

順列では、たとえば

(A, B, C) (A, C, B) (B, A, C)
(B, C, A) (C, A, B) (C, B, A)

階乗（かいじょう）

- $1\times2\times3\times\cdots\times n$ のように、1 から n までの正の整数を順に掛け合わせたものを n の階乗といい、記号 $n!$ で表します。
$n!=n\times(n-1)\times(n-2)\times\cdots\times1$
（ただし、$0!=1$）
例：$5!=5\times4\times3\times2\times1=120$

は、順番が違うので6通りと数えますが、組合せでは順番を考慮しないので1通りになります。

5人から3人選んで並べる順列 ${}_5P_3$ は60通りです。このうち、選んだ3人のメンバーが同じで、順番だけが異なる並べ方が $3\times2\times1=6$ 通りあります。組合せではこれを1通りと数えるので、

$${}_5C_3=\frac{60}{6}=10\text{通り}$$

となります。一般に、n 個の中から r 個を選ぶ組合せは、次のように求められます。

組合せ

$${}_nC_r=\frac{{}_nP_r}{r!}=\frac{n!}{r!(n-r)!}$$

例：$${}_5C_3=\frac{{}_5P_3}{3!}=\frac{5\times4\times3}{3\times2\times1}=\frac{60}{6}=10$$

組合せ ${}_nC_r$ については、以下の公式を覚えておくと便利です。

- ${}_nC_r={}_nC_{n-r}$　　例：${}_8C_6={}_8C_2=\dfrac{8\times7}{2\times1}=28$
- ${}_nC_0={}_nC_n=1$　　例：${}_{10}C_{10}={}_{10}C_0=1$

2-3 条件付き確率

この節の概要

▶ この節では、確率の乗法定理と、条件付き確率について説明します。また、これらを組み合わせた独立事象の乗法定理について説明します。

確率の乗法定理とは

例題　5個のシュークリームのうち、3個はカスタードクリーム、2個はチョコクリームが入っている。A君が先に1個を取り、次にB君が1個を取る。A君とB君が、どちらもチョコクリーム入りを取る確率を求めよ。

A君がチョコを取る事象をA、B君がチョコを取る事象をBとします。2人ともチョコを取る事象は「AかつB」です。

5つのシュークリームを区別するため、1, 2, 3, 4, 5の番号をつけましょう。1, 2, 3がカスタード、4と5がチョコとします。すると、A君とB君が取るシュークリームの組合せは、次のように全部で20通りあります。

	1, 2	1, 3	1, 4	1, 5
2, 1		2, 3	2, 4	2, 5
3, 1	3, 2		3, 4	3, 5
4, 1	4, 2	4, 3		4, 5
5, 1	5, 2	5, 3	5, 4	

このうち、A君とB君が2人ともチョコを取るのは（4, 5）と

（5，4）の2通りだけなので、A君とB君の両方がチョコを取る確率 P（AかつB）は、

$$P(A\text{かつ}B) = \frac{2}{20} = \boxed{\frac{1}{10}}$$ …答え

となります。

この問題を、少し違った角度から考えてみましょう。

①まず、A君が5個のシュークリームの中からチョコを取る

5個のうち2個がチョコなので、A君がチョコを取る確率 $P(A)$ は、

$$P(A) = \frac{2}{5}$$

②B君が残り4個のシュークリームの中からチョコを取る

A君がすでにチョコを1個取っているので、残り4個のうちチョコは1個だけです。したがって、B君がチョコを取る確率は $\frac{1}{4}$ となります。

この確率は、「A君がチョコを取ったとき、B君がチョコを取る確率」であることに注意しましょう。このように、事象 A が起こったときに事象 B が起こる確率を**条件付き確率**といい、$P_A(B)$ と書きます。

$$P_A(B) = \frac{1}{4}$$

事象 A が起こったという条件のもとで、（A）

事象Bが起こる確率（(B)）

$P_A(B)$を、$P(B|A)$のように書く場合もあります。

③ P（AかつB）を求める

事象 A が起こる確率を $P(A)$、事象 A が起こったとき事象 B が起こる確率を $P_A(B)$ とすると、P（AかつB）は次のように求めることができます。

確率の乗法定理

$$P(A \text{かつ} B) = P(A) P_A(B)$$

この式を、**確率の乗法定理**（じょうほうていり）といいます。①、②より、

$$P(A) = \frac{2}{5},\quad P_A(B) = \frac{1}{4}$$

ですから、

$$P(A \text{かつ} B) = \frac{2}{5} \times \frac{1}{4} = \frac{2}{20} = \boxed{\frac{1}{10}}$$ …答え

となります。

練習問題 5　（答えは 274 ページ）

10 本のくじの中に“当たり”が 3 本入っている。1 度引いたくじは元に戻さないとして、A 君、B 君の順にくじを引く場合、2 人とも“当たり”を引く確率を求めよ。

条件付き確率を求める

例題　ある学年の生徒は、男子が 80 人、女子が 120 人の合計 200 人である。このうち、メガネをかけている生徒は男子が 60 人、女子が 30 人である。無作為に 1 人選んだ生徒が男子生徒のとき、その生徒がメガネをかけている確率を求めよ。

問題文から、右のような表をつくって考えてみましょう。

B ＼ A	男子	女子	計
メガネ	60人	30人	90人
メガネなし	20人	90人	110人
計	80人	120人	200人

男子生徒である事象を A、メガネをかけている事象を B とすると、「生徒が男子であるとき、メガネをかけている確率」は、条件付き確率 $P_A(B)$ と書けます。

男子生徒であるという条件のもとで

$P_A(B)$

メガネをかけている確率

確率の乗法定理より、条件付き確率は次のように求められます。

$$P(A\text{かつ}B) = P(A)\,P_A(B) \Rightarrow P_A(B) = \frac{P(A\text{かつ}B)}{P(A)}$$

問題文より、男子生徒は200人中80人なので、

$$\text{男子生徒である確率：}P(A) = \frac{80}{200}$$

また、メガネをかけている男子生徒は60人なので、

$$\text{男性生徒かつメガネをかけている確率：}P(A\text{かつ}B) = \frac{60}{200}$$

以上から、選んだ生徒が男子生徒であるとき、その生徒がメガネをかけている確率は、次のように求められます。

$$P_A(B) = \frac{\frac{60}{200}}{\frac{80}{200}} = \frac{\frac{60}{200} \times 200}{\frac{80}{200} \times 200} = \frac{60}{80} = \frac{3}{4} \quad \cdots\text{答え}$$

生徒200人ではなく、男子生徒80人を全体として考えれば、メガネをかけている生徒はそのうち60人なので、

$$P_A(B) = \frac{60}{80} = \frac{3}{4}$$

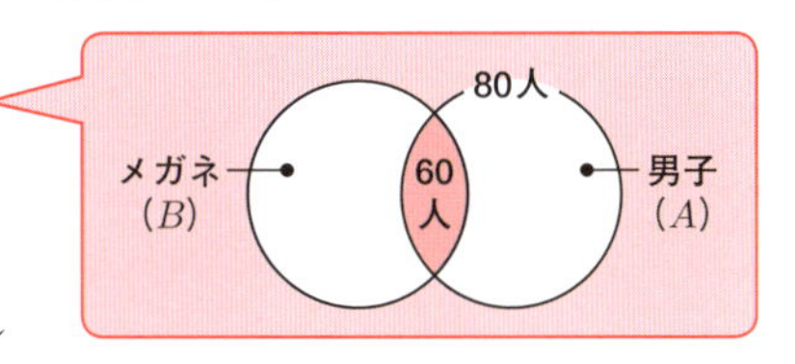

になりますね。条件付き確率$P_A(B)$は、事象Aを全体として、その中で事象Bの起こる確率を考え直したものと言えます。

練習問題6 （答えは274ページ）

ある夫婦には子どもが2人いる。少なくとも1人が女の子であるとき、2人とも女の子である確率はいくらか。

独立事象の乗法定理とは

条件付き確率 $P_A(B)$ は、「事象 A が起こるという条件のもとで、事象 B が起こる確率」と説明しました。これに対し、$P(B)$ は事象 A が起こる起こらないに関わりなく、事象 B が起こる確率です。

$P_A(B)$ と $P(B)$ の値が異なるのは、事象 A が起こるかどうかによって、事象 B の起こる確率が変化することを意味します。たとえば54ページの例題で、無作為に選んだ生徒が「男子だったとき、その生徒がメガネをかけている確率」$P_A(B)$ は、無作為に選んだ生徒が「男女にかかわりなくメガネをかけている確率」$P(B)$ と異なります。この違いは、メガネをかけている生徒の比率が男子と女子とで異なるために生じます。

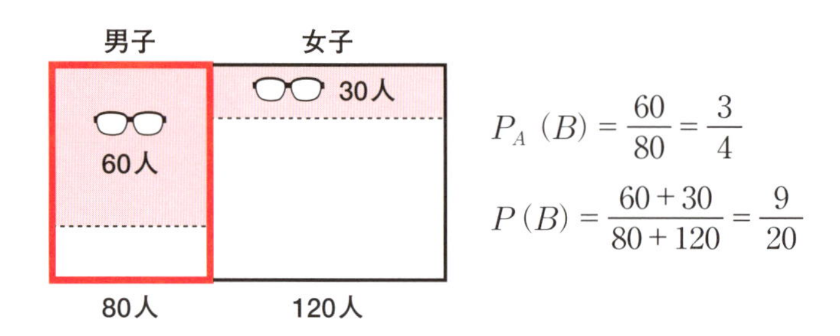

$$P_A(B) = \frac{60}{80} = \frac{3}{4}$$

$$P(B) = \frac{60+30}{80+120} = \frac{9}{20}$$

逆に言うと、事象 B が事象 A に関係なく起こるのであれば、$P_A(B)$ と $P(B)$ は等しくなるはずです。このとき、「事象 A と事象 B は互いに**独立**している」といいます。

> $P_A(B) = P(B)$ ⇔ 事象 A と事象 B が互いに独立している

たとえば、男子生徒 80 人、女子生徒 120 人のうち、自転車通学をしている生徒は男子 40 人、女子が 60 人いるとします。

男子　女子
40人　60人
80人　120人

無作為に1人選んだ生徒が男子生徒である事象を A、自転車通学をしている事象を B とすると、

$$P_A(B) = \frac{40}{80} = \frac{1}{2}$$

$$P(B) = \frac{40+60}{80+120} = \frac{1}{2}$$

$P_A(B) = P(B)$ が成り立つので、事象 A と事象 B は独立しています。言い換えると、自転車通学をしている生徒の比率は、男女にかかわりなく一定です。

54ページの確率の乗法定理の式に $P_A(B) = P(B)$ を代入すると、

$$P(A\text{かつ}B) = P(A)\,P(B)$$

を得ます。この式を**独立事象の乗法定理**といいます。

独立事象の乗法定理

事象 A と事象 B が互いに独立しているとき

$$P(A\text{かつ}B) = P(A)\,P(B)$$

独立事象は、独立試行（46ページ）とまぎらわしいので注意。一般に、独立した2つの試行によって起こる事象は、独立事象でもあります。

練習問題7　（答えは274ページ）

サイコロを1回振り、出た目が偶数である事象を A、3の倍数である事象を B とする。事象 A と事象 B は互いに独立しているといえるか。

2-4 確率変数と確率分布

この節の概要

▶ 確率変数と確率分布の基本について説明し、確率分布が統計の度数分布表に相当することを示します。

確率変数とは

サイコロを１回振って出る目を X で表すことにします。X は、１から６まで６通りの値をとる変数です。

また、$X = 1$ となる確率を $P(X = 1)$ と表します。これは⚀の目が出る確率のことですから、

$$P(X = 1) = \frac{1}{6}$$

となります。$X = 2,\ X = 3,\ \cdots,\ X = 6$ についても同様に考えることができます。

$$P(X = 2) = \frac{1}{6},\ P(X = 3) = \frac{1}{6},\ \cdots,\ P(X = 6) = \frac{1}{6}$$

X のように、その値がある確率によって定まる変数を、**確率変数**（へんすう）といいます。

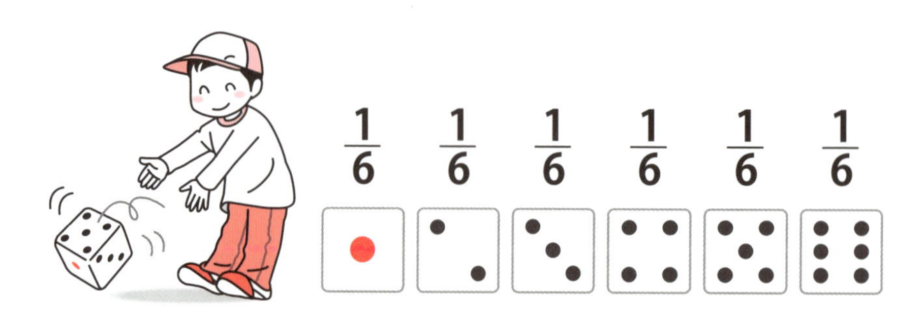

【確率変数の例】

- 1等10,000円、2等5,000円、3等1,000円など、一定の確率で当たるくじ引きでもらえる賞金の額（$X = 1000, 5000, 10000$）
- ある打率の野球選手の1試合の安打数（$X = 0, 1, 2, 3, \cdots$）
- コインを投げて表と裏のどちらが出るかを、表を「0」、裏を「1」で表す（$X = 0, 1$）

「表」「裏」といった数値ではないものは、表＝0，裏＝1のように対応する数値を割り当てれば確率変数になります。

確率分布とは

Xの値と、対応する確率Pは、次のような表にまとめることができます。

X	1	2	3	4	5	6	計
P	$\frac{1}{6}$	$\frac{1}{6}$	$\frac{1}{6}$	$\frac{1}{6}$	$\frac{1}{6}$	$\frac{1}{6}$	1

このように、確率変数Xの値ごとの確率の分布を、**確率分布**（ぶんぷ）といいます。確率Pのすべての値を合計すると、

$$\frac{1}{6}+\frac{1}{6}+\frac{1}{6}+\frac{1}{6}+\frac{1}{6}+\frac{1}{6}=1$$

になります。これは、Xの値（サイコロの目）が、必ず表に示す1，2，3，4，5，6のいずれかになることを示します。

練習問題8 （答えは274ページ）

1等1,000円、2等500円、3等100円の賞金が当たるくじがある。くじの本数は全部で100本で、このうち当たりくじは1等が1本、2等が5本、3等が10本ある。賞金金額を確率変数Xとして、確率分布を求めなさい。

確率分布と度数分布

サイコロを振って出る目の確率分布は、前ページの例のように計算によって求めることができますが、実際にサイコロを何回か振って、出た目の頻度を数えるとどうなるでしょうか？

次の表は、サイコロを100回振って出た目の回数を、相対度数分布表（16ページ）にまとめたものです。

X	度数	相対度数
1	19	0.19
2	20	0.2
3	10	0.1
4	16	0.16
5	21	0.21
6	14	0.14
計	100	1

←相対度数＝度数÷合計

上の表から、Xと相対度数の項目だけを取り出し、行と列を入れ替えると、確率分布によく似た表になります。

X	1	2	3	4	5	6	計
相対度数	0.19	0.2	0.1	0.16	0.21	0.14	1

上の表の相対度数は、確率分布における確率Pの値と似た結果になっています。100回くらいの試行ではまだムラがありますが、サイコロを振る回数を増やしていくと、だんだん$\frac{1}{6}$（＝0.1666…）に近づいていきます。ちなみに1000回振った結果と10000回振った結果は次のとおりです（実際にサイコロ振るのはたいへんなので、コンピュータでシミュレーションした結果をまとめました）。

◆ 1000 回の試行結果

X	1	2	3	4	5	6	計
相対度数	0.19	0.158	0.15	0.166	0.196	0.14	1

◆ 10000 回の試行結果

X	1	2	3	4	5	6	計
相対度数	0.1697	0.1616	0.1675	0.1651	0.1728	0.1633	1

このように、試行回数を増やしていくにつれて、相対度数が数学的な確率に近づいていくことを、**大数**(たいすう)**の法則**といいます。サイコロを繰り返し振るとき、⚀の目がいつ出るかを予測することはできません。しかし、おおよそ6回に1回の割合で⚀の目が出ることは、大数の法則によって予測できます。

大数の法則は重要な考え方なので、
第４章でくわしく取り上げます。

コラム 保険料と大数の法則

大数の法則は、生命保険が成り立つ基本原理のひとつです。「今後１年の間に、誰と誰が死亡するか」を予測することは誰にもできません。ところが、不思議なことに人間の死亡率は毎年ほぼ一定なので、「今後１年の間に、何人が死亡するか」は、大数の法則によっておおよそ予測することができます。そこで保険会社は、保険加入者から集めた保険料の総額から必要経費を除き、予想死亡人数で割って、死亡したときに支払う保険金額を決めています。

なお、死亡率は年齢や性別などによって異なるので、死亡する確率が高い人の保険料は高く、死亡する確率が低い人の保険料は低く設定されます。

2-5 確率変数の期待値と分散

この節の概要

- 確率分布から、確率変数の平均と分散を求める方法について説明します。確率変数の平均を期待値（きたいち）といいます。
- 確率分布から期待値を求める方法は、度数分布から平均を求める方法とよく似ています。

期待値とは

例題　1 等 1000 円、2 等 500 円、3 等 200 円の賞金が当たるくじを 200 本売りたい。くじは全部売り切れるものとして、くじ 1 本の値段をいくら以上にすれば、損にならないか。なお、当たりの本数は右表のとおりとする。

1 等（1000円）	10 本
2 等（500円）	20 本
3 等（200円）	50 本
はずれ（0円）	120 本
計	200 本

損をしないためには、くじの売上を賞金総額以上にする必要があります。賞金総額は、

$$1000 \times 10 + 500 \times 20 + 200 \times 50 = 10000 + 10000 + 10000 = 30000\text{円}$$

なので、売上が 30000 円以上になるように、くじ 1 本の値段を決めます。くじの本数は 200 本なので、1 本の値段は

$$30000 \div 200 = 150\text{円} \quad \cdots\text{答え}$$

以上にすればよいとわかります。この金額は、賞金の総額をくじの本数で割ったものですから、くじ１本当たりの賞金の平均と考えることができます。この平均値のことを**期待値**といいます。

確率分布から期待値を求める

賞金金額を確率変数 X として、確率分布をつくってみましょう。

X	1000	500	200	0	計
P	$\frac{10}{200}$	$\frac{20}{200}$	$\frac{50}{200}$	$\frac{120}{200}$	1

この確率分布から、次のように期待値を求めることができます。

$$1000 \times \frac{10}{200} + 500 \times \frac{20}{200} + 200 \times \frac{50}{200} + 0 \times \frac{120}{200} = 150\text{円}$$

1000円が当たる確率　500円が当たる確率　200円が当たる確率　はずれの確率

この計算は、度数分布表から平均を求める計算（20ページ）と同じです。度数分布から平均を「階級値 × 相対度数」の和で求めたように、確率変数の期待値は「確率変数 × 確率」の和で求めます。

$$E(X) = x_1 \cdot p_1 + x_2 \cdot p_2 + \cdots + x_n \cdot p_n$$

確率分布

X	x_1	x_2	$\cdots$	x_n
P	p_1	p_2	$\cdots$	p_n

確率変数の期待値には、記号 $E(X)$ を使います。

練習問題 9　（答えは 274 ページ）

サイコロを 2 個同時に投げて、出た目の合計だけ駒を進めるすごろくがある。1 回の試行で進めるマスは、平均するといくつか。

ヒント　2 個のサイコロの出た目の合計（2 ～ 12）を確率変数 X とし、確率分布をつくります。

確率分布から分散を求める

1等（1,000円）	10本
2等（500円）	20本
3等（200円）	50本
はずれ（0円）	120本
計	200本

62ページの例題から、賞金額の分散も求めてみましょう（賞金と本数を右に再掲します）。

分散は「偏差の2乗の平均」です（28ページ）。偏差を計算するには、まず平均（＝期待値）を求めなければなりませんが、これは先ほど計算したように150円です。したがって、分散は次のように計算できます。

偏差の2乗　本数

$$\frac{(1000-150)^2\times 10+(500-150)^2\times 20+(200-150)^2\times 50+(0-150)^2\times 120}{200}$$

$$=(1000-150)^2\times\frac{10}{200}+(500-150)^2\times\frac{20}{200}+(200-150)^2\times\frac{50}{200}+(0-150)^2\times\frac{120}{200}$$

1000円が当たる確率　500円が当たる確率　200円が当たる確率　はずれの確率

$= 62500$

以上のように、確率変数の分散は「偏差の2乗×確率」の和で求めることができます。期待値 $E(X)=\mu$（ミュー）とすれば、分散 $V(X)$ を求める式は次のように書けます。

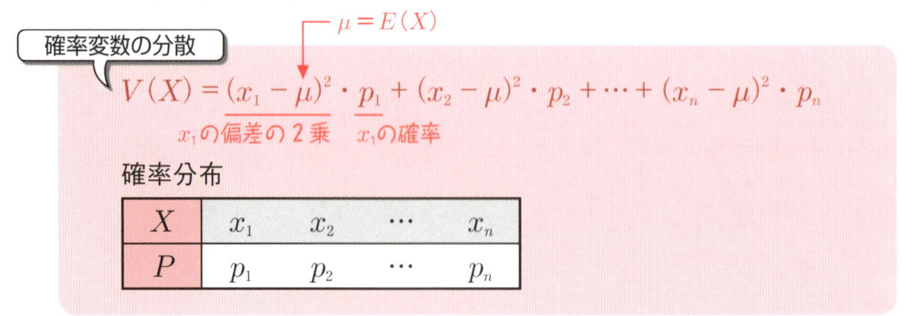

X	x_1	x_2	$\cdots$	x_n
P	p_1	p_2	$\cdots$	p_n

練習問題 10

（答えは275ページ）

次の確率分布にしたがう確率変数 X の平均と分散を求めなさい。

X	1	2	3
P	0.5	0.2	0.3

2-6 期待値と分散の公式

この節の概要

- 確率変数の期待値や分散に関する基本的な公式を説明します。これらは、第１章ですでに説明したことの応用です。
- ２つの確率変数の期待値と分散に関する公式は、常に成り立つ場合と、２つの確率変数が互いに独立な場合にのみ成り立つ場合があります。

よく使う期待値と分散の公式

第１章では、データを加工すると平均や分散がどのように変化するか説明しました（32 ページ）。記号をちょっとだけ変えて再掲します。

- **各データに b を加えると、平均は b 増加し、分散は変化しない**
- **各データに a を掛けると、平均は a 倍、分散は a^2 倍になる**

これら性質は、確率変数の期待値と分散についても当てはまります。確率変数 X の期待値と分散をそれぞれ $E(X)$, $V(X)$ とすると、上の性質は次の式で表すことができます。

- $E(X+b) = E(X) + b$ 　（$X+b$：データに b を加える、$E(X)+b$：平均が b 増える）　　$V(X+b) = V(X)$ 　（分散は変化しない）
- $E(aX) = aE(X)$ 　（aX：データを a 倍する、$aE(X)$：平均は a 倍）　　$V(aX) = a^2V(X)$ 　（分散は a^2 倍）

上の４つの式を整理すると、次のような公式になります。

確率変数の期待値と分散の公式

① $E(aX+b)=aE(X)+b$　　② $V(aX+b)=a^2V(X)$

上の公式①、②が成り立つことを証明しておきましょう。確率変数 X の分布が次の表のようになるとします。

X	x_1	x_2	$\cdots$	x_n
P	p_1	p_2	$\cdots$	p_n

注：$p_1+p_2+\cdots+p_n=1$

このとき、確率変数 $aX+b$ の分布は次のようになります（a, b は定数）。

$aX+b$	ax_1+b	ax_2+b	$\cdots$	ax_n+b
P	p_1	p_2	$\cdots$	p_n

上の確率分布の期待値と分散を、前節の定義にしたがって計算すると、次のようになります。

$$
\begin{aligned}
E(aX+b) &= (ax_1+b)p_1+(ax_2+b)p_2+\cdots+(ax_n+b)p_n \\
&= ax_1p_1+bp_1+ax_2p_2+bp_2+\cdots+ax_np_n+bp_n \\
&= a\underbrace{(x_1p_1+x_2p_2+\cdots+x_np_n)}_{\text{確率変数 }X\text{ の期待値 }E(X)}+b\underbrace{(p_1+p_2+\cdots+p_n)}_{1} \\
&= aE(X)+b
\end{aligned}
$$

$E(X)=\mu$ とする

$$
\begin{aligned}
V(aX+b) &= \{ax_1+b-(a\mu+b)\}^2p_1+\{ax_2+b-(a\mu+b)\}^2p_2 \\
&\qquad +\cdots+\{ax_n+b-(a\mu+b)\}^2p_n \\
&= \{a(x_1-\mu)\}^2p_1+\{a(x_2-\mu)\}^2p_2+\cdots+\{a(x_n-\mu)\}^2p_n \\
&= a^2(x_1-\mu)^2p_1+a^2(x_2-\mu)^2p_2+\cdots+a^2(x_n-\mu)^2p_n \\
&= a^2\underbrace{\{(x_1-\mu)^2p_1+(x_2-\mu)^2p_2+\cdots+(x_n-\mu)^2p_n\}}_{\text{確率変数 }X\text{ の分散 }V(X)} \\
&= a^2V(X)
\end{aligned}
$$

なお、分散については次の公式も成り立ちます。この公式も第1章で説明しましたね（28ページ）。

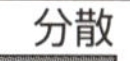

$$V(X) = E(X^2) - \{E(X)\}^2$$

X	x_1	x_2	$\cdots$	x_n
X^2	$x_1^{\ 2}$	$x_2^{\ 2}$	$\cdots$	$x_n^{\ 2}$
P	p_1	p_2	$\cdots$	p_n

$E(X^2)$は、確率変数X^2の期待値、$\{E(X)\}^2$は、確率変数Xの期待値の2乗を表します。この公式が成り立つことは、次のように定義から説明できます（$E(X)=\mu$とします）。

$$\begin{aligned}
V(X) &= (x_1-\mu)^2p_1 + (x_2-\mu)^2p_2 + \cdots + (x_n-\mu)^2p_n \\
&= (x_1^{\ 2}-2\mu x_1+\mu^2)p_1 + (x_2^{\ 2}-2\mu x_2+\mu^2)p_2 + \cdots + (x_n^{\ 2}-2\mu x_n+\mu^2)p_n \\
&= \underbrace{x_1^{\ 2}p_1+x_2^{\ 2}p_2+\cdots+x_n^{\ 2}p_n}_{\text{この部分は}E(X^2)} - 2\mu\underbrace{(x_1p_1+x_2p_2+\cdots+x_np_n)}_{\text{この部分は}E(X)=\mu} + \mu^2\underbrace{(p_1+p_2+\cdots+p_n)}_{\text{この部分は}1} \\
&= E(X^2) - 2\mu^2 + \mu^2 \\
&= E(X^2) - \mu^2 \\
&= E(X^2) - \{E(X)\}^2
\end{aligned}$$

練習問題 11　（答えは275ページ）

2つの確率変数X, Yがあり、$Y=5X-4$が成り立つ。$E(X)=10$, $V(X)=27$のとき、$E(Y)$, $V(Y)$を求めなさい。

和の期待値は期待値の和

2つの確率変数X, Yがあるとき、それらの和の期待値$E(X+Y)$について、次の公式が成り立ちます。

確率変数の和の期待値

$$E(X+Y) = E(X) + E(Y)$$

例題 2個のサイコロを振って、出た目の合計の数だけ駒をすすめるすごろくがある。1回の試行で平均いくつ駒をすすめることができるか。

1個のサイコロの目は1～6の6通りで、確率はそれぞれ$\frac{1}{6}$です。1個目のサイコロの目をXとすると、期待値$E(X)$は次のように求められます。

$$E(X)=1\times\frac{1}{6}+2\times\frac{1}{6}+3\times\frac{1}{6}+4\times\frac{1}{6}+5\times\frac{1}{6}+6\times\frac{1}{6}=\frac{21}{6}=\frac{7}{2}$$

2個目のサイコロの目をYとすると、期待値$E(Y)$も同様に$\frac{7}{2}$です。「和の期待値は期待値の和」の公式より、2個のサイコロの目の和の期待値は、

$$E(X+Y)=E(X)+E(Y)=\frac{7}{2}+\frac{7}{2}=7 \quad \text{…答え}$$

この公式が正しいことを証明しましょう。

x_1, x_2, x_3のいずれかの値をとる確率変数Xと、y_1, y_2, y_3のいずれかの値をとる確率変数Yを考えます。また、「$X=x_i$かつ$Y=y_j$」となる確率を、p_{ij}とします（右表参照）。

X \ Y	y_1	y_2	y_3
x_1	p_{11}	p_{12}	p_{13}
x_2	p_{21}	p_{22}	p_{23}
x_3	p_{31}	p_{32}	p_{33}

表より、$X+Y$の確率分布は次のようになります。

$X+Y$	x_1+y_1	x_1+y_2	x_1+y_3	x_2+y_1	x_2+y_2	x_2+y_3	x_3+y_1	x_3+y_2	x_3+y_3	計
P	p_{11}	p_{12}	p_{13}	p_{21}	p_{22}	p_{23}	p_{31}	p_{32}	p_{33}	1

したがって、$X+Y$の期待値は次のように求められます。

$$\begin{aligned}E(X+Y)=&(x_1+y_1)p_{11}+(x_1+y_2)p_{12}+(x_1+y_3)p_{13}\\&+(x_2+y_1)p_{21}+(x_2+y_2)p_{22}+(x_2+y_3)p_{23}\\&+(x_3+y_1)p_{31}+(x_3+y_2)p_{32}+(x_3+y_3)p_{33} \quad \text{…①}\end{aligned}$$

$X=x_1$となるのは、「$X=x_1$かつ$Y=y_1$」の場合、「$X=x_1$かつ$Y=y_2$」の場合、「$X=x_1$かつ$Y=y_3$」の場合のいずれかなので、

$$P(X=x_1)=p_{11}+p_{12}+p_{13}$$

となります。x_2, x_3についても同様に考えると、Xの確率分布は

X	x_1	x_2	x_3	計
P	$p_{11}+p_{12}+p_{13}$	$p_{21}+p_{22}+p_{23}$	$p_{31}+p_{32}+p_{33}$	1

となります。したがってXの期待値は次のように求められます。

$$E(X)=x_1(p_{11}+p_{12}+p_{13})+x_2(p_{21}+p_{22}+p_{23})+x_3(p_{31}+p_{32}+p_{33}) \quad \cdots ②$$

また、$Y=y_1$となるのは、「$X=x_1$かつ$Y=y_1$」の場合、「$X=x_2$かつ$Y=y_1$」の場合、「$X=x_3$かつ$Y=y_1$」の場合のいずれかなので、

$$P(Y=y_1)=p_{11}+p_{21}+p_{31}$$

です。y_2, y_3の場合も同様に考えると、Yの確率分布は

Y	y_1	y_2	y_3	計
P	$p_{11}+p_{21}+p_{31}$	$p_{12}+p_{22}+p_{32}$	$p_{13}+p_{23}+p_{33}$	1

となります。したがってYの期待値は次のように求められます。

$$E(Y)=y_1(p_{11}+p_{21}+p_{31})+y_2(p_{12}+p_{22}+p_{32})+y_3(p_{13}+p_{23}+p_{33}) \quad \cdots ③$$

式①, ②, ③より、

$$\begin{aligned}
E(X+Y)&=(x_1+y_1)p_{11}+(x_1+y_2)p_{12}+(x_1+y_3)p_{13} && \leftarrow x_1,\ y_1 \text{でくくる}\\
&\quad+(x_2+y_1)p_{21}+(x_2+y_2)p_{22}+(x_2+y_3)p_{23} && \leftarrow x_2,\ y_2 \text{でくくる}\\
&\quad+(x_3+y_1)p_{31}+(x_3+y_2)p_{32}+(x_3+y_3)p_{33} && \leftarrow x_3,\ y_3 \text{でくくる}\\
&=x_1(p_{11}+p_{12}+p_{13})+x_2(p_{21}+p_{22}+p_{23})+x_3(p_{31}+p_{32}+p_{33})\\
&\quad+y_1(p_{11}+p_{21}+p_{31})+y_2(p_{12}+p_{22}+p_{32})+y_3(p_{13}+p_{23}+p_{33})\\
&=E(X)+E(Y)
\end{aligned}$$

練習問題 12　（答えは 275 ページ）

2 つの確率変数 X, Y について、$E(X)=12$, $E(Y)=8$ のとき、$E(X-Y)$ を求めなさい。

互いに独立な確率変数

57ページで説明した独立事象の乗法定理は、確率変数についても適用できます。すなわち、確率変数 X がとりうる任意の値 x と、確率変数 Y がとりうる任意の値 y について、事象「$X=x$」と事象「$Y=y$」が互いに独立しているとき、

$$P(X=x \text{ かつ } Y=y)=P(X=x)\,P(Y=y)$$

が成り立ちます。このとき、「確率変数 X と Y は互いに独立している」といいます。

確率変数 X と Y が互いに独立しているとき、次の公式が成り立ちます。

互いに独立な確率変数の公式

$$E(XY)=E(X)\,E(Y)$$
$$V(X+Y)=V(X)+V(Y)$$

67ページの $E(X+Y)=E(X)+E(Y)$ は常に成り立ちますが、左の公式は X と Y が互いに独立のときだけ成り立ちます。

例題　2 個のサイコロを振って、出た目の数を掛けた数の平均はいくらか。

1 個のサイコロを振って出た目を X とすると、X の期待値 $E(X)$ は

$$E(X)=1\times\frac{1}{6}+2\times\frac{1}{6}+3\times\frac{1}{6}+4\times\frac{1}{6}+5\times\frac{1}{6}+6\times\frac{1}{6}=3.5$$

もうひとつのサイコロを振って出た目を Y とすると、Y の期待値 $E(Y)$ も同様に 3.5 です。X と Y は互いに独立なので、

$$E(XY) = E(X)E(Y) = 3.5 \times 3.5 = 12.25$$ …答え

この公式が成り立つことを証明しましょう。確率変数 X と Y の確率分布を、それぞれ次のとおりとします。

X	x_1	x_2	x_3	計
P	p_1	p_2	p_3	1

Y	y_1	y_2	y_3	計
P	q_1	q_2	q_3	1

X と Y が互いに独立のとき、

$$P(X = x \text{ かつ } Y = y) = P(X = x)\ P(Y = y)$$

が成り立つので、$X = x_i$ かつ $Y = y_j$ となる確率は次の表のようになります。

X \ Y	y_1	y_2	y_3
x_1	p_1q_1	p_1q_2	p_1q_3
x_2	p_2q_1	p_2q_2	p_2q_3
x_3	p_3q_1	p_3q_2	p_3q_3

以上から、XY の期待値 $E(XY)$ は次のように求めることができます。

$$\begin{aligned}
E(XY) &= x_1y_1p_1q_1 + x_1y_2p_1q_2 + x_1y_3p_1q_3 \quad \leftarrow x_1p_1 \text{ でくくる} \\
&\quad + x_2y_1p_2q_1 + x_2y_2p_2q_2 + x_2y_3p_2q_3 \quad \leftarrow x_2p_2 \text{ でくくる} \\
&\quad + x_3y_1p_3q_1 + x_3y_2p_3q_2 + x_3y_3p_3q_3 \quad \leftarrow x_3p_3 \text{ でくくる} \\
&= x_1p_1(y_1q_1 + y_2q_2 + y_3q_3) \\
&\quad + x_2p_2(y_1q_1 + y_2q_2 + y_3q_3) \\
&\quad + x_3p_3(y_1q_1 + y_2q_2 + y_3q_3) \\
&= \underbrace{(x_1p_1 + x_2p_2 + x_3p_3)}_{\text{これは} E(X)}\underbrace{(y_1q_1 + y_2q_2 + y_3q_3)}_{\text{これは} E(Y)} \\
&= E(X)E(Y)
\end{aligned}$$

また、$X+Y$の分散$V(X+Y)$は、次のように求められます。

$$V(X+Y)=E((X+Y)^2)-\{E(X+Y)\}^2$$

← 67ページの分散の公式 $V(X)=E(X^2)-\{E(X)\}^2$

$$=E(X^2+2XY+Y^2)-\{E(X)+E(Y)\}^2$$

$$=E(X^2)+E(2XY)+E(Y^2)-\{E(X)\}^2-2E(X)E(Y)-\{E(Y)\}^2$$

$E(aX)=aE(X)$，$E(XY)=E(X)E(Y)$より

$$=E(X^2)+2E(X)E(Y)+E(Y^2)-\{E(X)\}^2-2E(X)E(Y)-\{E(Y)\}^2$$

$$=E(X^2)-\{E(X)\}^2+E(Y^2)-\{E(Y)\}^2$$

これはXの分散　　これはYの分散

$$=V(X)+V(Y)$$

練習問題 13　（答えは275ページ）

10円玉と50円玉を1枚ずつ投げ、表が出たらそのコインをもらうことができる。もらえる金額の合計の期待値と分散はいくらか。

コラム　確率変数の公式まとめ

この節で紹介した確率変数の公式をまとめておきましょう。

①期待値の公式

$E(aX)=aE(X)$，$E(X+b)=E(X)+b$,

$E(aX+b)=aE(X)+b$

$E(X+Y)=E(X)+E(Y)$

XとYが互いに独立のとき、$E(XY)=E(X)E(Y)$

②分散の公式

$V(aX)=a^2V(X)$，$V(X+b)=V(X)$，$V(aX+b)=a^2V(X)$

$V(X)=E(X^2)-\{E(X)\}^2$

XとYが互いに独立のとき、$V(X+Y)=V(X)+V(Y)$

2-7 二項分布

この節の概要

▶ 二項分布（にこうぶんぷ）は、反復試行によってある事象が起こる回数を確率変数 X とする確率分布です。この節では二項分布の仕組みと、二項分布する確率変数の期待値と分散について説明します。

二項分布とは

例題 質問に対して「A」「B」「C」のいずれかで回答するクイズが全部で４問ある。正解する確率が各問とも $\frac{1}{3}$ であるとき、正解数を確率変数 X とする確率分布を求めよ。

確率 p の試行を n 回繰り返し、そのうちある事象が k 回起こる確率は、次のような反復試行の確率で表すことができます（49 ページ）。

$$ {}_nC_k\, p^k\, (1-p)^{n-k} $$

この例題では、$n=4$、$p=\frac{1}{3}$ で、k に入るのが確率変数 X になります。全問不正解（$X=0$）から全問正解（$X=4$）までの確率を、反復試行の公式に当てはめて順に調べてみましょう。

①全問不正解（$X=0$）

４問すべて不正解になる確率は、

$$ P(X=0) = {}_4C_0\left(\frac{1}{3}\right)^0\left(\frac{2}{3}\right)^4 = 1 \times 1 \times \frac{16}{81} = \frac{16}{81} $$

${}_nC_0=1$

$a^0=1$

② 1 問正解（$X=1$）

４問中１問だけ正解する確率は、

$$P(X=1)={}_4C_1\left(\frac{1}{3}\right)^1\left(\frac{2}{3}\right)^3=4\times\frac{1}{3}\times\frac{8}{27}=\frac{32}{81}$$

$_4C_1=4$ 通り

第1問	第2問	第3問	第4問	確率
○	×	×	×	$\left(\frac{1}{3}\right)^1\left(\frac{2}{3}\right)^3$
×	○	×	×	$\left(\frac{1}{3}\right)^1\left(\frac{2}{3}\right)^3$
×	×	○	×	$\left(\frac{1}{3}\right)^1\left(\frac{2}{3}\right)^3$
×	×	×	○	$\left(\frac{1}{3}\right)^1\left(\frac{2}{3}\right)^3$

③ 2 問正解（$X=2$）

4 問中 2 問正解する確率は、

$$P(X=2)={}_4C_2\left(\frac{1}{3}\right)^2\left(\frac{2}{3}\right)^2=6\times\frac{1}{9}\times\frac{4}{9}=\frac{24}{81}$$

$_4C_2=6$ 通り

第1問	第2問	第3問	第4問	確率
○	○	×	×	$\left(\frac{1}{3}\right)^2\left(\frac{2}{3}\right)^2$
○	×	○	×	$\left(\frac{1}{3}\right)^2\left(\frac{2}{3}\right)^2$
○	×	×	○	$\left(\frac{1}{3}\right)^2\left(\frac{2}{3}\right)^2$
×	○	○	×	$\left(\frac{1}{3}\right)^2\left(\frac{2}{3}\right)^2$
×	○	×	○	$\left(\frac{1}{3}\right)^2\left(\frac{2}{3}\right)^2$
×	×	○	○	$\left(\frac{1}{3}\right)^2\left(\frac{2}{3}\right)^2$

④ 3 問正解（$X=3$）

4 問中 3 問正解する確率は、

$$P(X=3)={}_4C_3\left(\frac{1}{3}\right)^3\left(\frac{2}{3}\right)^1=4\times\frac{1}{27}\times\frac{2}{3}=\frac{8}{81}$$

$_4C_3=4$ 通り

第1問	第2問	第3問	第4問	確率
○	○	○	×	$\left(\frac{1}{3}\right)^3\left(\frac{2}{3}\right)^1$
○	○	×	○	$\left(\frac{1}{3}\right)^3\left(\frac{2}{3}\right)^1$
○	×	○	○	$\left(\frac{1}{3}\right)^3\left(\frac{2}{3}\right)^1$
×	○	○	○	$\left(\frac{1}{3}\right)^3\left(\frac{2}{3}\right)^1$

⑤全問正解（$X=4$）

4問すべて正解する確率は、

$$P(X=4)={}_4C_4\left(\frac{1}{3}\right)^4\left(\frac{2}{3}\right)^0=1\times\frac{1}{81}\times 1=\frac{1}{81}$$

（${}_nC_n=1$）

以上から、Xの確率分布は次のようになります。

X	0	1	2	3	4	計
P	$\frac{16}{81}$	$\frac{32}{81}$	$\frac{24}{81}$	$\frac{8}{81}$	$\frac{1}{81}$	1

このような分布を**二項分布**（にこうぶんぷ）といいます。一般に、確率pの事象が、n回の試行のうちX回起こる確率分布を、確率pに対する次数nの二項分布といい、記号

$$B(n,\ p)$$

（n：回数　p：確率）

で表します。例題の二項分布は、$B(4,\ \frac{1}{3})$と表すことができます。

二項分布

確率pに対する次数nの二項分布$B(n,\ p)$は、次の確率分布にしたがう。

X	0	1	2	…	n
P	${}_nC_0(1-p)^n$	${}_nC_1p^1(1-p)^{n-1}$	${}_nC_2p^2(1-p)^{n-2}$	…	${}_nC_np^n$

$P(X=k)={}_nC_kp^k(1-p)^{n-k}$

たとえば、サイコロを10回振って⚀の目が出る回数Xは二項分布にしたがいます。⚀の目が出る確率は$\frac{1}{6}$なので、この二項分布は$B(10,\ \frac{1}{6})$と表せます。

練習問題 14　（答えは276ページ）

二項分布$B(3,\ \frac{1}{6})$にしたがう確率変数Xの確率分布表を書きなさい。

二項分布の期待値と分散

二項分布の期待値と分散は、次のようになります。

> 二項分布$B(n,\ p)$にしたがう確率変数Xの期待値、分散、標準偏差：
>
> **期待値** $E(X) = np$
>
> **分散** $V(X) = np(1-p)$
>
> **標準偏差** $s(X) = \sqrt{np(1-p)}$

たとえば、サイコロを10回振って⚀の目が出る回数Xは、先ほど説明したように二項分布$B(10,\ \frac{1}{6})$にしたがいます。したがって、期待値と分散はそれぞれ

$$E(X) = np = 10 \times \frac{1}{6} = \frac{5}{3}$$ ⬅期待値

$$V(X) = np(1-p) = 10 \times \frac{1}{6} \times \left(1 - \frac{1}{6}\right) = \frac{25}{18}$$ ⬅分散

上の公式が成り立つことを証明しましょう。

二項分布にしたがう確率変数Xは、n回の試行のうち、確率pの事象が起こる回数を表します。ここで、

1回目に事象が起こるとき1、起こらないとき0となる確率変数X_1
2回目に事象が起こるとき1、起こらないとき0となる確率変数X_2
⋮
n回目に事象が起こるとき1、起こらないとき0となる確率変数X_n

のような確率変数X_i（$i = 1,\ 2,\ \cdots,\ n$）を定めます。すると、

$$X = X_1 + X_2 + \cdots + X_n \quad \cdots ①$$

が成り立ちます。たとえば、10回中1回目と3回目に⚀の目が出るなら、X_1とX_3が1になり、その他は0になるので、

$$X = \overset{X_1}{1} + \overset{X_2}{0} + \overset{X_3}{1} + \overset{X_4}{0} + \overset{X_5}{0} + \overset{X_6}{0} + \overset{X_7}{0} + \overset{X_8}{0} + \overset{X_9}{0} + \overset{X_{10}}{0} = 2$$

となります。

X_iの値は1または0で、事象が起こる確率はpですから、確率分布は次のようになります。

X_i	1	0	計
P	p	$1-p$	1

したがって、期待値$E(X_i)$と分散$V(X_i)$はそれぞれ

$$E(X_i) = 1 \times p + 0 \times (1-p) = p \quad \cdots ②$$

$$V(X_i) = E(X_i^2) - \{E(X_i)\}^2$$ ← 67ページ参照

$$= 1^2 \times p + 0^2 \times (1-p) - p^2$$

$$= p - p^2$$

$$= p(1-p) \quad \cdots ③$$

①より、

$$E(X) = E(X_1 + X_2 + \cdots + X_n)$$

$$= E(X_1) + E(X_2) + \cdots + E(X_n)$$ ← $E(X+Y) = E(X) + E(Y)$より

$$= \underbrace{p + p + \cdots + p}_{p\text{が}n\text{個}}$$ ← 式②より

$$= np$$

また、X_1, X_2, …, X_nは互いに独立なので、

$$V(X) = V(X_1 + X_2 + \cdots + X_n)$$

$$= V(X_1) + V(X_2) + \cdots + V(X_n)$$ ← $V(X+Y) = V(X) + V(Y)$より

$$= \underbrace{p(1-p)+p(1-p)+\cdots+p(1-p)}_{p(1-p)\text{が}n\text{個}} \quad \leftarrow \text{式③より}$$

$$= np(1-p)$$

標準偏差は分散の平方根なので、

$$s(X) = \sqrt{np(1-p)}$$

となります。

練習問題 15　（答えは 276 ページ）

ある工場が生産している製品は、500 個に 1 個の確率で不良品である。この製品 1 万個に含まれる不良品の個数の平均と標準偏差はいくつか。

二項分布の回数を無限にする

サイコロを n 回振って、⚀が出る回数を X とすると、X は二項分布 $B\left(n, \dfrac{1}{6}\right)$ にしたがいます。

この二項分布をヒストグラムで表してみましょう。次の図は、n の値が 10, 20, 50, 80 のときの二項分布 $B\left(n, \dfrac{1}{6}\right)$ のヒストグラムを重ねたものです。

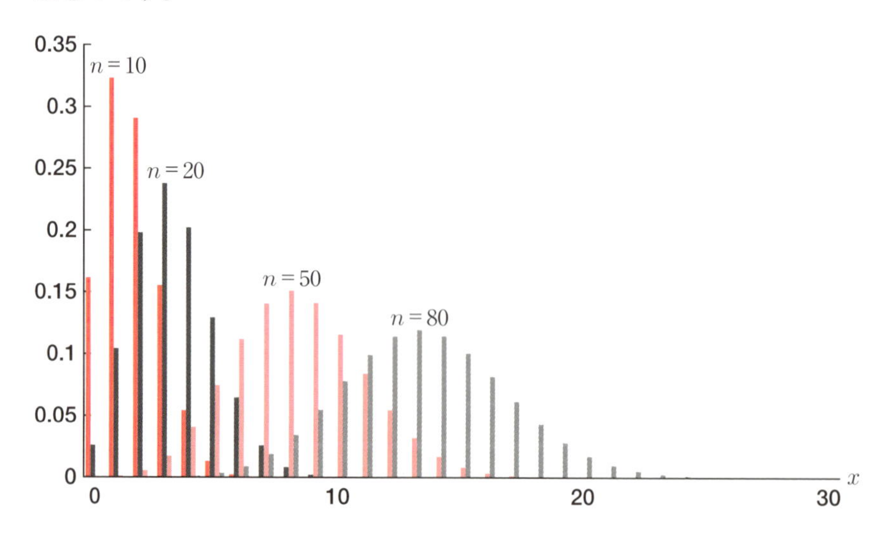

nの値が増えるにつれて、なだらかな山型のグラフになることがわかるでしょう。

二項分布のグラフは、nの回数を増やしていくにつれ、期待値を中心とする左右対称の釣りがね型に近づいていきます。この釣りがね型の分布を**正規分布**（せいきぶんぷ）といいます。すなわち、

二項分布のnの回数をじゅうぶんに大きくすると正規分布に近似する

この定理を**ラプラスの定理**といいます。本書の後半で説明しますが、推測統計では、二項分布の代わりに正規分布が使えるとたいへん便利なケースがあります（116ページ）。

コラム　ポワソン分布

二項分布 $B\ (n,\ p)$ において、確率pが非常に小さい場合を考えます。たとえば、ある交差点を通過する自動車が交通事故にあう確率を$p = 0.00001$としましょう。1日に10,000台の自動車がこの交差点を通過する場合、1年間（＝365日）に発生する事故件数Xは、$n = 3650000,\ p = 0.00001$の二項分布にしたがいます。したがって、この交差点で1年間にk回事故が発生する確率は、

$$P(X=k) = {}_{3650000}C_k \times 0.00001^k \times (1-0.00001)^{3650000-k}$$

となります。しかし、このような式は実際にはあまり使われません。

この例のようにnがじゅうぶん大きくpが非常に小さい場合には、$E(X) = np = \lambda$（ラムダ）として、次の式を使うことができます。

$$P(X=k) = \frac{\lambda^k}{k!} e^{-\lambda}$$

※eはネイピア数（94ページ参照）

この分布を**ポアソン分布**といいます。ポアソン分布の事例としては、交通事故件数のほか、火災件数や電話の着信回数などがあります。一般に「ある期間に平均λ回起こる事象が、その期間にX回起こる確率」は、ポアソン分布にしたがいます。

2-8 連続型の確率変数

この節の概要

- この節では、連続型の確率変数の確率分布を、確率密度関数によって表す方法について説明します。
- 次に、連続型確率変数の確率が、確率密度関数の積分によって求められることを示します。
- 連続型確率変数の期待値と分散についても、積分で表すことができることを示します。

連続型確率変数とは

例題　A君が宅配ピザを注文したところ、配達時間は12:00～12:30の間のいずれかになると言われた。時間内であればどの配達時間も同様に確からしいとする。12:20～12:25に配達される確率を求めよ。

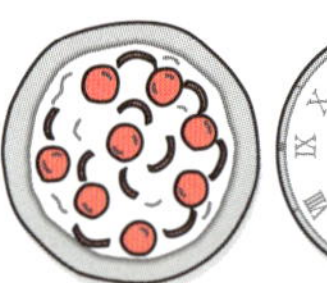

配達される時間帯（12:00～12:30）の30分間のうち、12:20から12:25までの5分間に配達される確率なので、

$$\frac{5}{30}=\frac{1}{6}$$ …答え

であることはすぐわかりますね。

この例題を一般化して、12時a分～12時b分までに配達される確率について考えます。そのために、配達時間の分（0～30）を確率変数Xとする確率分布をつくってみましょう。

これまでに扱ってきた確率変数は、サイコロの目や回数など、0，1，2，3，…といった飛び飛びの値をとるものばかりでした。このような確率変数を、**離散型確率変数**(りさんがたかくりつへんすう)といいます。

これに対し、配達時間は12時20分、12時20分15秒、12時20分15秒コンマ30…のように、精密に測ればきりがありません。そこで、とりうる値を次のように範囲で指定します。

$P(20 \leqq X \leqq 25)$ ← Xが20～25の範囲の値をとる確率を表す

このような確率変数を、**連続型確率変数**(れんぞくがた)といいます。12時 a 分から12時 b 分までに配達される確率は、次のような式で表すことができます。

$$P(a \leqq X \leqq b) = \frac{b-a}{30} \quad (ただし、0 \leqq a < b \leqq 30)$$

この式を使うと、たとえば12:00～12:15に配達される確率は、

$$P(0 \leqq X \leqq 15) = \frac{15-0}{30} = \frac{1}{2}$$

また、12:20～12:30に配達される確率は、

$$P(20 \leqq X \leqq 30) = \frac{30-20}{30} = \frac{1}{3}$$

のように計算できます。

連続型確率変数の確率分布

連続型確率変数は、Xのとりうる値が無数にあるため、離散型のように確率分布を表で表すことができません。そこで、確率分布をグラフで表すことを考えます。すると、例題の配達時間の確率分布は、次のような直線のグラフで表すことができます。

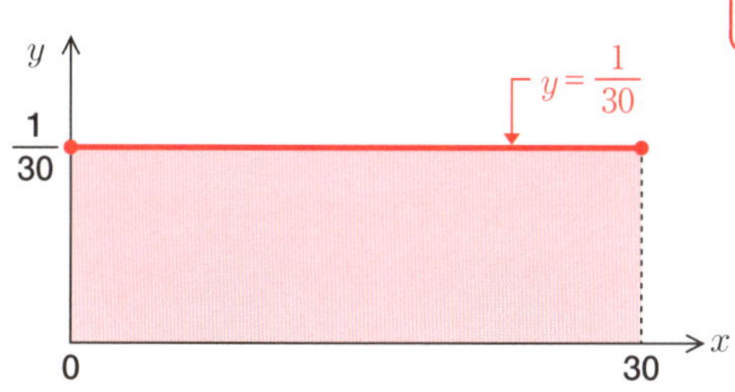

このグラフを書くポイントは、x 軸とグラフに囲まれた部分（前ページ図の色網（いろあみ）の部分）の面積を「1」にすることです。

この確率分布では、X の値が $0 \leqq X \leqq 30$ の範囲なので、長方形の横幅は 30 です。面積を「1」にするには、縦幅を

$$1 \div 30 = \frac{1}{30}$$

にしなければなりません。したがって、グラフの式は直線 $y = \frac{1}{30}$ になります。

なぜ、面積を「1」にする必要があるのかというと、こうすることで、X がある範囲内になる確率を、グラフの面積で表すことができるからです。

たとえば、12:10 〜 12:20 に配達される確率 $P(10 \leqq X \leqq 20)$ は、グラフでは次の部分の面積で求めることができます。

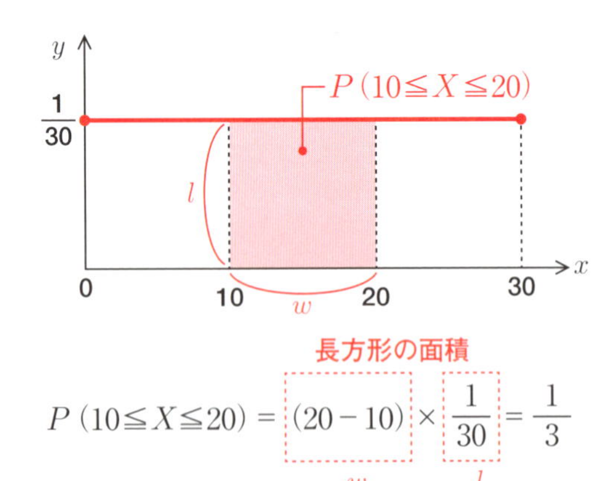

確率密度関数とは

グラフの式を $y = f(x)$ とすると、$f(x)$ は

$$f(x) = \begin{cases} \frac{1}{30} & (0 \leqq x \leqq 30) \\ 0 & (x < 0,\ x > 30) \end{cases}$$

のように表せます。このような関数 $f(x)$ を、**確率密度関数**（みつどかんすう）といいます。

確率密度関数

連続型確率変数Xの値が$a \leqq X \leqq b$となる確率$P(a \leqq X \leqq b)$が、x軸と$y=f(x)$のグラフで囲まれた面積で表されるとき、$f(x)$を**確率密度関数**という。

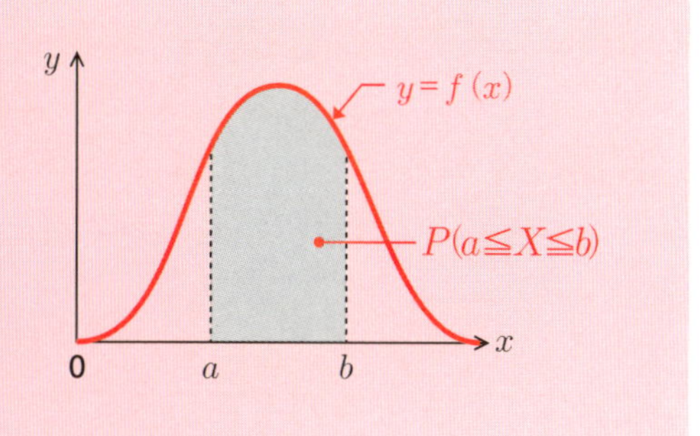

【確率密度関数のポイント】

①全体の面積は「1」になる

Xの最小値をa、最大値をbとすると、$P(a \leqq X \leqq b)=1$となります。これは、$y=f(x)$とx軸に囲まれた面積に相当します。

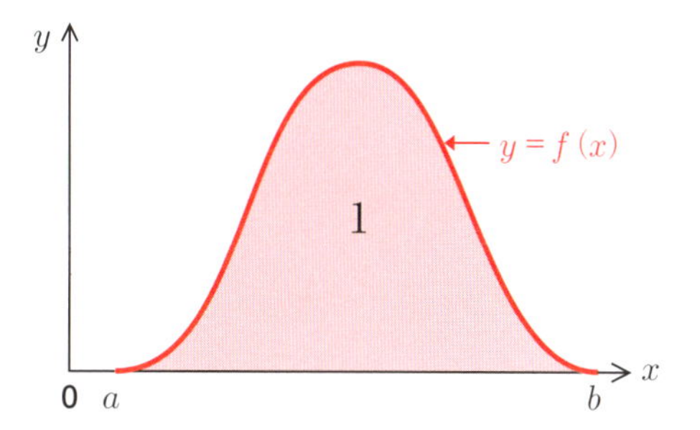

②ちょうどの確率はゼロになる

例題の配達時間の確率で、12:15ちょうどに配達される確率はいくつになるでしょうか？

答えはなんとゼロです！連続型の確率変数では確率を面積で表すので、$P(X=15)$のような横幅ゼロの面積はゼロになってしまいます。

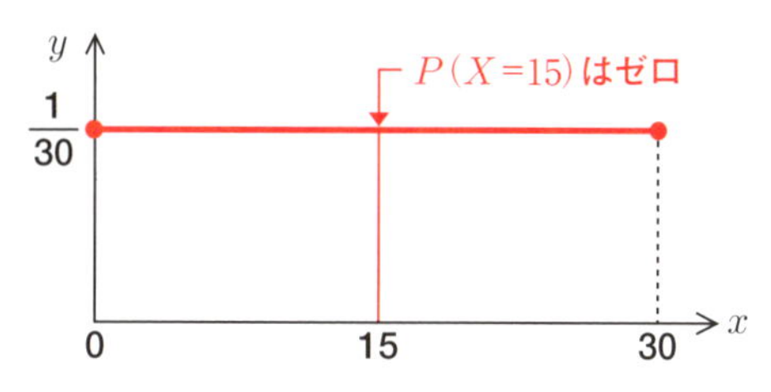

$P(X=15)$がゼロになるため、$P(0 \leqq X \leqq 15)$は、$P(0 \leqq X < 15)$や$P(0 < X \leqq 15)$、$P(0 < X < 15)$と書いても同じことになります。

確率密度関数から確率を求める

例題 確率変数 X の確率密度関数 $f(x)$ が次のとき、確率 $P(0.5 \leqq X \leqq 1.5)$ を求めよ。

$$f(x) = -\frac{1}{2}x + 1 \qquad (0 \leqq x \leqq 2)$$

まず、$y = f(x)$ のグラフを書いてみましょう。

$y = -\dfrac{1}{2}x + 1$ のグラフは、$x = 0$ のとき $y = 1$、$x = 2$ のとき $y = 0$ になる次のような直線です。

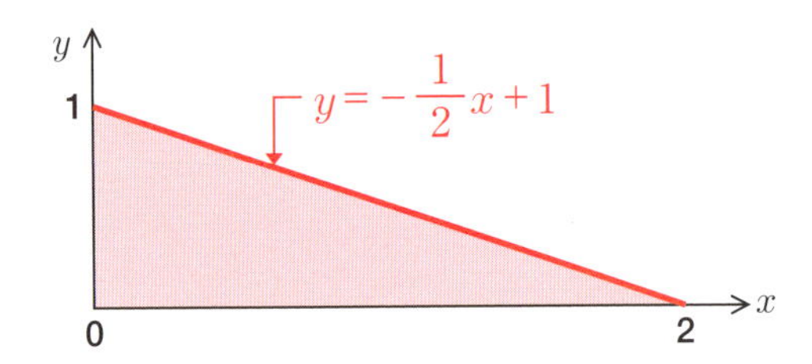

上の色網部分の面積は、$0 \leqq X \leqq 2$ となる確率を表します。三角形の底辺が 2、高さが 1 なので、この面積は

$$2 \times 1 \times \frac{1}{2} = 1$$ ← 三角形の面積＝底辺 × 高さ × $\frac{1}{2}$

となります。

さて、問題の確率 $P(0.5 \leqq X \leqq 1.5)$ は、次の図の斜線部の台形の面積になります。

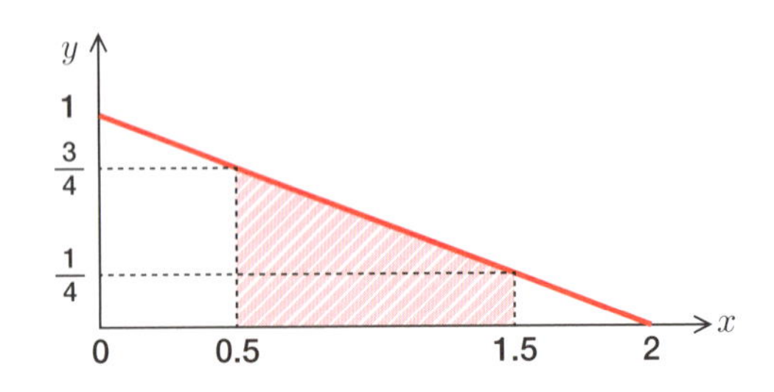

$x = 0.5$ のとき $y = \frac{3}{4}$、$x = 1.5$ のとき $y = \frac{1}{4}$ になるので、斜線部の面積は

$$\left(\frac{3}{4} + \frac{1}{4}\right) \times 1 \times \frac{1}{2} = \frac{1}{2} = \mathbf{0.5} \quad \cdots答え$$

となります。

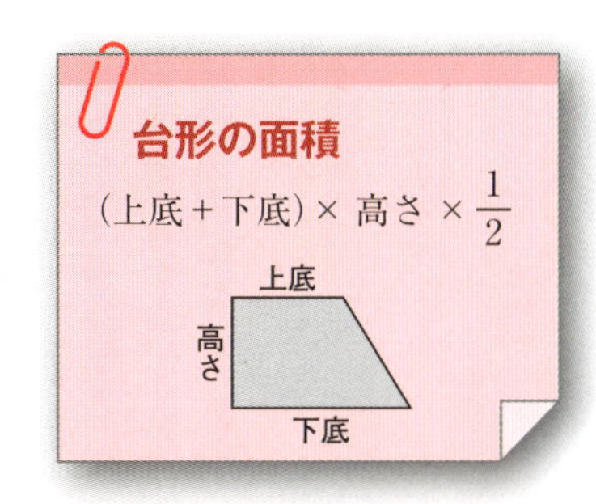

グラフが曲線になる確率密度関数

ここまでは、グラフが直線になる確率密度関数について説明してきましたが、グラフが曲線になる確率密度関数もあります。というか、統計では曲線の確率密度関数をメインに扱います。

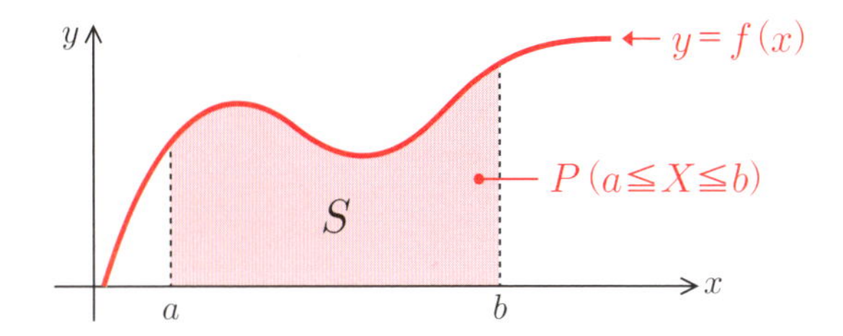

確率密度関数のグラフが曲線になっても、$a \leqq X \leqq b$ の確率が上図の色網部分の面積になることに変わりはありません。しかし、このような面積をどうやって求めればよいのでしょうか？　ここで登場するのが**積分**です（というと、「積分はニガテだなあ…」と思った人がいるかもしれませんが、本書では基本的な考え方を説明するだけなのでだいじょうぶです）。

まず、a から b までの区間に、次のような細長い長方形を敷き詰めます。

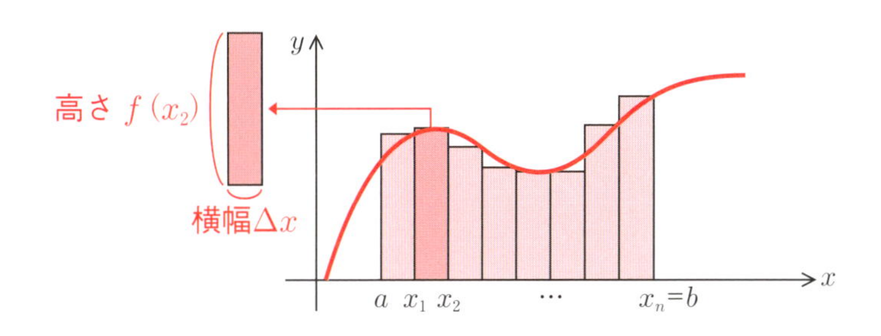

長方形の横幅をΔx（デルタ）とします。また、長方形の高さはそれぞれ$f(x_1)$, $f(x_2)$, …, $f(x_n)$ です。すると、それぞれの長方形の面積は

$$f(x_1)\cdot\Delta x,\ f(x_2)\cdot\Delta x,\ \cdots,\ f(x_n)\cdot\Delta x$$

と表せます。これらの面積の和は、求める面積Sにおおよそで等しくなるはずです。

$$S \fallingdotseq f(x_1)\cdot\Delta x + f(x_2)\cdot\Delta x + \cdots + f(x_n)\cdot\Delta x$$

もっともこの面積は、曲線ではなくギザギザした直線からなる図形の面積なので、まだ正確ではありません。しかし、長方形の横幅Δxの値を小さくすれば、より正確な面積に近づきます。

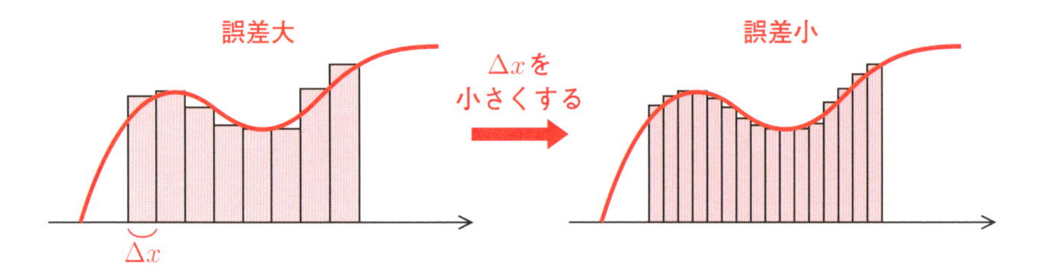

さらに、Δxを限りなく0に近づければ、求める面積に限りなく等しくなります。これが求積法（きゅうせきほう）と呼ばれる積分の考え方です。「限りなく0に近いΔx」を記号dxと書くと、

$$S = f(x_1)\,dx + f(x_2)\,dx + \cdots + f(x_n)\,dx$$

（x_1 → a、x_n → b）

このままでは式が長いので、積分の記号を使って次のように表します。

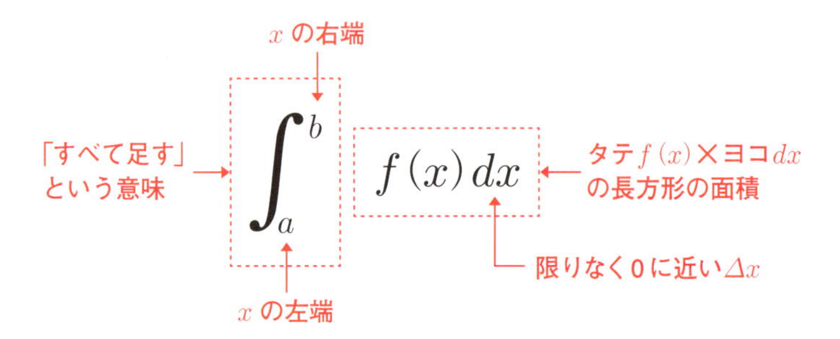

以上で、曲線の確率密度関数の面積を表す方法がわかりました。連続型確率変数 X が $a \leqq X \leqq b$ の値をとる確率 $P(a \leqq X \leqq b)$ は、積分記号を使えば次のように表すことができます。

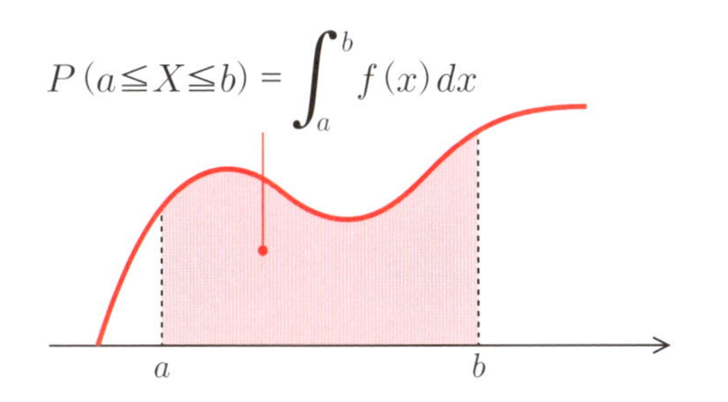

連続型確率変数の期待値と分散

連続型確率変数 X のとりうる値の範囲を $\alpha \leqq X \leqq \beta$ とすると、全体の面積は1になるので、

$$\int_\alpha^\beta f(x)\,dx = 1$$

になります。この面積は、次のような細長い長方形の面積 $f(x)\,dx$ の和を表すものでした。

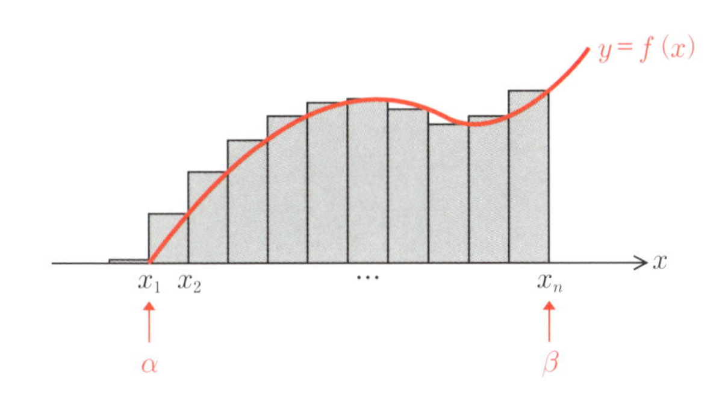

この長方形の集まりをヒストグラムとみなすと、次のような確率分布表をつくることができます。

X	x_1	x_2	$\cdots$	x_n	計
確率	$f(x_1)\,dx$	$f(x_2)\,dx$	$\cdots$	$f(x_n)\,dx$	1

確率変数の期待値の公式（63ページ）より、連続型確率変数の期待値は、

$$E(X) = \underset{\alpha}{\boxed{x_1}} \cdot f(x_1)dx + x_2 \cdot f(x_2)dx + \cdots + \underset{\beta}{\boxed{x_n}} \cdot f(x_n)dx$$

$$= \int_{\alpha}^{\beta} x \cdot f(x)\,dx$$

また、確率変数の分散の公式（64ページ）より、連続型確率変数の分散は、

$\overset{ミュー}{\mu} = E(X)$

$$V(X) = (x_1 - \boxed{\mu})^2 \cdot f(x_1)dx + (x_2 - \mu)^2 \cdot f(x_2)dx + \cdots + (x_n - \mu)^2 \cdot f(x_n)dx$$

$$= \int_{\alpha}^{\beta} (x-\mu)^2 \cdot f(x)dx$$

と表せます。

連続型確率変数の期待値

$$E(X) = \int_{\alpha}^{\beta} xf(x)\,dx$$

連続型確率変数の分散

$$V(X) = \int_{\alpha}^{\beta} (x-\mu)^2 f(x)dx \qquad \text{ただし、} \mu = E(X)$$

第3章

正規分布なしでは生きられない

3-1　正規分布とは
3-2　正規分布の確率計算①
　　標準正規分布表を使う
3-3　正規分布の確率計算②
　　表計算ソフト Excel を使う
3-4　正規分布と標準偏差
3-5　二項分布と正規分布
3-6　95%の確率で的中する推理
3-7　95 パーセント信頼区間

3-1 正規分布とは

この節の概要

▶ 正規分布（せいきぶんぷ）は統計において最も重要な確率分布です。社会や自然には多くの正規分布の例がみられますが、その確率密度関数はたいへん複雑です。この節では、正規分布の特徴について説明します。

正規分布は釣りがね型

ポテトチップスを生産しているある食品工場が、ポテトチップスを100gずつ自動で袋詰めにする機械を導入したとします。

どんなに精密な機械でも、100gぴったりのポテトチップスを測るのはなかなか難しいので、袋詰めされる量には多少のばらつきが出るでしょう。そこで、実際の袋の重さをいくつも計量して、重量の分布を調べてみます。どのような分布になるでしょうか？

機械が正常に作動しているなら、次のような左右対称の釣りがね型の分布になるはずです。

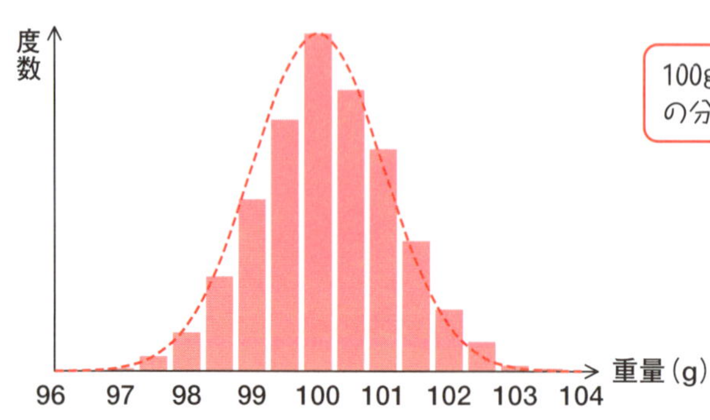

このような釣りがね型の分布を、**正規分布**(せいきぶんぷ)といいます。正規分布は、長さや重さといった測定値の誤差のばらつきに典型的に現れます。また、自然現象や社会現象のなかには、正規分布する事例が数多くみられます。

【正規分布の例】

- 多数の受験者がいる試験の成績の分布（例：センター試験の成績）
- 特定集団の身長の分布（例：18 歳の日本人男子の身長）
- 1 本の樹木に生える葉の大きさの分布
- 1 羽の鶏が生む卵の重さの分布

こうした様々な現象は、なぜ正規分布になるのでしょうか？ じつは、その理由はわかりません。正規分布は誰かが発明したものではなく、様々な現象の観測から発見されたものなのです。

その後ガウスという数学者が、正規分布の確率密度関数を解明しました。その式は次のようにたいへん複雑なものです。

$$f(x) = \frac{1}{\sqrt{2\pi\sigma^2}} e^{-\frac{(x-\mu)^2}{2\sigma^2}} \quad (-\infty < x < \infty) \quad \cdots ①$$

μ(ミュー)は平均、σ(シグマ)は標準偏差を表します。分散は標準偏差の 2 乗なので、σ^2 です。また、e は**ネイピア数**と呼ばれる定数です（94 ページ参照）。e のべき乗は、記号 exp を使って次のように表すこともあります。

$$e^k = \exp(k)$$

この表記法を使うと、正規分布の式は次のようになります。

$$f(x) = \frac{1}{\sqrt{2\pi\sigma^2}} \exp\left(-\frac{(x-\mu)^2}{2\sigma^2}\right)$$

← こう書いても複雑なことに変わりはありません。

正規分布の平均と分散

確率変数 X が上のような確率密度関数をもつとき、X は「平均 μ、分散 σ^2 の正規分布にしたがう」といいます。また、平均 μ、分散 σ^2 の

正規分布を、

$N(\mu,\ \sigma^2)$ ← 平均μ、分散σ^2

のように表します。

確率変数 X が $N(\mu,\ \sigma^2)$ にしたがうとき、

正規分布の平均
$E\ (X)=\mu$

正規分布の分散
$V\ (X)=\sigma^2$

正規分布の標準偏差
$s\ (X)=\sigma$

正規分布のグラフでは、ちょうど山の頂点に対応する X が平均 μ になります。また、分散 σ^2 が大きいほどなだらかな山形になります。山の裾（すそ）野（の）は μ から離れるほど0に近づきますが、0とイコールになることは決してありません。

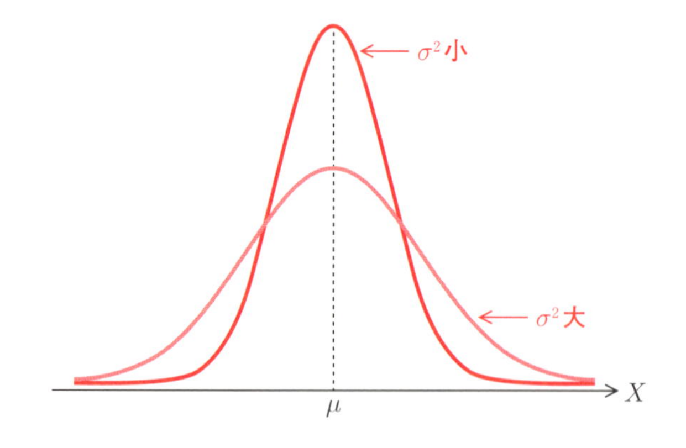

平均 0、分散 1 の標準正規分布

平均0、分散1の正規分布 $N(0,\ 1^2)$ を、**標準正規分布**（ひょうじゅんせいきぶんぷ）といいます。

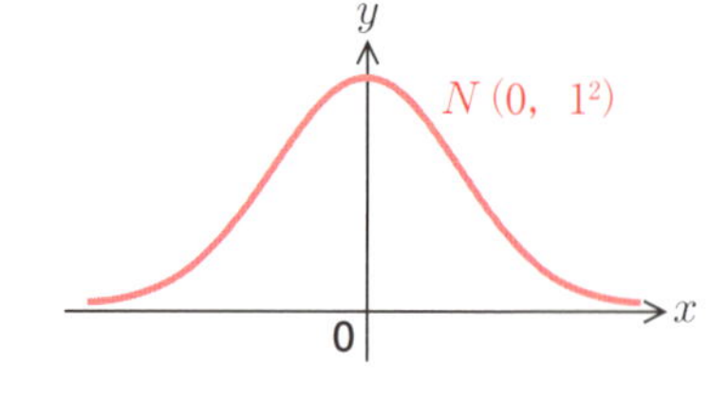

標準正規分布のグラフは y 軸を中心に左右対称で、y の値は $x=0$ のとき最大になります。91ページの式①に

$\mu=0$，$\sigma^2=1$ を代入すれば、標準正規分布の式が得られます。

$$f(x)=\frac{1}{\sqrt{2\pi}}e^{-\frac{x^2}{2}} \quad \cdots②$$

一般に、平均 μ、分散 σ^2 の正規分布を標準正規分布に変換することを、**標準化**といいます。

確率変数 X が正規分布 $N(\mu,\ \sigma^2)$ にしたがうとき、$Z=aX+b$ も正規分布にしたがいます（a，b は定数、$a\neq 0$）。確率変数 Z が平均 0、分散 1^2 の標準正規分布にしたがうとき、

確率変数の期待値の公式（66ページ）

$$E(Z)=E(aX+b)=0 \Rightarrow aE(X)+b=0$$
$$\Rightarrow a\mu+b=0$$
$$\Rightarrow b=-a\mu \quad \cdots③$$

確率変数の分散の公式

$$V(Z)=V(aX+b)=1^2 \Rightarrow a^2V(X)=1^2$$
$$\Rightarrow a^2\sigma^2=1^2$$
$$\Rightarrow a=\frac{1}{\sigma} \quad \cdots④$$

式④を式③に代入すると、$b=-\frac{\mu}{\sigma}$

以上から、

$$Z=aX+b=\frac{1}{\sigma}X-\frac{\mu}{\sigma}=\frac{X-\mu}{\sigma}$$

を得ます。すなわち、

正規分布 $N(\mu,\ \sigma^2)$ にしたがう確率変数 X に対し、

$$Z=\frac{X-\mu}{\sigma}$$

である確率変数 Z は、標準正規分布 $N(0,\ 1^2)$ にしたがう。

正規分布の標準化がどのように役立つかは、次節以降でくわしく説明します。

コラム ネイピア数について

ネイピア数 e は、小数表記で次のような値になる定数です。

$$e = 2.718281828459045235336\cdots$$

この値がどのように求められるか説明しておきましょう。

合計金利が 1 年間で 100%になる預金口座を考えます。預けたお金を 1 とすると、1 年後には 2 倍になります。これを、次のような式で書くことにします。

$$(1+1)^1 = 2$$

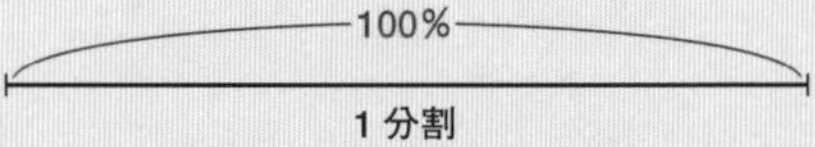

100%
1 分割

1 年間で合計 100%の金利を、半年ごとに 50%の複利とすれば、次のように 1 年後には 2.25 倍になります。

$$\left(1+\frac{1}{2}\right)^2 = 2.25$$

50% 50%
2 分割

また、3 か月ごとに 25%の複利とすれば、1 年後には 2.44 倍になります。

$$\left(1+\frac{1}{4}\right)^4 \fallingdotseq 2.44$$

25% 25% 25% 25%
4 分割

さらに、利子が発生する期間を 1 か月、1 日、1 時間…のようにどんどん細かく分割していけば、その値もどんどん大きくなる…かと思いきや、次のようにある一定の値に近づいていきます。

$$\left(1+\frac{1}{12}\right)^{12} \fallingdotseq 2.6130$$

$\frac{1}{12}$ ……
12 分割

$$\left(1+\frac{1}{365}\right)^{365} \fallingdotseq 2.7146$$

$$\left(1+\frac{1}{8760}\right)^{8760} \fallingdotseq 2.7181$$

これを無限に細かく分割していったときの値がネイピア数です。ネイピア数を数式で表すと、次のようになります。

ネイピア数

$$e = \lim_{n \to \infty} \left(1 + \frac{1}{n}\right)^n$$

極限（きょくげん）

- n の数を無限に大きくすることを、次のような記号で表します。

$$\lim_{n \to \infty}$$

ネイピア数が現れる事例をもう１つ示しましょう。「確率 $\frac{1}{n}$ で当たりの出るくじを n 回引き、n 回ともはずれる確率」は、次のように求めることができます。

$$\left(1 - \frac{1}{n}\right)^n$$ ← 確率 $\frac{1}{n}$ で当たるくじを n 回引いて全部はずれる確率

直感的には、n を大きくするほど当たる確率が大きくなるような気がしますが、そうはなりません。n を大きくするにつれて、e の逆数に近づいていきます。

$$n = 10 \ : \left(1 - \frac{1}{10}\right)^{10} \fallingdotseq 0.3487$$

$$n = 100 \ : \left(1 - \frac{1}{100}\right)^{100} \fallingdotseq 0.3660$$

$$n = 1000 : \left(1 - \frac{1}{1000}\right)^{1000} \fallingdotseq 0.3677$$

⋮　　　　⋮

$$n = \infty \ : \lim_{n \to \infty} \left(1 - \frac{1}{n}\right)^n = 0.3678789\cdots = \frac{1}{e}$$ ← e の逆数

ネイピア数は「自然対数の底」として使われています。a を x 乗した数を N とすると（$a^x = N$）、x は「a を何乗すると N になるか」を表します。この x を「a を底とする N の対数」といい、次のように書きます。

$$x = \log_a N \quad (a > 0,\ a \neq 1,\ N > 0)$$

ネイピア数 e を底とした対数が自然対数です。なぜ、ネイピア数を底にするのが「自然」なのかというと、正規分布のように、自然現象や社会現象に自然に表れる数がネイピア数だからです。

3-2 正規分布の確率計算①
標準正規分布表を使う

この節の概要

- この節では、正規分布にしたがう確率変数が、ある値をとる確率を求める方法を説明します。
- 求める確率の範囲によって、上側確率、下側確率、両側確率などの種類があることを説明します。

正規分布する X の確率を求める

例題　ある学校の男子生徒の身長が、平均174cm、標準偏差8cmの正規分布にしたがうとき、身長180cm以上の男子生徒は何パーセントいるか。

男子生徒の身長を X とすれば、確率変数 X は正規分布 $N(174,\ 8^2)$ にしたがいます。確率変数 X が $X \geqq 180$ の値をとる確率 $P(X \geqq 180)$ は、次の図の色網部分の面積です。

平均　分散

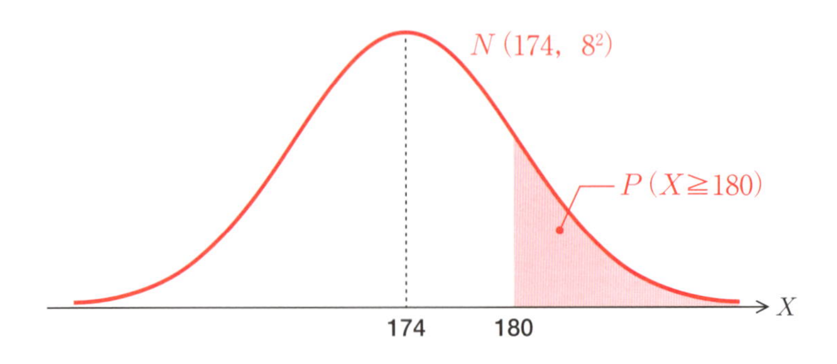

この面積は、正規分布 $N(174,\ 8^2)$ の確率密度関数を180から∞まで積分したものですから、次のような積分の式で表せます。

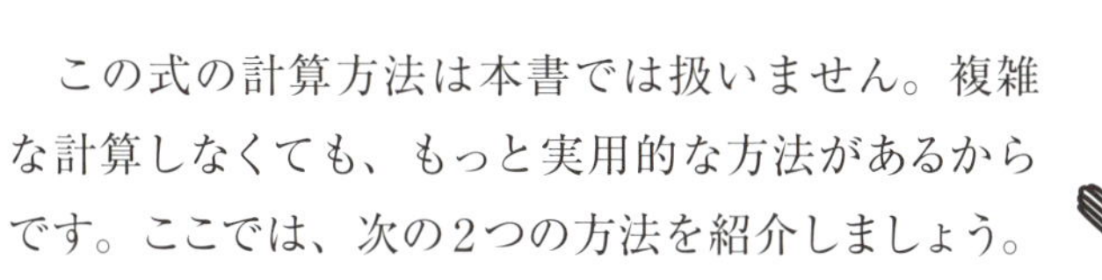

$$P(X \geqq 180) = \int_{180}^{\infty} \frac{1}{\sqrt{2\pi \cdot 8^2}} e^{-\frac{(x-174)^2}{2 \cdot 8^2}} dx$$

この式の計算方法は本書では扱いません。複雑な計算しなくても、もっと実用的な方法があるからです。ここでは、次の2つの方法を紹介しましょう。

①標準正規分布表を使う
②コンピュータに計算を任せる

パソコンがまだ普及していなかった時代には①の方法が主流でしたが、現在では②の方法で手軽に確率を計算できるようになりました。

標準正規分布表を使って確率を求める

標準正規分布表を使った計算方法を説明しましょう。

まず、例題の身長の正規分布$N(174,\ 8^2)$を、標準正規分布 $N(0,\ 1^2)$に変換します。

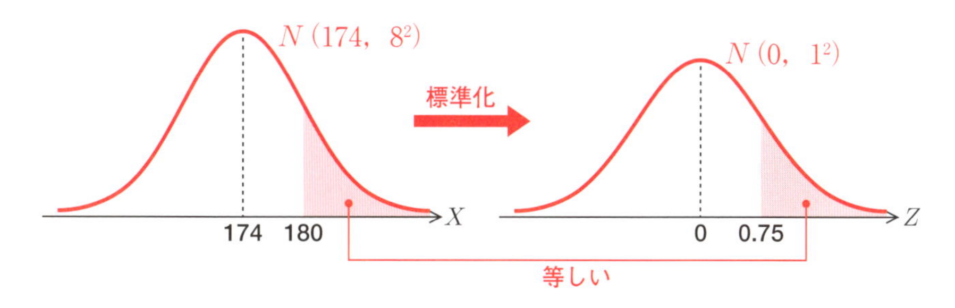

すると、$N(174,\ 8^2)$ における $X = 180$ は、標準正規分布では

$$Z = \frac{180-174}{8} = 0.75$$ ← $Z = \frac{X-\mu}{\sigma}$ より（93ページ参照）

になります。つまり、正規分布 $N(174,\ 8^2)$ における確率 $P(X \geqq 180)$の面積は、標準正規分布における $P(Z \geqq 0.75)$ の面積に等しいのです。

では、標準正規分布の $P(Z \geqq 0.75)$ はどうやって求めればよいでしょうか？ ここで、標準正規分布表が登場します。

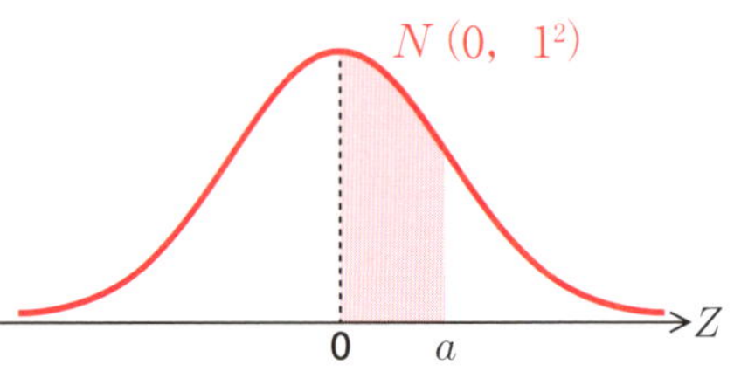

標準正規分布表は、標準正規分布$N(0,\ 1^2)$にしたがう確率変数Zの、右図の色網部分の面積$P(0 \leqq Z \leqq a)$を、aの値ごとに計算して表にしたものです。あらかじめ計算しておいた値を使うことで、計算の手間を省こうというわけです。

標準正規分布表の例を次ページに示しました。この表から、$a = 0.75$に対応する値を探しましょう。0.75は、小数第1位までが0.7、小数第2位が0.05なので、

左端の列が「0.7」、上端の行が「0.05」 ← $0.75 = 0.7 + 0.05$

に対応する値を探します。

小数第2位が「0.05」

小数第1位までが「0.7」

a	0.00	0.01	0.02	0.03	0.04	0.05	0.06	0.07	0.08	0.09
0.0	0.0000	0.0040	0.0080	0.0120	0.0160	[illegible]	0.0239	0.0279	0.0319	0.0359
0.1	0.0398	0.0438	0.0478	0.0517	0.0557	[illegible]	0.0636	0.0675	0.0714	0.0753
0.2	0.0793	0.0832	0.0871	0.0910	0.0948	[illegible]	0.1026	0.1064	0.1103	0.1141
0.3	0.1179	0.1217	0.1255	0.1293	0.1331	[illegible]	0.1406	0.1443	0.1480	0.1517
0.4	0.1554	0.1591	0.1628	0.1664	0.1700	[illegible]	0.1772	0.1808	0.1844	0.1879
0.5	0.1915	0.1950	0.1985	0.2019	0.2054	[illegible]	0.2123	0.2157	0.2190	0.2224
0.6	0.2257	0.2291	0.2324	0.2357	0.2389	[illegible]	0.2454	0.2486	0.2517	0.2549
0.7	[illegible]	[illegible]	[illegible]	[illegible]	[illegible]	0.2734	0.2764	0.2794	0.2823	0.2852
0.8	0.2881	0.2910	0.2939	0.2967	0.2995	0.3023	0.3051	0.3078	0.3106	0.3133
0.9	0.3159	0.3186	0.3212	0.3238	0.3264	0.3289	0.3315	0.3340	0.3365	0.3389
1.0	0.3413	0.3438	0.3461	0.3485	0.3508	0.3531	0.3554	0.3577	0.3599	0.3621

表から、0.75に対応する値は「0.2734」です。これは、標準正規分布の$P(0 \leqq Z \leqq 0.75)$が0.2734であることを示しています。

まだ答えではありませんよ。例題で求めるのは、$P(Z \geqq 0.75)$の面積です。

◆標準正規分布表

表中の値は、右図の色網部分の面積 $P(0 \leqq Z \leqq a)$ を表したものです。

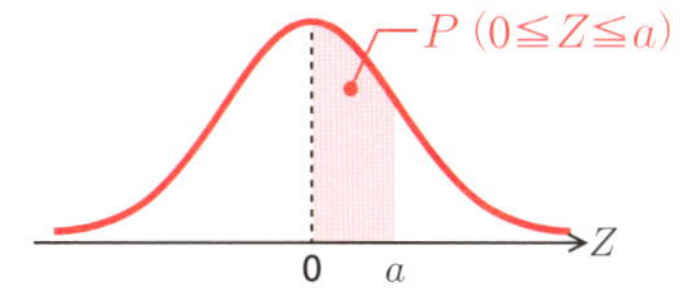

a	0.00	0.01	0.02	0.03	0.04	0.05	0.06	0.07	0.08	0.09
0.0	0.0000	0.0040	0.0080	0.0120	0.0160	0.0199	0.0239	0.0279	0.0319	0.0359
0.1	0.0398	0.0438	0.0478	0.0517	0.0557	0.0596	0.0636	0.0675	0.0714	0.0753
0.2	0.0793	0.0832	0.0871	0.0910	0.0948	0.0987	0.1026	0.1064	0.1103	0.1141
0.3	0.1179	0.1217	0.1255	0.1293	0.1331	0.1368	0.1406	0.1443	0.1480	0.1517
0.4	0.1554	0.1591	0.1628	0.1664	0.1700	0.1736	0.1772	0.1808	0.1844	0.1879
0.5	0.1915	0.1950	0.1985	0.2019	0.2054	0.2088	0.2123	0.2157	0.2190	0.2224
0.6	0.2257	0.2291	0.2324	0.2357	0.2389	0.2422	0.2454	0.2486	0.2517	0.2549
0.7	0.2580	0.2611	0.2642	0.2673	0.2704	0.2734	0.2764	0.2794	0.2823	0.2852
0.8	0.2881	0.2910	0.2939	0.2967	0.2995	0.3023	0.3051	0.3078	0.3106	0.3133
0.9	0.3159	0.3186	0.3212	0.3238	0.3264	0.3289	0.3315	0.3340	0.3365	0.3389
1.0	0.3413	0.3438	0.3461	0.3485	0.3508	0.3531	0.3554	0.3577	0.3599	0.3621
1.1	0.3643	0.3665	0.3686	0.3708	0.3729	0.3749	0.3770	0.3790	0.3810	0.3830
1.2	0.3849	0.3869	0.3888	0.3907	0.3925	0.3944	0.3962	0.3980	0.3997	0.4015
1.3	0.4032	0.4049	0.4066	0.4082	0.4099	0.4115	0.4131	0.4147	0.4162	0.4177
1.4	0.4192	0.4207	0.4222	0.4236	0.4251	0.4265	0.4279	0.4292	0.4306	0.4319
1.5	0.4332	0.4345	0.4357	0.4370	0.4382	0.4394	0.4406	0.4418	0.4429	0.4441
1.6	0.4452	0.4463	0.4474	0.4484	0.4495	0.4505	0.4515	0.4525	0.4535	0.4545
1.7	0.4554	0.4564	0.4573	0.4582	0.4591	0.4599	0.4608	0.4616	0.4625	0.4633
1.8	0.4641	0.4649	0.4656	0.4664	0.4671	0.4678	0.4686	0.4693	0.4699	0.4706
1.9	0.4713	0.4719	0.4726	0.4732	0.4738	0.4744	0.4750	0.4756	0.4761	0.4767
2.0	0.4772	0.4778	0.4783	0.4788	0.4793	0.4798	0.4803	0.4808	0.4812	0.4817
2.1	0.4821	0.4826	0.4830	0.4834	0.4838	0.4842	0.4846	0.4850	0.4854	0.4857
2.2	0.4861	0.4864	0.4868	0.4871	0.4875	0.4878	0.4881	0.4884	0.4887	0.4890
2.3	0.4893	0.4896	0.4898	0.4901	0.4904	0.4906	0.4909	0.4911	0.4913	0.4916
2.4	0.4918	0.4920	0.4922	0.4925	0.4927	0.4929	0.4931	0.4932	0.4934	0.4936
2.5	0.4938	0.4940	0.4941	0.4943	0.4945	0.4946	0.4948	0.4949	0.4951	0.4952
2.6	0.4953	0.4955	0.4956	0.4957	0.4959	0.4960	0.4961	0.4962	0.4963	0.4964
2.7	0.4965	0.4966	0.4967	0.4968	0.4969	0.4970	0.4971	0.4972	0.4973	0.4974
2.8	0.4974	0.4975	0.4976	0.4977	0.4977	0.4978	0.4979	0.4979	0.4980	0.4981
2.9	0.4981	0.4982	0.4982	0.4983	0.4984	0.4984	0.4985	0.4985	0.4986	0.4986
3.0	0.4987	0.4987	0.4987	0.4988	0.4988	0.4989	0.4989	0.4989	0.4990	0.4990

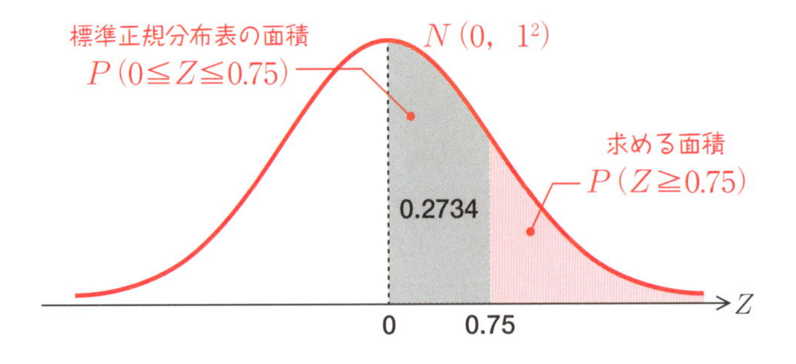

$P(Z \geqq 0.75)$の部分は、標準正規分布の右半分から、$P(0 \leqq Z \leqq 0.75)$の部分を差し引いたものですね。確率密度関数は全体の面積を「1」とするので、右半分の面積は「0.5」です。したがって、$P(Z \geqq 0.75)$の面積は次のように求められます。

$$P(Z \geqq 0.75) = 0.5 - P(0 \leqq Z \leqq 0.75) = 0.5 - 0.2734 = 0.2266$$

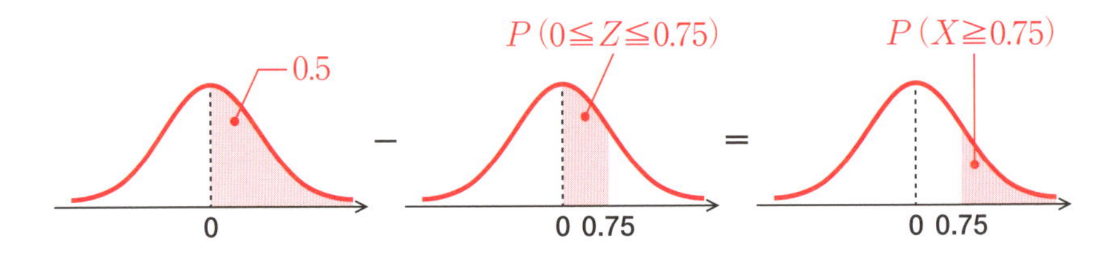

以上から、身長 180cm 以上の男子生徒は、$0.2266 \times 100 =$ **22.66％**いることがわかります。…答え

いろいろな確率を求める

標準正規分布表を使った確率の求め方を、いくつか例をあげながら説明しましょう。

例1：標準正規分布で、$X \geqq 1.66$ になる確率 $P(X \geqq 1.66)$

確率変数がある値以上になる確率を**上側確率**（うえがわかくりつ）といいます。99ページの標準正規分布表より、$P(0 \leqq X \leqq 1.66) = 0.4515$ なので、上側確率 $P(X \geqq 1.66)$ は次のように求められます。

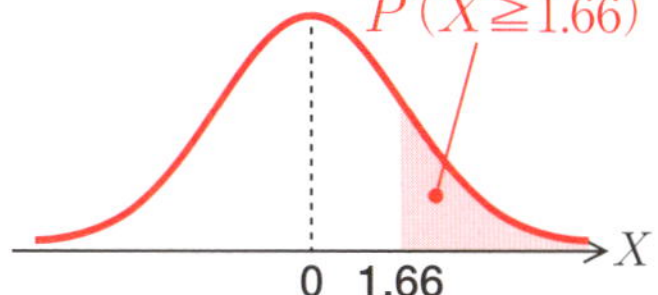

$$P(X \geqq 1.66) = 0.5 - 0.4515 = 0.0485$$

例2：標準正規分布で、$X \leqq -1.02$ になる確率 $P(X \leqq -1.02)$

確率変数がある値以下になる確率を**下側確率**（したがわかくりつ）といいます。正規分布は左右対称なので、下側確率 $P(X \leqq -1.02)$ は上側確率 $P(X \geqq 1.02)$ と等しくなります。99ページの標準正規分布表より、$P(0 \leqq X \leqq 1.02) = 0.3461$ です。したがって、$P(X \leqq -1.02)$ は、次のように求められます。

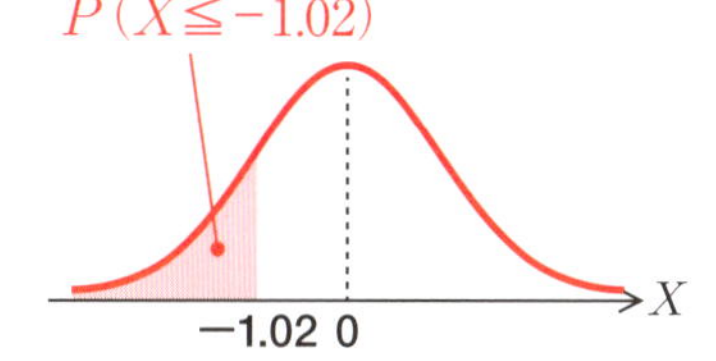

$$P(X \leqq -1.02) = P(X \geqq 1.02) = 0.5 - 0.3461 = 0.1539$$

例3：標準正規分布で、$X \leqq 1.02$ になる確率 $P(X \leqq 1.02)$

99ページの標準正規分布表より、$P(0 \leqq X \leqq 1.02) = 0.3461$ です。下側確率 $P(X \leqq 1.02)$ は、この確率に左半分の確率0.5を加えれば求められます。

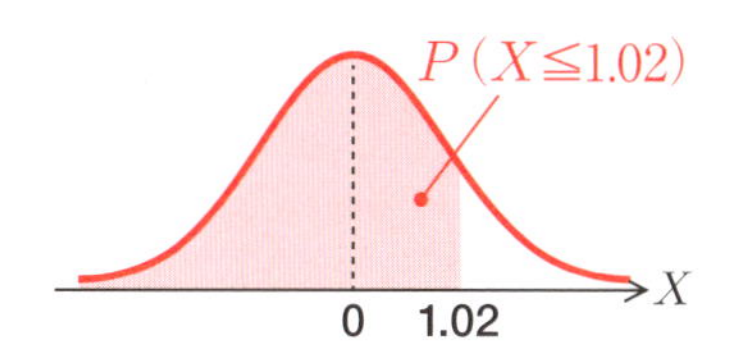

$$P(X \leqq 1.02) = 0.5 + 0.3461 = 0.8461$$

例 4：標準正規分布で、$|X| \geqq 2.00$ になる確率 $P(|X| \geqq 2.00)$

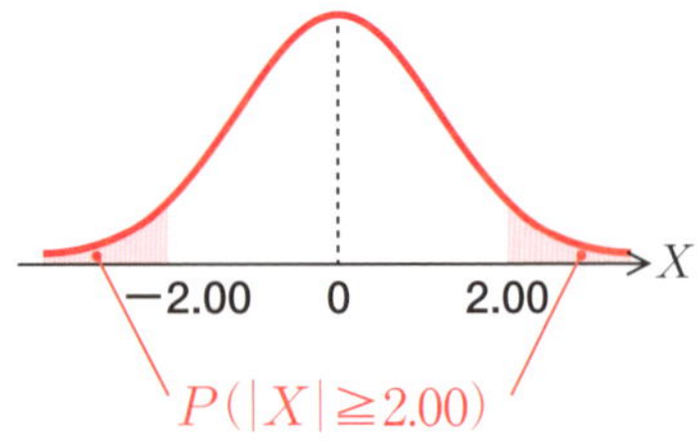

このように、確率変数の絶対値がある値以上になる確率を**両側確率**（りょうがわかくりつ）といいます。両側確率 $P(|X| \geqq 2.00)$ は、右図のように $P(X \geqq 2.00)$ と $P(X \leqq -2.00)$ の和で求められます。

99ページの標準正規分布表より、$P(0 \leqq X \leqq 2.00) = 0.4772$ です。したがって、

$$P(X \geqq 2.00) = 0.5 - 0.4772 = 0.0228$$

$P(X \leqq -2.00) = P(X \geqq 2.00)$ ですから、両側確率 $P(|X| \geqq 2.00)$ は片側の確率 0.0228 の 2 倍になります。

$$P(|X| \geqq 2.00) = 0.0228 \times 2 = 0.0456$$

練習問題 1 （答えは 277 ページ）

ある学校の男子生徒の身長が、平均174cm、標準偏差8cmの正規分布にしたがうとき、身長160cm以下の男子生徒は何パーセントいるか。

パーセント点を求める

例題 ある予備校で、100 点満点の数学の全国テストを行ったところ、得点の分布は平均 62 点、標準偏差 12 点の正規分布となった。上位 20%に入るには何点以上必要か。

ここまでは、確率変数 X の範囲から、確率 p を求める方法を説明しました。その逆に、確率がある値となる X の範囲を求める場合もあります。

確率が p ($= 100p\%$) となるような確率変数の値を、p 点または**100pパーセント点**といい、次の3種類があります。

①上側100pパーセント点： 上側確率がpとなる確率変数の値
②下側100pパーセント点： 下側確率がpとなる確率変数の値
③両側100pパーセント点： 両側確率がpとなる確率変数の値

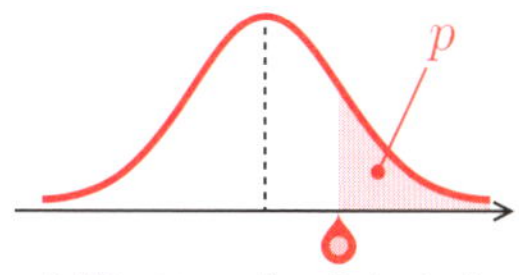

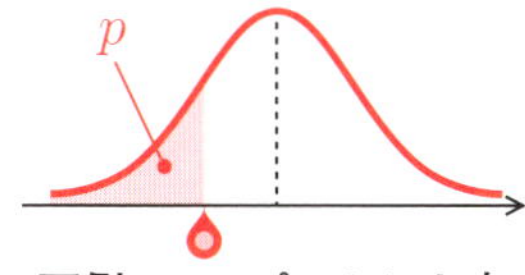

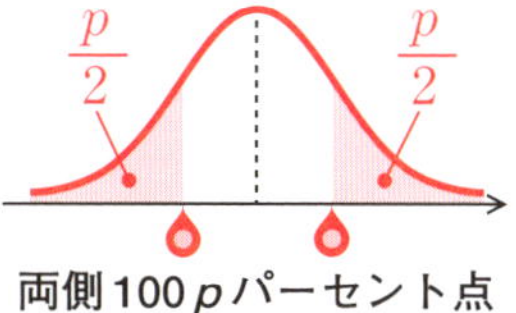

例題は、平均62点、標準偏差12点の正規分布にしたがう得点の上側20パーセント点を求める問題です。

まず、標準正規分布で、上側20パーセント点がいくつになるかを求めましょう。求める点数をaとすると、上側確率$P(Z \geqq a)$が0.2なので、

$$P(0 \leqq Z \leqq a) = 0.5 - 0.2 = 0.3$$

となります。

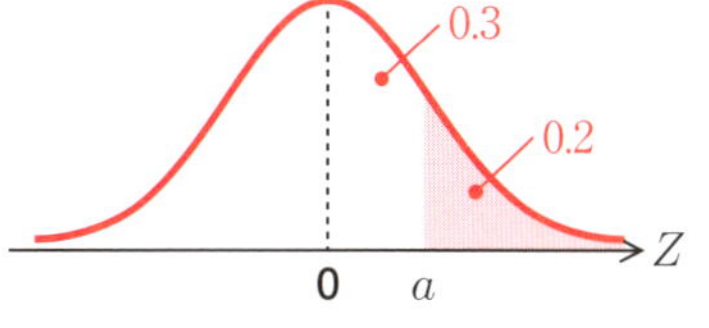

99ページの標準正規分布表から、0.3に近い値を探すと、「0.2995」と「0.3023」がみつかります。

a	0.00	0.01	0.02	0.03	0.04	0.05	0.06	0.07	0.08	0.09
0.0	0.0000	0.0040	0.0080	0.0120	0.0160	0.0199	0.0239	0.0279	0.0319	0.0359
0.1	0.0398	0.0438	0.0478	0.0517	0.0557	0.0596	0.0636	0.0675	0.0714	0.0753
0.2	0.0793	0.0832	0.0871	0.0910	0.0948	0.0987	0.1026	0.1064	0.1103	0.1141
0.3	0.1179	0.1217	0.1255	0.1293	0.1331	0.1368	0.1406	0.1443	0.1480	0.1517
0.4	0.1554	0.1591	0.1628	0.1664	0.1700	0.1736	0.1772	0.1808	0.1844	0.1879
0.5	0.1915	0.1950	0.1985	0.2019	0.2054	0.2088	0.2123	0.2157	0.2190	0.2224
0.6	0.2257	0.2291	0.2324	0.2357	0.2389	0.2422	0.2454	0.2486	0.2517	0.2549
0.7	0.2580	0.2611	0.2642	0.2673	0.2704	0.2734	0.2764	0.2794	0.2823	0.2852
0.8	[illegible]	[illegible]	[illegible]	[illegible]	0.2995	0.3023	0.3051	0.3078	0.3106	0.3133

ここでは「0.2995」を採用しましょう。「0.2995」の左端の行は「0.8」、上端の列は「0.04」なので、a の値は 0.84 となります。

次に、標準正規分布にしたがう確率変数 $Z = 0.84$ を、平均 62、分散 12^2 の正規分布にしたがう確率変数 X に変換します。

標準正規分布にしたがう確率変数 Z と、正規分布 $N(\mu, \sigma^2)$ にしたがう確率変数 X には、次のような関係がありました (93 ページ)。

$$Z = \frac{X - \mu}{\sigma} \quad \Rightarrow \quad X = \mu + \sigma Z$$

上の式を X についての式に変形すると、

$$Z = \frac{X - \mu}{\sigma}$$

$$\Rightarrow \quad \sigma Z = X - \mu \quad \text{←両辺×}\sigma$$

$$\Rightarrow \quad X = \mu + \sigma Z \quad \text{←}\mu\text{を移項}$$

となります。この式に、$\mu = 62$, $\sigma = 12$, $Z = 0.84$ を代入します。

$$X = 62 + 12 \times 0.84 = 72.08$$

以上から、得点が **73 点**以上なら上位 20 パーセントに入ることがわかります。…答え

標準正規分布にしたがう確率変数 Z を、平均 μ、分散 σ^2 の正規分布にしたがう確率変数 X に変換

$$X = \mu + \sigma Z$$

練習問題 2 (答えは 277 ページ)

ある予備校で、100 点満点の数学の全国テストを行ったところ、得点の分布は平均 62 点、標準偏差 12 点の正規分布となった。上位 10%に入る受験者の得点は何点以上か。

3-3 正規分布の確率計算②
表計算ソフトExcelを使う

この節の概要

- 正規分布の確率を求める方法として、コンピュータを使った方法を紹介します。
- 表計算ソフト Excel には、正規分布する確率変数の確率やパーセント点を求める関数が用意されています。

表計算ソフトExcelで正規分布の確率を求める

パソコンが普及した現在では、標準正規分布表を使わなくても、簡単に正規分布の確率を計算できます。ここではパソコン用の表計算ソフトExcel（エクセル）を使った事例を紹介しましょう。

正規分布する X の確率を求めるために、Excel には次のような関数が用意されています。

関数	機能
NORM.DIST（確率変数，平均，標準偏差，関数形式）	指定した平均と標準偏差の正規分布にしたがう確率変数の下側確率を求める。
NORM.S.DIST（確率変数，関数形式）	標準正規分布にしたがう確率変数の下側確率を求める。

※Excel2007以前のバージョンでは、NORMDIST、NORMSDIST 関数を使います。

NORM.DIST は、指定した確率変数の下側確率 $P(X \leqq a)$ を求める関数です。たとえば、平均174、標準偏差8の正規分布にしたがう $a = 180$ の下側確率を求める関数は、次のようになります。

=NORM.DIST（180, 174, 8, TRUE）←$P(X \leqq 180)$を求める

180: a ／ 174: 平均 ／ 8: 標準偏差 ／ TRUE: 関数形式（下側確率を求める場合はTRUEを指定）

	A	B
1	平均	174
2	標準偏差	8
3	X	180
4		
5	確率	0.773373

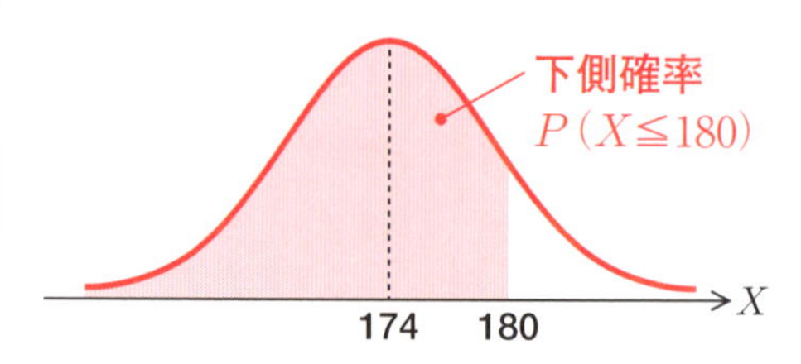

NORM.DISTは下側確率を求めるので、上側確率$P(X \geqq a)$を求める場合は、NORM.DISTの値を1から差し引きます。$P(X \geqq 180)$を求める場合は次のようになります。

=1−NORM.DIST（180, 174, 8, TRUE）←$P(X \geqq 180)$を求める

	A	B
1	平均	174
2	標準偏差	8
3	X	180
4		
5	確率	0.226627

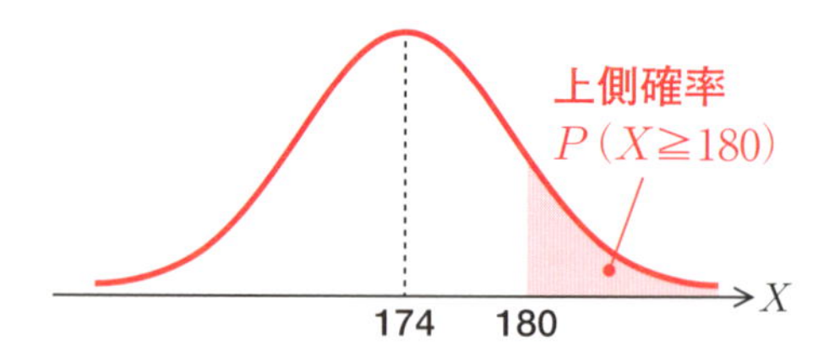

NORM.S.DISTは、標準正規分布にしたがう確率変数の下側確率を求めます。たとえば、標準正規分布にしたがう$a = 0.75$の下側確率は、次のようになります。

=NORM.S.DIST（0.75, TRUE）

0.75: a ／ TRUE: 関数形式（下側確率を求める場合はTRUEを指定）

Excelでパーセント点を求める

表計算ソフトExcelには、下側$100p$パーセント点（103ページ）を求める次のような関数が用意されています。

関数	機能
NORM.INV（下側確率 , 平均 , 標準偏差）	指定した平均と標準偏差の正規分布にしたがう確率変数の下側100p%点を求める。
NORM.S.INV（下側確率）	標準正規分布にしたがう確率変数の下側100p%点を求める。

※Excel2007 以前のバージョンでは、NORMINV、NORMSINV 関数を使います。

NORM.INV や NORM.S.INV 関数で上側 100p パーセント点を求めるときは、上側確率を下側確率に変換して指定します。両側 100p パーセント点を求める場合も同様です。

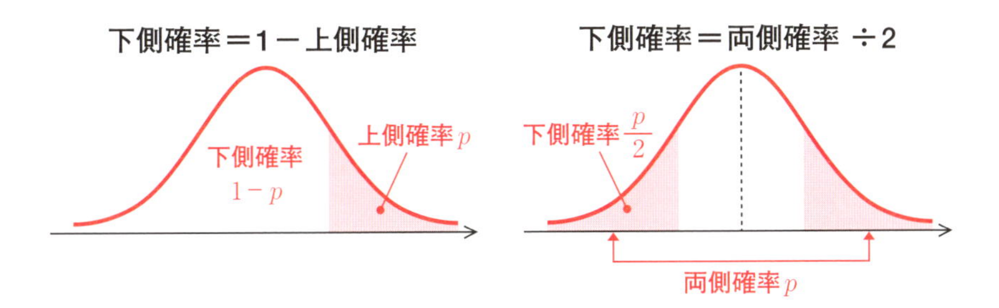

以下に、具体的な例をいくつか示しましょう。

例 1：標準正規分布の下側 5 パーセント点

=NORM.S.INV（0.05）

下側確率 p

	A	B
1	平均	0
2	標準偏差	1
3	下側確率	0.05
4		
5	パーセント点	－1.64485

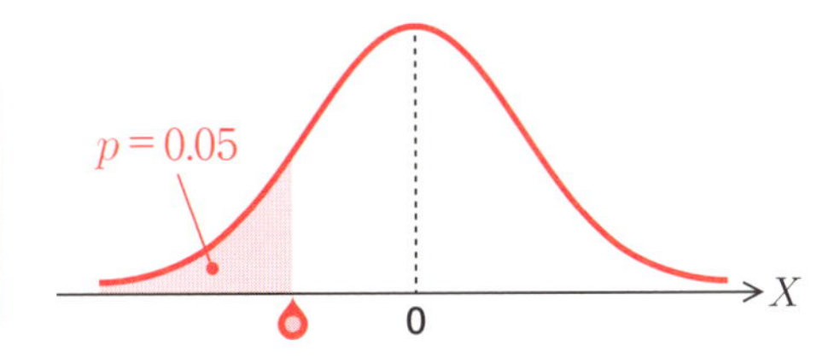

例 2：標準正規分布の上側 5 パーセント点

上側 5 パーセント点は、上側確率が 0.05 になるときの確率変数 X の値です。この値は下側確率が $1 - 0.05 = 0.95$ になるときの値と等しいので、次のように指定します。

=NORM.S.INV（1－0.05）←下側確率＝1－上側確率
（0.05：上側確率）

	A	B
1	平均	0
2	標準偏差	1
3	上側確率	0.05
4		
5	パーセント点	1.644854

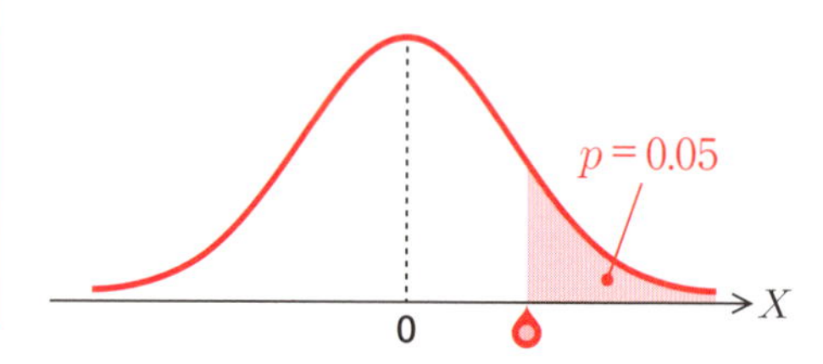

例 3：標準正規分布の両側 5 パーセント点

両側 5 パーセント点は、両側確率が 0.05 になるときの確率変数 X の値です。この値は片側の確率が $0.05 \div 2 = 0.025$ になるときの値と等しいので、次のように指定します。

=NORM.S.INV（0.05／2）←下側確率＝両側確率÷2
（0.05：両側確率）

	A	B
1	平均	0
2	標準偏差	1
3	両側確率	0.05
4		
5	パーセント点	−1.95996

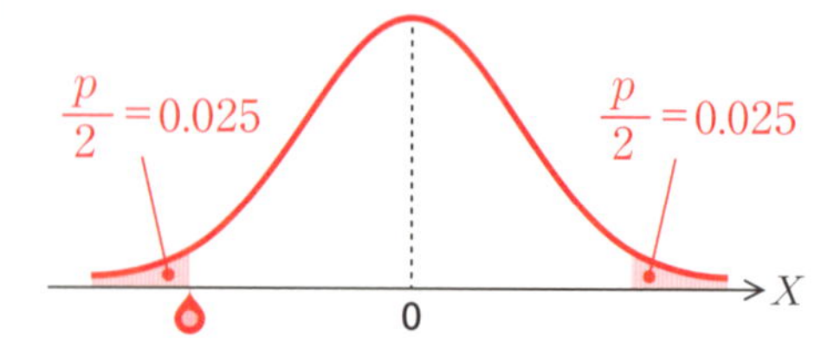

両側パーセント点は 2 つありますが、もう 1 つは

＝NORM.S.INV（1－0.05／2）

とすれば求められます。

3-4 正規分布と標準偏差

この節の概要

- 正規分布にしたがうデータは、「平均 ± 標準偏差」の範囲内にデータ全体の約68%が収まります。この性質を利用すると、ある値がデータ全体の中のどのあたりに位置するかを把握できます。
- 正規分布の性質がわかれば、受験などで使われる「偏差値」の意味も、正しく把握できるようになります。

標準偏差からわかること

例題 標準正規分布にしたがう確率変数 Z について、次の確率を求めよ。

①$-1 \leqq Z \leqq 1$ となる確率　$P(-1 \leqq Z \leqq 1)$

②$-2 \leqq Z \leqq 2$ となる確率　$P(-2 \leqq Z \leqq 2)$

③$-3 \leqq Z \leqq 3$ となる確率　$P(-3 \leqq Z \leqq 3)$

① $P(-1 \leqq Z \leqq 1)$

99ページの標準正規分布表から、$a = 1.00$ の値は「0.3413」です。この値は $P(0 \leqq Z \leqq 1.0)$ の値ですから

$$P(0 \leqq Z \leqq 1) = 0.3413$$

正規分布の対称性より、

$$P(-1 \leqq Z \leqq 1)$$
$$= P(-1 \leqq Z \leqq 0) + P(0 \leqq Z \leqq 1)$$

左側の面積　右側の面積

$$= P(0 \leqq Z \leqq 1) \times 2 = 0.3413 \times 2$$

$= 0.6826$　…答え

となります。

② $P(-2 \leqq Z \leqq 2)$

99ページの標準正規分布表から、$a = 2.00$ の値は「0.4772」です。あとは①と同様に計算すれば、

$$P(-2 \leqq Z \leqq 2) = 0.4772 \times 2 = \mathbf{0.9544}$$ …答え

③ $P(-3 \leqq Z \leqq 3)$

99ページの標準正規分布表から、$a = 3.00$ の値は「0.4987」です。①と同様に計算すれば、

$$P(-3 \leqq Z \leqq 3) = 0.4987 \times 2 = \mathbf{0.9974}$$ …答え

平均 ± 標準偏差の面積

上の結果をもとに、一般的な正規分布と標準偏差の関係について考えてみましょう。標準正規分布にしたがう確率変数 Z と、平均 μ、標準偏差 σ の正規分布 $N(\mu, \sigma^2)$ にしたがう確率変数 X との間には、

$$Z = \frac{X - \mu}{\sigma} \iff X = \mu + \sigma Z$$

の関係があります（93ページ）。したがって、

$$\begin{aligned} P(-1 \leqq Z \leqq 1) &= P\left(-1 \leqq \frac{X - \mu}{\sigma} \leqq 1\right) \\ &= P(-\sigma \leqq X - \mu \leqq \sigma) \quad \leftarrow 3\text{辺} \times \sigma \\ &= P(\mu - \sigma \leqq X \leqq \mu + \sigma) \quad \leftarrow 3\text{辺} + \mu \\ &= 0.6826 \end{aligned}$$

が成り立ちます。$P(-2 \leqq Z \leqq 2)$、$P(-3 \leqq Z \leqq 3)$ についても同様に考えると、

$$P(-1 \leqq Z \leqq 1) = 0.6826 \iff P(\underbrace{\mu - \sigma}_{\text{平均−標準偏差}} \leqq X \leqq \underbrace{\mu + \sigma}_{\text{平均+標準偏差}}) = \underbrace{0.6826}_{\text{約}68.3\%}$$

$$P(-2 \leqq Z \leqq 2) = 0.9544 \iff P(\underbrace{\mu - 2\sigma}_{\text{平均−標準偏差×2}} \leqq X \leqq \underbrace{\mu + 2\sigma}_{\text{平均＋標準偏差×2}}) = \underbrace{0.9544}_{\text{約95.4\%}}$$

$$P(-3 \leqq Z \leqq 3) = 0.9974 \iff P(\underbrace{\mu - 3\sigma}_{\text{平均−標準偏差×3}} \leqq X \leqq \underbrace{\mu + 3\sigma}_{\text{平均＋標準偏差×3}}) = \underbrace{0.9974}_{\text{約99.7\%}}$$

以上から、一般的な正規分布の性質として、次のことが言えます。

データ全体の
- 約68.3％は「平均 ± 標準偏差」
- 約95.4％は「平均 ± 標準偏差 ×2」
- 約99.7％は「平均 ± 標準偏差 ×3」

の範囲に収まる

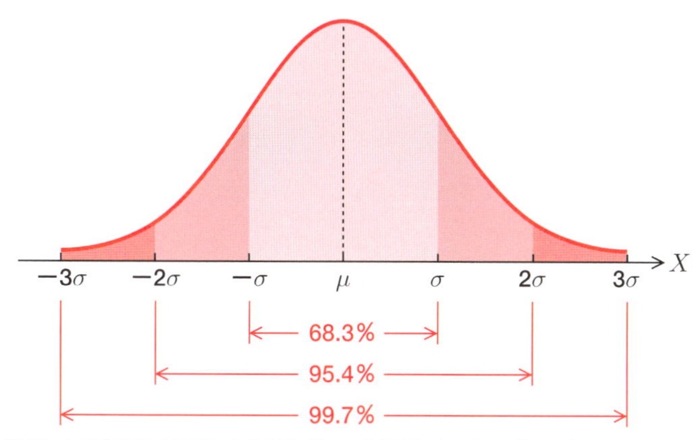

※「平均±標準偏差」「平均±標準偏差×2」「平均±標準偏差×3」を、それぞれ1シグマ範囲、2シグマ範囲、3シグマ範囲ともいいます。

本書ではこれまで、標準偏差について「データの散らばり方の度合い」を表す数値と説明してきました。しかしデータが正規分布する場合には、あるデータが

「全体の中でどのあたりに位置するか」

を測る目安としても、標準偏差を利用できます。

たとえば、男子生徒の身長が平均170cm、標準偏差8cmの正規分布にしたがう場合、「平均 ± 標準偏差」と「平均 ± 標準偏差 ×2」の範囲は、それぞれ次のようになります。

170 − 8 → 170 + 8

平均 ± 標準偏差　　：162 〜 178 cm ← 約 68.3%の生徒が含まれる

平均 ± 標準偏差 × 2：154 〜 186 cm ← 約 95.4%の生徒が含まれる

170 − 8×2 → 170 + 8×2

以上から、自分の身長が 162 〜 178cm 以内なら、まずまず普通の背の高さと考えてよいでしょう。178 〜 186cm なら、かなり背の高いグループに入ります。

身長が 154cm 以下、または 186cm 以上の人は全体の約 4.6%（100 − 95.4）です。186cm 以上の生徒はさらにその半分の 2.3%しかいないので、とても背が高いといっていいでしょう。

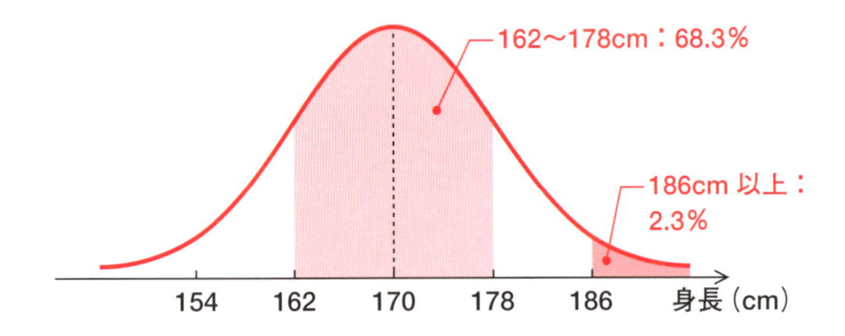

偏差値からわかること

受験でおなじみの偏差値は、平均 50、標準偏差 10 になるようにデータを標準化したものです（37 ページ）。したがって、データの分布が正規分布にしたがう場合には、偏差値からだいたいの位置を割り出すことができます。

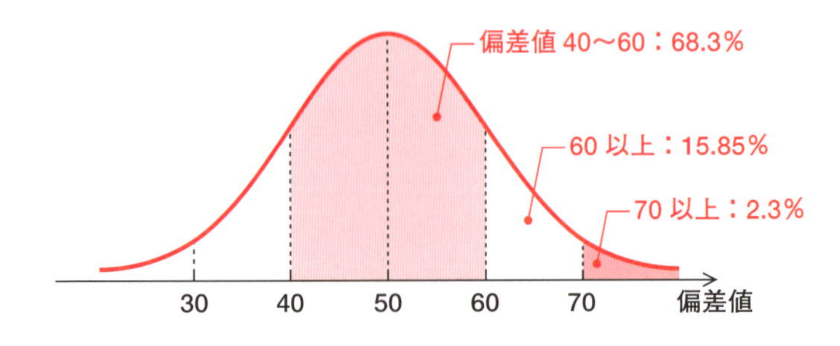

たとえば、正規分布する試験の結果で偏差値が 60 以上の割合は

$$(100 - 68.3) \div 2 = 15.85\%$$

なので、おおよそ上位16%に入ります。さらに偏差値70以上なら、

$$(100 - 95.4) \div 2 = 2.3\%$$

となり、上位2.3%に入ります。大学のセンター試験など、多数の人が受験する試験の成績の分布は正規分布に近似するため、成績の目安として偏差値が利用されています。

チェビシェフの不等式

確率変数 X が平均 μ、標準偏差 σ の正規分布にしたがうとき、

$$\mu - 2\sigma \leqq X \leqq \mu + 2\sigma$$ ←平均 ± 標準偏差 ×2

の範囲に全体の約95.4%が収まります。このことは、確率変数 X が正規分布にしたがう場合に限って言えることでした。

ところで、X が正規分布にしたがわない場合でも、「平均 ± 標準偏差 ×2」の範囲にはかならず全体の75%以上が収まります。なぜなら、どのような分布であっても、次のような不等式が成り立つからです。

確率変数 X がどんな分布にしたがう場合でも、

$$\mu - k\sigma \leqq X \leqq \mu + k\sigma$$ ←平均±標準偏差×k

を満たさない確率は $\frac{1}{k^2}$ 以下となる（ただし、kは任意の正の数）。

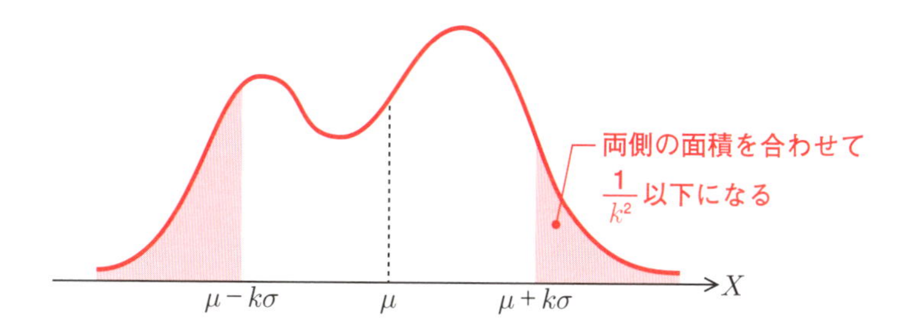

たとえば$k=2$とすれば、$\mu-2\sigma \leqq X \leqq \mu+2\sigma$を満たさない確率が$\frac{1}{2^2}=\frac{1}{4}=0.25$以下となるので、$\mu-2\sigma \leqq X \leqq \mu+2\sigma$の範囲内には$1-0.25=0.75$、すなわち75%以上が収まります。

前ページ図の色網部分の面積は、

左側：　$P(X \leqq \mu-k\sigma) \Rightarrow P(-(X-\mu) \geqq k\sigma)$

右側：　$P(X \geqq \mu+k\sigma) \Rightarrow P(X-\mu \geqq k\sigma)$

と書けるので、絶対値記号を使って次のようにまとめて表せます。

$$P(|X-\mu| \geqq k\sigma)$$

したがって、前ページの公式は次のような不等式で表せます。

$$P(|X-\mu| \geqq k\sigma) \leqq \frac{1}{k^2}$$

この不等式を、**チェビシェフの不等式**といいます。

チェビシェフの不等式を証明しましょう。厳密な証明には積分の計算が必要ですが、ここでは積分を使わないバージョンの証明を行います。

証明

n個のデータ$X_1, X_2, \cdots, X_n$を考えます。

このうち、条件$|X-\mu| \geqq k\sigma$を満たすデータがa個あるとして、データを次のように並べ替えます。

$$\underbrace{X_1, X_2, \cdots, X_a}_{|X-\mu| \geqq k\sigma \text{ を満たす}}, \underbrace{X_{a+1}, \cdots, X_n}_{|X-\mu| \geqq k\sigma \text{ を満たさない}}$$

これらのデータ全体の分散σ^2は、次の式のように書けます。

$$\sigma^2=\frac{(X_1-\mu)^2+(X_2-\mu)^2+\cdots+(X_n-\mu)^2}{n}$$

$$=\frac{(X_1-\mu)^2+(X_2-\mu)^2+\cdots+(X_a-\mu)^2}{n}+\frac{(X_{a+1}-\mu)^2+(X_{a+2}-\mu)^2+\cdots+(X_n-\mu)^2}{n}$$

…①

式①の右辺の2つ目の項は、2乗和をn（>0）で割った数なので、

$$\frac{(X_{a+1}-\mu)^2+(X_{a+2}-\mu)^2+\cdots+(X_n-\mu)^2}{n} \geqq 0$$

です。したがって、式①の右辺から2つ目の項を取り除けば、次の不等式が成り立ちます。

$$\sigma^2 \geqq \frac{(X_1-\mu)^2+(X_2-\mu)^2+\cdots+(X_a-\mu)^2}{n}$$

X_1, X_2, $\cdots$, X_a はすべて条件 $|X-\mu| \geqq k\sigma$ を満たすので、

$$(X_1-\mu)^2 \geqq (k\sigma)^2,\ (X_2-\mu)^2 \geqq (k\sigma)^2,\ \cdots,\ (X_a-\mu)^2 \geqq (k\sigma)^2$$

が成り立ちます。したがって、

$$\sigma^2 \geqq \frac{\overbrace{(k\sigma)^2+(k\sigma)^2+\cdots+(k\sigma)^2}^{a\text{個}}}{n} = \frac{ak^2\sigma^2}{n}$$ ←両辺を $k^2\sigma^2$ で割る

$$\Rightarrow \quad \frac{\sigma^2}{k^2\sigma^2} \geqq \frac{a}{n}$$

$$\Rightarrow \quad \frac{a}{n} \leqq \frac{1}{k^2}$$

ここで左辺の $\frac{a}{n}$ は、データ全体のうち、条件 $|X-\mu| \geqq k\sigma$ を満たすデータの割合ですから、確率 $P(|X-\mu| \geqq k\sigma)$ と一致します。したがって、

$$P(|X-\mu| \geqq k\sigma) \leqq \frac{1}{k^2}$$

となります（証明終わり）。

チェビシェフの不等式は、統計で重要な「大数の法則」に関わっています（137ページ）。

3-5 二項分布と正規分布

この節の概要

▶第２章で説明したように、二項分布は n がじゅうぶんに大きいときは正規分布に近似します。この性質を利用した問題の解き方を説明します。

正規分布を二項分布の代用として使う

例題 サイコロを 300 回振ったとき、⚀の目が 50 ～ 60 回出る確率はおよそいくらか。

⚀の目が出る回数を確率変数 X とすると、X は二項分布 $B\left(300, \frac{1}{6}\right)$ にしたがいます。この問題では、X が 50～60回になる確率 $P(50 \leqq X \leqq 60)$ を計算します。

二項分布 $B(n, p)$ にしたがう確率変数 X の値が k になる確率は、

$$P(X=k) = {}_n\mathrm{C}_k p^k (1-p)^{n-k} \quad (k = 0, 1, 2, \cdots, n)$$

でした（75 ページ）。したがってこの問題は、

$$\begin{aligned} P(50 \leqq X \leqq 60) &= P(X=50) + P(X=51) + \cdots + P(X=60) \\ &= \sum_{k=50}^{60} {}_{300}\mathrm{C}_k \left(\frac{1}{6}\right)^k \left(\frac{5}{6}\right)^{300-k} \end{aligned}$$

で計算できます。しかし、この計算は相当面倒ですね。

答えがおおよその値でよければ、もっと簡単な方法があります。それが、

総和記号（シグマ）

- $\sum_{k=1}^{n} x_k$ は、$x_1 + x_2 + \cdots + x_n$ を表す。

例：$\sum_{k=1}^{3} 2^k = 2^1 + 2^2 + 2^3$

「正規分布を二項分布の代わりに使う」

という方法です。

第２章で、「二項分布 $B(n,\ p)$ は、n がじゅうぶんに大きければ正規分布に近似する」と説明しました（79 ページ）。二項分布 $B(n,\ p)$ にしたがう X の平均と分散は、それぞれ

$$E(X) = np,\ V(X) = np(1-p)$$

ですから、$B(n,\ p)$ に近似する正規分布は、

$$N(\underbrace{np}_{\text{平均}},\ \underbrace{np(1-p)}_{\text{分散}})$$

と書けます。

> **二項分布 $B(n,\ p)$ にしたがう確率変数 X の分布は、n がじゅうぶんに大きければ、正規分布**
>
> $$N(np,\ np(1-p))$$
>
> **に近似する。**

ここでは、この定理を利用して例題を解いてみましょう。

まず、例題の二項分布 $B(300,\ \frac{1}{6})$ から平均と分散を求めます。

$$E(X) = np = 300 \times \frac{1}{6} = 50$$

$$V(X) = np(1-p) = 300 \times \frac{1}{6} \times \left(1 - \frac{1}{6}\right) = \frac{125}{3}$$

$n = 300$ はじゅうぶんに大きいので、⚀の目が出る回数 X は、正規分布 $N(50,\ \frac{125}{3})$ にほぼしたがうと考えてかまいません。

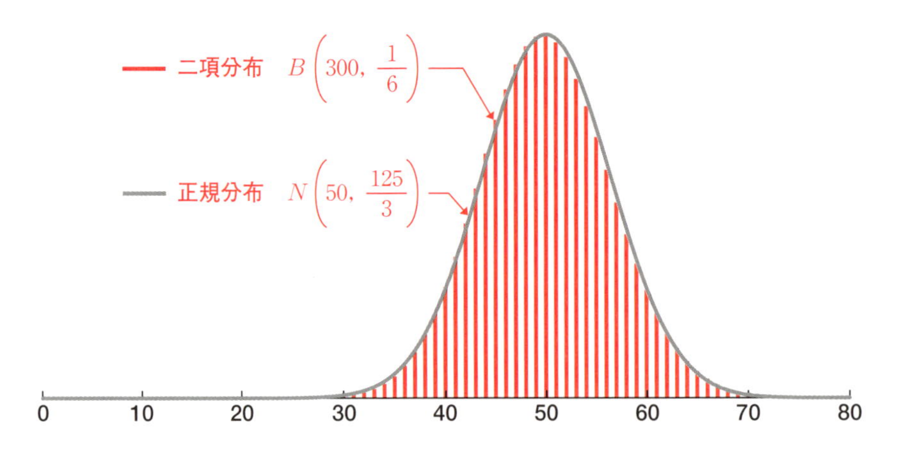

したがって、Xが50〜60回になる確率$P(50 \leqq X \leqq 60)$は、$N(50, \frac{125}{3})$における$P(50 \leqq X \leqq 60)$にほぼ等しいと考えられます。

Xが$N(50, \frac{125}{3})$の正規分布にしたがうとき、

$$Z = \frac{X-50}{\sqrt{\frac{125}{3}}}$$

は標準正規分布にしたがいます。$N(50, \frac{125}{3})$における$50 \leqq X \leqq 60$を、標準正規分布におけるZの範囲に変換すると、

$$\frac{50-50}{\sqrt{\frac{125}{3}}} \leqq Z \leqq \frac{60-50}{\sqrt{\frac{125}{3}}} \quad \Leftrightarrow \quad 0 \leqq Z \leqq \text{約}\ 1.55$$

となります。99ページの標準正規分布表より、左端が「1.5」、上端が「0.05」の値は「0.4394」なので、

$$P(0 \leqq Z \leqq 1.55) = 0.4394$$

以上から、⚀の目が50〜60回出る確率は、おおよそ**0.4394**とわかります。…答え

パソコンを使って、近似値ではない実際の値を計算すると、約0.4694になります。

3-6 95%の確率で的中する推理

この節の概要

▶ 確率変数が正規分布にしたがう場合、確率変数の 95%は「平均 ± 標準偏差 ×1.96」の範囲に入ります。この性質を使うと、「95%の確率で的中する推理」ができるようになります。

何パーセントの確率なら「確実」か

ある受験生が予備校の模試を受けたところ、志望校に「合格確実」の判定が出たとします。よかったですね。ところでこの判定は、何%くらいの確率で志望校に合格できるという意味でしょうか？

100%？　さすがにそれはありえません。

80%？　不合格の可能性も20%あるので「確実」とは言いにくいですね。

「確実」といえる確率として、統計では多くの場合、「95%」を妥当な数値とみなしています。「95%の確率で合格」なら、「合格確実」と言ってもいいでしょう。ただし、この場合でも不合格の可能性が5%は残ることになります。より確実性が必要な場合は、「99%」とすることもあります。

95パーセントのデータが収まる範囲

110ページで、正規分布するデータは、「平均±標準偏差」の範囲に全体の約68.3%が含まれる、と説明しました。これを逆に言うと、データ全体の68.3%が含まれる確率変数の範囲は「平均±標準偏差」ということです。

では、データ全体の95%が含まれる確率変数の範囲はどれくらいでしょうか？　標準正規分布で、平均0を中心とした左右対称の範囲$P(-a \leqq Z \leqq a)$を考えます。

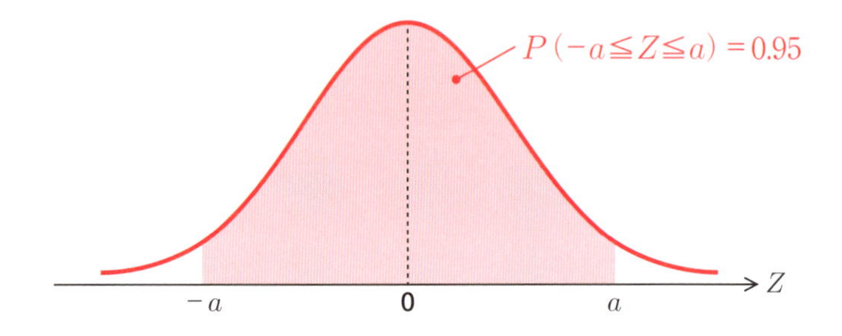

$P(-a \leqq Z \leqq a) = 0.95$になるので、右半分の$P(0 \leqq Z \leqq a)$の値は$0.95 \div 2 = 0.475$になります。99ページの標準正規分布表から「0.475」に近い値を探すと、左端が「1.9」、上端が「0.06」の値が「0.4750」です。

以上から、$a = 1.9 + 0.06 = 1.96$とわかります。

標準正規分布にしたがう確率変数Zは、$-1.96 \leqq Z \leqq 1.96$の範囲に全体の95%が収まる。

これを一般の正規分布$N(\mu, \sigma^2)$に置き換えると、$Z = \frac{X - \mu}{\sigma}$より、

$$-1.96 \leqq \frac{X - \mu}{\sigma} \leqq 1.96 \quad \Leftrightarrow \quad -1.96\sigma + \mu \leqq X \leqq 1.96\sigma + \mu$$

ですから、次のようになります。

正規分布$N(\mu, \sigma^2)$にしたがう確率変数Xは、
$\boldsymbol{-1.96\sigma + \mu \leqq X \leqq 1.96\sigma + \mu}$の範囲に全体の95%が収まる。

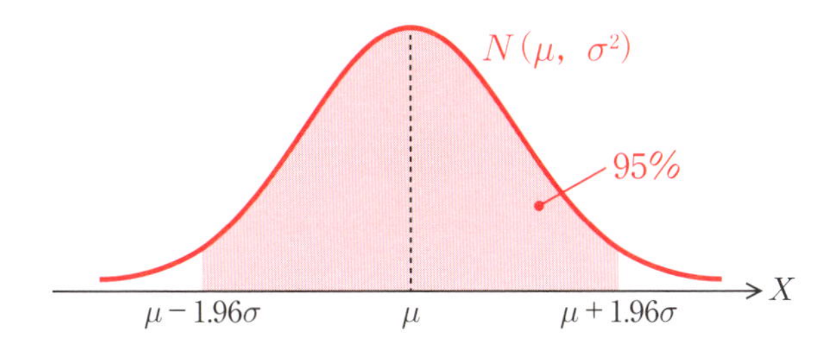

言い換えると、正規分布するデータは、「**平均±標準偏差の 1.96 倍**」の範囲に、全体の 95%が収まります。

確率	データの範囲
90%	平均 ± 標準偏差の **1.64 倍**
95%	平均 ± 標準偏差の **1.96 倍**
99%	平均 ± 標準偏差の **2.58 倍**

90%、95%、99%の確率でカバーするデータの範囲は、それぞれ左の表のようになります。

95パーセントの確率で的中する推理

例題 サイコロを300回振って、⚀の目が出る回数を95パーセントの確率で言い当てなさい。

⚀の目が出る回数は、二項分布 $B\left(300, \frac{1}{6}\right)$ にしたがいます。したがって、平均 $E(X)$ と分散 $V(X)$ はそれぞれ次のようになります。

$$E(X)=300\times\left(\frac{1}{6}\right)=50$$

$$V(X)=300\times\frac{1}{6}\times\left(1-\frac{1}{6}\right)=\frac{125}{3}$$

$n = 300$ はじゅうぶん大きいとみなしてよいので、$B\left(300, \frac{1}{6}\right)$ は正規分布 $N\left(50, \frac{125}{3}\right)$ に近似します。⚀の目が出る回数を X とすれば、X は95%の確率で次の範囲内に収まります。

$$-1.96\times\underbrace{\sqrt{\frac{125}{3}}}_{\text{標準偏差}}+\underbrace{50}_{\text{平均}}\leqq X\leqq 1.96\times\underbrace{\sqrt{\frac{125}{3}}}_{\text{標準偏差}}+\underbrace{50}_{\text{平均}}\Rightarrow 37.35\leqq X\leqq 62.65$$

ここで、「37.35 ≦ X ≦ 62.65」を「38回以上62回以下」と狭い範囲に解釈すると、確率が95パーセントよりわずかに小さくなることに注意しましょう。本書では「少なくとも」95パーセントの確率となるように、「**37回以上63回以下**」と予想します。…答え

ちなみに、データ全体の99パーセントをカバーする範囲は、前ページの表から「平均 ± 標準偏差の2.58倍」です。したがって、サイコロを300回振って⚀の目が出る回数を99パーセントの確率で言い当てるなら、

$$-2.58\times\sqrt{\frac{125}{3}}+50\leqq X\leqq 2.58\times\sqrt{\frac{125}{3}}+50$$

$$\Rightarrow\quad 33.35\leqq X\leqq 66.65$$

となります。このように確率を増やすと、予想の範囲もその分広くなってしまうことがわかります。

95パーセント確実な予想：37 ～ 63回
99パーセント確実な予想：33 ～ 67回

33　37　63　67

95パーセントの予想範囲

99パーセントの予想範囲

練習問題3　（答えは277ページ）

ある工場で生産している製品の重さは、平均100g、標準偏差2gの正規分布にしたがうことがわかっている。検品の際に、製品の5%を規格外の重さとして不合格とする場合、合格する製品の重さの範囲を求めなさい。

3-7 95パーセント信頼区間

この節の概要

- この節では、統計的な推定の基礎となる信頼区間の考え方について説明します。
- 95パーセント信頼区間の「95パーセント」の意味は取り違えやすいので注意しましょう。

結果からさかのぼって推定する

例題 サイコロを何回か振ったところ、⚀の目が10回出た。サイコロを振った回数を推定せよ。

前節の例題では、サイコロを振った回数から、⚀の目が出る回数を予想しました。今度はその反対に、⚀の目が出た回数から、サイコロを振った回数を推測します。

⚀の目が出る確率は$\frac{1}{6}$ですから、だいたい60回振れば、そのうち10回は⚀の目が出ます。したがって、「サイコロを振った回数はだいたい60回くらいだろう」というのは、妥当な推測です。

しかし、この「だいたい60回」というのは、何回から何回までのことでしょうか？

ここでサイコロを振った回数をnとすると、⚀の目が出る回数の分布は、

$$\text{平均}\mu = n \times \frac{1}{6} = \frac{n}{6}$$

$$\text{分散}\ \sigma^2 = n \times \frac{1}{6}\left(1 - \frac{1}{6}\right) = \frac{5n}{36}$$

の正規分布に近似します（117ページ）。このとき、⚀の目が出る回数

$(=10)$は、95%の確率で「平均 ± 標準偏差の1.96倍」の範囲に収まるので、次の不等式が成り立ちます。

$$\mu-1.96\sigma \leqq 10 \leqq \mu+1.96\sigma$$

$$\Rightarrow \frac{n}{6}-1.96\times\sqrt{\frac{5n}{36}} \leqq 10 \leqq \frac{n}{6}+1.96\times\sqrt{\frac{5n}{36}}$$

この不等式を解いて、nの範囲を求めます。

$$\Rightarrow n-1.96\sqrt{5n} \leqq 60 \leqq n+1.96\sqrt{5n} \Rightarrow \begin{cases} n-1.96\sqrt{5n}-60 \leqq 0 & \cdots① \\ n+1.96\sqrt{5n}-60 \geqq 0 & \cdots② \end{cases}$$

$\sqrt{n}=x$(ただし、$x>0$)と置くと、①, ②は次のような2次不等式になります。

$$x^2-1.96\sqrt{5}\,x-60 \leqq 0 \quad \cdots①'$$

$$x^2+1.96\sqrt{5}\,x-60 \geqq 0 \quad \cdots②'$$

2次方程式の解の公式

- $ax^2+bx+c=0$ の解

$$x=\frac{-b\pm\sqrt{b^2-4ac}}{2a}$$

①', ②'の左辺は因数分解できないので、2次方程式の解の公式を使ってxを求めます。

①'より、$x=\dfrac{-(-1.96\sqrt{5})\pm\sqrt{(-1.96\sqrt{5})^2-4\cdot(-60)}}{2} \fallingdotseq 10.24,\ -5.86$

$\therefore (x+5.86)(x-10.24) \leqq 0 \quad \Rightarrow \quad -5.86 \leqq x \leqq 10.24$

②'より、$x=\dfrac{-(1.96\sqrt{5})\pm\sqrt{(1.96\sqrt{5})^2-4\cdot(-60)}}{2} \fallingdotseq 5.86,\ -10.24$

$\therefore (x+10.24)(x-5.86) \geqq 0 \quad \Rightarrow \quad x \leqq -10.24$ または $x \geqq 5.86$

$x>0$より、xの範囲は$5.86 \leqq x \leqq 10.24$となります。したがって、

$$5.86 \leqq \sqrt{n} \leqq 10.24$$

$\Rightarrow (5.86)^2 \leqq n \leqq (10.24)^2$ ← 各辺を2乗する

$\Rightarrow 34.34 \leqq n \leqq 104.86$

$\Rightarrow 34 \leqq n \leqq 105$ ← nは整数

2次不等式の解

- $(x-\alpha)(x-\beta) \leqq 0$ のとき、$\alpha \leqq x \leqq \beta$
- $(x-\alpha)(x-\beta) \geqq 0$ のとき、$x \leqq \alpha,\ x \geqq \beta$

注:$\alpha<\beta$

以上から、サイコロを n 回振って⚀の目が10回出たとき、サイコロを振った回数 n は、**34回以上105回以下**と推定できます。…答え

このように、推定結果を値の範囲で示すことを**区間推定**(くかんすいてい)といいます。また、例題の答え「$34 \leqq n \leqq 105$」を n の**95パーセント信頼区間**(しんらいくかん)といいます。すなわち、n の値は95%の確率で「34回以上105回以下」の範囲に含まれていることを表します。

測定値から実際の値を推定する

例題 100m走のタイムをストップウォッチで計測する。このストップウォッチの計測値は、実際のタイム μ を平均とし、標準偏差0.2秒の正規分布にしたがうことがわかっている。ある選手の計測タイムが12秒50だったとき、この選手の実際のタイムを95パーセント信頼区間で推定せよ。

ストップウォッチなどの計測器で計測するデータは、「真の値」を平均値とする正規分布にしたがうことが知られています。一般に、精度の高い計測器ほど、標準偏差の小さい正規分布になります。

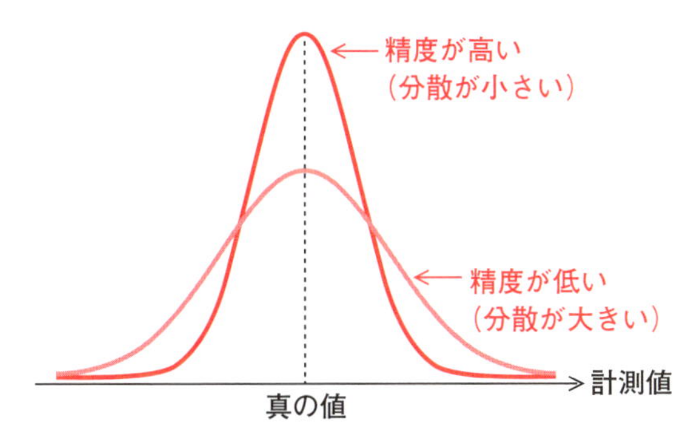

これまでに説明したように、正規分布は「平均 ±1.96× 標準偏差」の範囲に、全体の95%が含まれます。したがって、例題のストップウォッチの計測値が平均 μ 秒、標準偏差0.2秒の正規分布にしたがうとすると、計測タイム12秒50は、95%の確率で次の範囲内に含まれるはずです。

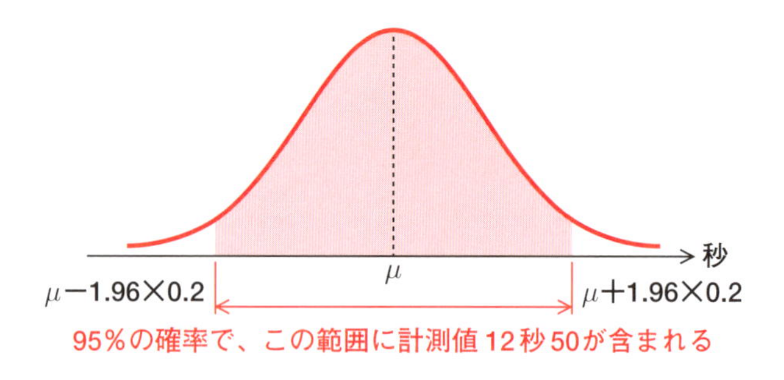

したがって、不等式

$$\mu - 1.96 \times 0.2 \leqq 12.50 \leqq \mu + 1.96 \times 0.2$$

が成り立ちます。この不等式を解いて、μ を求めます。

$\Rightarrow \quad -1.96 \times 0.2 \leqq 12.50 - \mu \leqq 1.96 \times 0.2$ ← 3辺からμを引く

$\Rightarrow \quad -1.96 \times 0.2 - 12.50 \leqq -\mu \leqq 1.96 \times 0.2 - 12.50$ ← 3辺から12.50を引く

$\Rightarrow \quad 12.50 + 1.96 \times 0.2 \geqq \mu \geqq 12.50 - 1.96 \times 0.2$ ← 3辺に−1を掛ける（不等号が逆になる）

$\Rightarrow \quad 12.108 \leqq \mu \leqq 12.892$

以上から、実際のタイム μ の 95 パーセント信頼区間は **12.108 秒≦ μ ≦ 12.892 秒**と推定できます。…答え

95 パーセント信頼区間の意味

例題で計算した 95 パーセント信頼区間について、もう少し考えてみましょう。

「μ の 95 パーセント信頼区間が 12.108 ≦ μ ≦ 12.892 である」ということは、「μ の値が 12.108 以上 12.892 以下になる確率が 95%」という意味ではありません。

✕ **実際のタイム μ が 12.108 秒以上 12.892 秒以下になる確率は 95% である** ← これは誤り！

そもそも、実際のタイムがμ秒なのは、ある確率で起こる事象ではありません。実際のタイムは選手が走り終えたときに定まっていて、それを計測したタイムが12.50秒だったのです。

仮に、実際のタイムが12.48秒だったとしましょう。これをストップウォッチで計測したタイムは、例題ではたまたま12.50秒でしたが、毎回必ずこのタイムになるということではなく、12.46秒だったり、12.52秒だったりと、試すたびに変動するはずです。すると、95パーセント信頼区間の範囲も、そのつど変動してしまいます。

しかし、このように信頼区間を繰り返し求めた場合でも、たいていは実際のμの値（12.48秒）が範囲内に含まれます。その確率が「95パーセント」だというのが、95パーセント信頼区間の意味するところです。

○ 計測タイムからμの信頼区間を求めることを繰り返すと、100回のうち95回は、実際のタイムが求められた信頼区間に含まれる

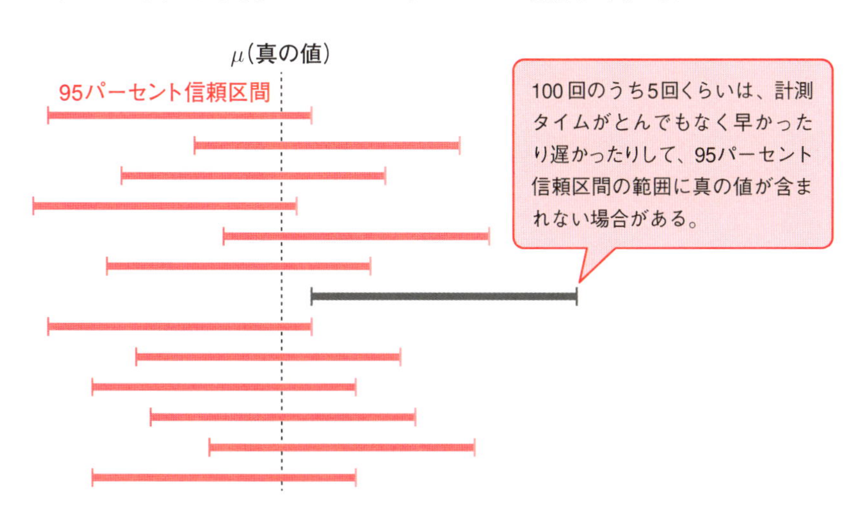

たとえば、ぼーっとしてストップウォッチを押すタイミングが遅れてしまったという、滅多にない現象がたまたま起こっていたとしたら、「$12.108 \leqq \mu \leqq 12.892$」という推定は誤りです。しかしそんなことが起こる確率は非常に低い（100回のうち5回）ので、たいがいは「$12.108 \leqq \mu \leqq 12.892$」という信頼区間の中に、$\mu$の値が含まれると考えてよいのです。

信頼度を上げると推定する範囲が広くなる

95パーセント信頼区間の範囲は、95%の確率では真の値を含んでいますが、「それでは心もとない」という場合もあるでしょう。信頼度を95パーセントから99パーセントに上げれば、99%の確率で真の値を含むので、より確実な推定になります。

121ページの表参照

データ全体の99%をカバーする範囲は「平均 ± 標準偏差の2.58倍」なので、例題の99パーセント信頼区間のμの範囲は、次の不等式を解けば求められます。

$$\mu - 2.58 \times 0.2 \leqq 12.50 \leqq \mu + 2.58 \times 0.2$$

$$\Rightarrow \quad -2.58 \times 0.2 \leqq 12.50 - \mu \leqq 2.58 \times 0.2$$ ← 3辺からμを引く

$$\Rightarrow \quad -2.58 \times 0.2 - 12.50 \leqq -\mu \leqq 2.58 \times 0.2 - 12.50$$ ← 3辺から12.50を引く

$$\Rightarrow \quad 12.50 + 2.58 \times 0.2 \geqq \mu \geqq 12.50 - 2.58 \times 0.2$$ ← 3辺に−1を掛ける（不等号が逆になる）

$$\Rightarrow \quad 11.984 \leqq \mu \leqq 13.016$$

以上から、実際のタイムμの99パーセント信頼区間は「11.984秒$\leqq \mu \leqq$ 13.016秒」と推定できます。

95パーセント信頼区間：$12.108 \leqq n \leqq 12.892$
99パーセント信頼区間：$11.984 \leqq n \leqq 13.016$

このように、信頼度を上げると推定の精度は落ちてしまいます。

練習問題4 （答えは277ページ）

標準偏差0.5℃の精度で体温を計測する電子体温計がある。この電子体温計で体温を測ったところ、35.7℃であった。実際の体温を95パーセント信頼区間で推定しなさい。

第4章

部分から全体を推定する（基礎編）

4-1 統計的推定のキホン①
母平均、標本平均、標本平均の平均

4-2 統計的推定のキホン②
大数の法則と中心極限定理

4-3 統計的推定のキホン③
標本分散と不偏分散

4-4 母平均を推定する①
母分散がわかっている場合

4-5 母平均を推定する②
標本が大きい場合（大標本の推定）

4-6 母比率を推定する
視聴率や内閣支持率の推定

4-1 統計的推定のキホン①
母平均、標本平均、標本平均の平均

この節の概要

- この節では、統計的推定の基本的な用語を説明します。
- 標本（ひょうほん）から得られる統計量には、標本平均、標本分散、標本標準偏差などがあります。この節ではとくに標本平均の性質を説明します。

たとえば、ピーナッツを栽培しているある農家が、収穫したピーナッツの大きさを調べたいとします。とはいえ、ピーナッツを一粒ずつすべて調べるわけにはいきませんから、収穫した中から何粒か選んで、その大きさを測定することになるでしょう。

知りたいのは収穫したピーナッツ「全体」の大きさなのですが、実際に調べることができるのは「一部」の大きさだけです。このように、手元にある「一部」のデータから、見渡すことができない「全体」を推測する場合に、統計的な推定の手法が役立ちます。

母集団と標本

例題　生徒３人のテストの点数が、50 点、60 点、70 点であった。この生徒３人を母集団として、２個のデータを無作為に選んだところ、50 点と 60 点であった。
①母平均 μ、母分散 σ^2、母標準偏差 σ を求めよ。
②標本平均 $\overline{X}$、標本分散 S^2、標本標準偏差 S を求めよ。

まずは、基本的な用語を確認しておきましょう。

調査対象となるデータ全体を**母集団**（ぼしゅうだん）といい、その中から取り出された一部のデータを**標本**（ひょうほん）（サンプル）といいます。例題では、３人の生徒全員のテストの点数が母集団、その中から無作為(むさくい)に選んだ2個のデータが標本です。←実際には、こんな標本調査はあり得ません。

また、母集団のデータの個数を**母集団の大きさ**、標本のデータの個数を**標本の大きさ**といいます。

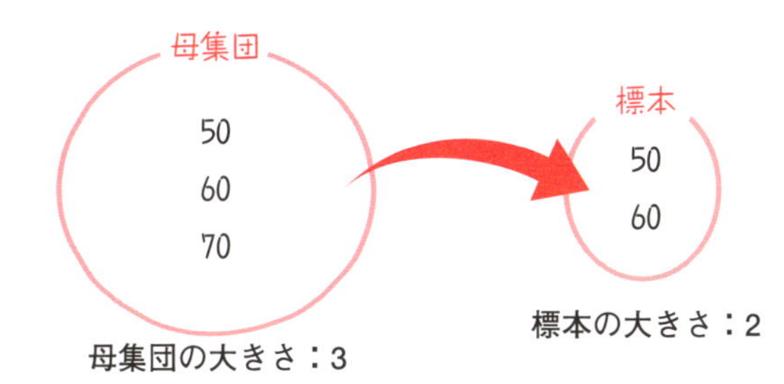

母集団の平均、分散、標準偏差を、**母平均**、**母分散**、**母標準偏差**といいます。それぞれの計算方法は、第1章で説明した算術平均（18ページ）、分散（28ページ）、標準偏差（30ページ）の計算方法と同様です。

$$\text{母平均}\ \mu = \frac{50+60+70}{3} = 60$$

平均

$$\text{母分散}\ \sigma^2 = \frac{(50-60)^2+(60-60)^2+(70-60)^2}{3} = \frac{200}{3} \fallingdotseq 66.67$$

$$\text{母標準偏差}\ \sigma = \sqrt{\frac{200}{3}} = \frac{10\sqrt{2}}{\sqrt{3}} = \frac{10\sqrt{6}}{3} \fallingdotseq 8.16$$

一方、標本の平均、分散、標準偏差を、それぞれ**標本平均**、**標本分散**、**標本標準偏差**といいます。

$$\text{標本平均}\ \overline{X} = \frac{50+60}{2} = 55$$

$$\text{標本分散}\ S^2 = \frac{(50-55)^2+(60-55)^2}{2} = 25$$

$$\text{標本標準偏差}\ S = \sqrt{25} = 5$$

母平均μ（ミュー）や母標準偏差σ（シグマ）の記号には、一般にギリシャ文字が使われます。一方、標本平均や標本標準偏差の記号には、アルファベットがよく使われます。

復元抽出と非復元抽出の違い

母集団から標本を選ぶことを抽出(ちゅうしゅつ)といいます。とくに、選んだ標本に何らかの偏(かたよ)りがないように抽出することを無作為抽出(むさくい)といいます。

また、母集団から標本を1個選んだあと、次の標本を選ぶ前に選んだ標本を母集団に戻す場合を復元抽出(ふくげん)といい、戻さない場合を非復元抽出といいます。

母集団の大きさを N、標本の大きさを n とすると、復元抽出で取り出される標本の値の組合せは全部で N^n 通りですが、非復元抽出では ${}_N C_n$ 通りになります。

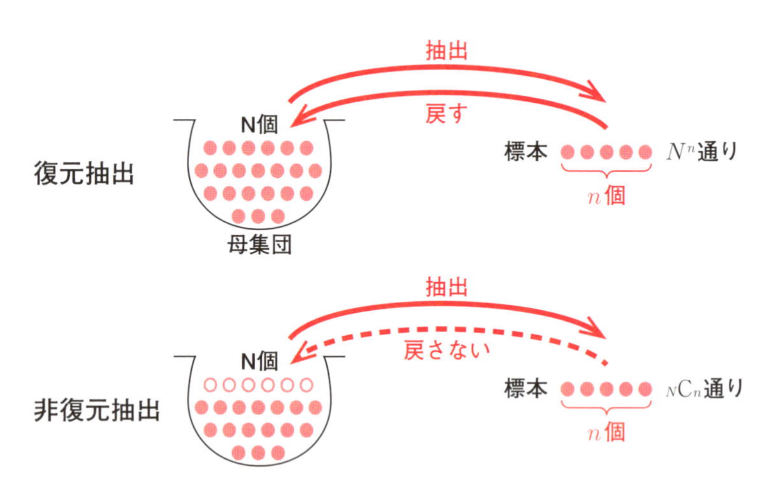

ただし、母集団がじゅうぶんに大きい場合は、復元抽出と非復元抽出の違いは無視してかまいません。標本調査は、一般に母集団がじゅうぶんに大きい場合に行うものなのであまり気にしないでよいのですが、例題のように母集団が小さい場合には違いに注意する必要があります。

標本平均の平均は母平均

先ほどの例題で、標本平均 $\overline{X}$ の値は55点でした。しかしこの値は、選んだ標本の値によって変動します。

3個の母集団（50，60，70）から2個の標本を復元抽出で無作為に選んだ場合、標本となるデータの組合せは全部で $3^2 = 9$ 通りあります。それぞれの標本平均 $\overline{X}$ を計算すると、次のようになります。

	標本データ	標本平均 $\overline{X}$
①	（50，50）	50
②	（50，60）	55
③	（50，70）	60
④	（60，50）	55
⑤	（60，60）	60
⑥	（60，70）	65
⑦	（70，50）	60
⑧	（70，60）	65
⑨	（70，70）	70

以上のように、標本平均 $\overline{X}$ の値は50から70の間を変動します。このうち、たとえば $\overline{X}$ が50になる確率は、9通りのうち①の組合せのとき1通りなので、$\frac{1}{9}$ です（無作為抽出9回のうち1回）。$\overline{X}$ を確率変数とみなせば、その確率分布は次のようになります。

$\overline{X}$	50	55	60	65	70	計
確率	$\frac{1}{9}$	$\frac{2}{9}$	$\frac{3}{9}$	$\frac{2}{9}$	$\frac{1}{9}$	1

上の確率分布から、$\overline{X}$ の平均 $E(\overline{X})$ と分散 $V(\overline{X})$ を求めると、

$$E(\overline{X}) = 50\times\frac{1}{9} + 55\times\frac{2}{9} + 60\times\frac{3}{9} + 65\times\frac{2}{9} + 70\times\frac{1}{9}$$

$$= \frac{50+110+180+130+70}{9} = 60 \quad \leftarrow \overline{X}\text{の平均}$$

$$V(\overline{X}) = (50-60)^2\times\frac{1}{9} + (55-60)^2\times\frac{2}{9} + (60-60)^2\times\frac{3}{9}$$

$$+ (65-60)^2\times\frac{2}{9} + (70-60)^2\times\frac{1}{9}$$

$$= \frac{(-10)^2 \times 1 + (-5)^2 \times 2 + 0 \times 3 + 5^2 \times 2 + 10^2 \times 1}{9}$$

$$= \frac{100 + 50 + 0 + 50 + 100}{9} = \frac{300}{9} = \frac{100}{3} \fallingdotseq 33.33$$ ← $\overline{X}$ の分散

ここで、標本平均 $\overline{X}$ の平均 $E(\overline{X}) = 60$ は、母平均 μ と同じ値です。また、$\overline{X}$ の分散 $V(\overline{X})$ は母分散 σ^2 の $\frac{1}{2}$ の値です。もちろん、これは偶然ではありません。一般化すると次のようになります。

標本平均 $\overline{X}$ の公式

平均 μ、分散 σ^2 の母集団から大きさ n の標本を抽出し、標本平均 $\overline{X}$ を求めることを何度も繰り返し、$\overline{X}$ の平均と分散を求めると、次のことが成り立つ。

①標本平均 $\overline{X}$ の平均 $E(\overline{X})$ は、母平均 μ に等しい

$$E(\overline{X}) = \mu$$

②標本平均 $\overline{X}$ の分散 $V(\overline{X})$ は、母分散 $\div n$ に等しい

$$V(\overline{X}) = \frac{\sigma^2}{n}$$

上の公式の意味を考えてみましょう。

母集団から標本を抽出してその平均 $\overline{X}$ を求めても、$\overline{X}$ が母平均 μ と一致するとは限りません。しかし、標本抽出を何度も繰り返し、その標本平均 $\overline{X}$ を求めると、標本平均 $\overline{X}$ の平均 $E(\overline{X})$ は、母集団の平均 μ になるというのです。

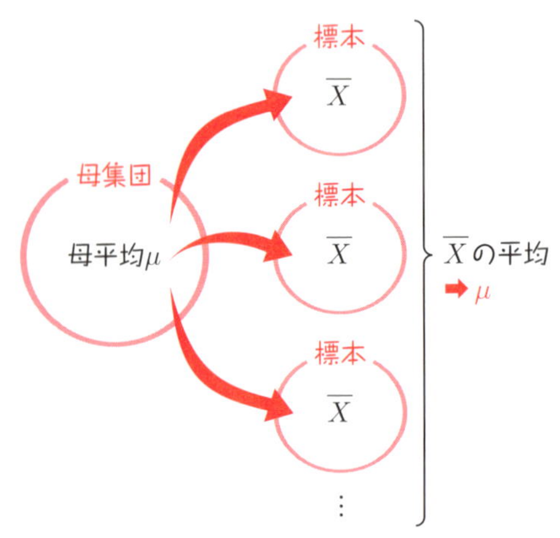

また、標本の大きさ n が大きくなると、$\overline{X}$ の分散 $V(\overline{X}) = \frac{\sigma^2}{n}$ は 0 に近づきま

す。したがって、標本が大きいほど、$\overline{X}$ はばらつきが小さくなり、より母平均に近い値をとりやすくなります。

標本平均$\overline{X}$の公式を証明する

前ページの公式①と②が成り立つことを証明しておきましょう。

証明

標本の大きさを n とし、その値を $X_1, X_2, \cdots, X_n$ とすると、

$$\overline{X} = \frac{X_1 + X_2 + \cdots + X_n}{n}$$

です。ここで、X_1 は母集団の値を無作為にとりうるので、X_1 を確率変数とみなすと、$E(X_1) = \mu$, $V(X_1) = \sigma^2$ となります。このことは $X_2, X_3, \cdots, X_n$ についても同様なので、

$$E(X_1) = E(X_2) = \cdots = E(X_n) = \mu$$
$$V(X_1) = V(X_2) = \cdots = V(X_n) = \sigma^2$$

以上から、標本平均 $\overline{X}$ の平均 $E(\overline{X})$ は、

$$E(\overline{X}) = E\left(\frac{X_1 + X_2 + \cdots + X_n}{n}\right)$$

$$= \frac{E(X_1 + X_2 + \cdots + X_n)}{n}$$ ←$E(aX) = aE(X)$ より（65ページ）

$$= \frac{E(X_1) + E(X_2) + \cdots + E(X_n)}{n}$$ ←$E(X+Y) = E(X) + E(Y)$ より（67ページ）

$$= \frac{\overbrace{\mu + \mu + \cdots + \mu}^{n\text{個}}}{n}$$ ←$E(X_1) = E(X_2) = \cdots = E(X_n) = \mu$ より

$$= \frac{n\mu}{n} = \mu$$

よって、公式①が成り立ちます。

また、標本平均の分散 $V(\overline{X})$ は、

$$V(\overline{X}) = V\left(\frac{X_1 + X_2 + \cdots + X_n}{n}\right)$$

$$= \frac{V(X_1 + X_2 + \cdots + X_n)}{n^2}$$ ←$V(aX) = a^2V(X)$ より(65ページ)

$$= \frac{V(X_1) + V(X_2) + \cdots + V(X_n)}{n^2}$$ ←X, Yが互いに独立なとき、$V(X+Y) = V(X) + V(Y)$(70ページ)

$$= \frac{\overbrace{\sigma^2 + \sigma^2 + \cdots + \sigma^2}^{n\text{個}}}{n^2}$$ ←$V(X_1) = V(X_2) = \cdots = V(X_n) = \sigma^2$ より

$$= \frac{n\sigma^2}{n^2} = \frac{\sigma^2}{n}$$

よって、公式②が成り立ちます。

正規母集団と標本平均

標本平均 $\overline{X}$ の平均と分散は、それぞれ μ と $\frac{\sigma^2}{n}$ になることを示しました。このことは、母集団がどんな形の分布であっても成り立ちます。ただし、母集団が正規分布にしたがう場合(**正規母集団**といいます)には、標本平均 $\overline{X}$ の分布も正規分布になります。

正規母集団の標本平均の定理

母集団が平均 μ、分散 σ^2 の正規分布にしたがうとき、標本平均 $\overline{X}$ は平均 μ、分散 $\frac{\sigma^2}{n}$ の正規分布にしたがう。

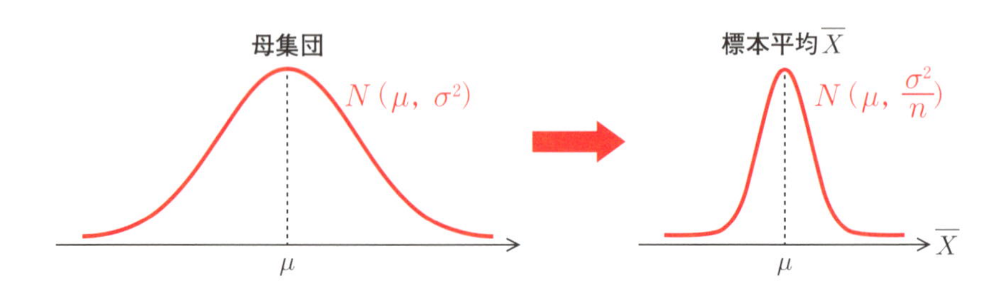

4-2 統計的推定のキホン②
大数の法則と中心極限定理

この節の概要

▶ この節では、統計学でも非常に重要な法則である大数（たいすう）の法則と中心極限定理について説明します。

大数の法則

前節では、「母集団から何度も標本を抽出して標本平均$\overline{X}$を求めると、その平均（標本平均の平均）は母平均μに一致する」ことを示しました。

しかし、標本を何度も抽出しなくても、１回の標本の大きさを大きくしていけば、標本平均$\overline{X}$は母平均μに近づきます。これを**大数（たいすう）の法則**といいます。

大数の法則

標本の大きさnを大きくしていくと、標本平均$\overline{X}$は母平均μに一致する。

たとえば、サイコロの⚀から⚅の目が均等にある、非常に大きな集合を考えます。この集合のサイコロの目の平均は、

$$\mu = \frac{⚀ + ⚁ + ⚂ + ⚃ + ⚄ + ⚅}{6} = 3.5$$

です。この集合を母集団として、その中からn個を無作為に抽出し、その目の平均$\overline{X}$を求めます。次の図は、nの数を1，2，…，1000と大きくしていき、それぞれの平均をグラフにまとめたものです（実際にサイコロを振るのは大変なので、コンピュータでシミュレーションした結果をまとめています）。

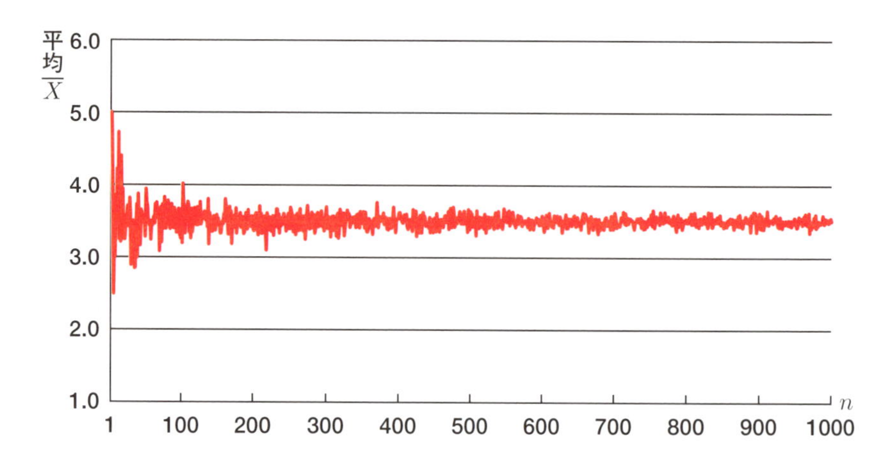

n が小さいうちは3.5から離れた数になることもありますが、n が大きくなるにつれて、3.5に近づいていることがわかります。

大数の法則を証明する

大数の法則は、113ページで紹介したチェビシェフの不等式から証明できます。

証明

前節でみたように、標本平均 $\overline{X}$ の平均 $E(\overline{X})$ は母平均 μ に一致します。また、標準偏差 $=\sqrt{分散}$ なので、$\sqrt{\dfrac{\sigma^2}{n}}=\dfrac{\sigma}{\sqrt{n}}$ になります。

チェビシェフの不等式

$$P(|X-\mu| \geqq k\sigma) \leqq \frac{1}{k^2}$$

はこの $\overline{X}$ の分布についても成り立つので、上の不等式の X を $\overline{X}$、σ を $\dfrac{\sigma}{\sqrt{n}}$ に置き換えると、次のようになります。

$$P\left(|\overline{X}-\mu| \geqq \frac{k\sigma}{\sqrt{n}}\right) \leqq \frac{1}{k^2} \quad \cdots ①$$

ここで、式を簡単にするために

$$\varepsilon = \frac{k\sigma}{\sqrt{n}} \quad \Rightarrow \quad k = \frac{\varepsilon\sqrt{n}}{\sigma}$$

と置くと、式①は次のようになります。なお、k, n, σ はすべて正の数なので、ε も正の数です。

$$P(|\overline{X}-\mu|\geqq\varepsilon)\leqq\frac{\sigma^2}{n\varepsilon^2} \quad \cdots①'$$

式①' が表す範囲をグラフで表してみましょう。$|\overline{X}-\mu|\geqq\varepsilon$ は、

$\overline{X}>\mu$ のとき、$\overline{X}-\mu\geqq\varepsilon \Rightarrow \overline{X}\geqq\mu+\varepsilon$
$\overline{X}<\mu$ のとき、$-(\overline{X}-\mu)\geqq\varepsilon \Rightarrow \overline{X}\leqq\mu-\varepsilon$

を表すので、次のようになります。

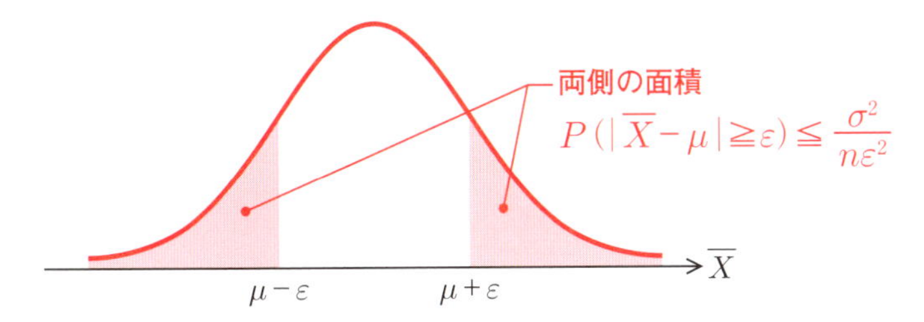

n の数を大きくしていくと、

$$\frac{\sigma^2}{n\varepsilon^2}$$

は限りになくゼロに近づいていきます。これは、グラフの色網の部分の面積がどんどん小さくなっていくことを示します。それに対応して、グラフの白い部分の面積は限りなく1に近づきます。式で表すと次のようになります。

$$P(\mu-\varepsilon\leqq\overline{X}\leqq\mu+\varepsilon)\to1 \quad (n\to\infty)$$

白い部分の面積

上の式は、n を限りなく大きくすると、$\overline{X}$ が $\mu\pm\varepsilon$ の範囲内にある確率が限りなく1に近くなることを示しています。ε は k を小さくとればいくらでも小さくなるので、$\overline{X}$ は μ と一致します。これが大数の法則です。

大数の法則は、細かく言うと「大数の弱法則」と「大数の強法則」がありますが、言わんとすることはほぼ同じです。本書の証明は「大数の弱法則」を証明したものです。

中心極限定理

大数の法則は、標本の大きさ n がじゅうぶんに大きい場合、標本平均 $\overline{X}$ が母平均 μ に一致するというものでした。このことは、母集団が正規分布でなくても成り立ちます。

さらに、標本の大きさ n がじゅうぶんに大きい場合は、母集団の分布がどんな形であっても、$\overline{X}$ の分布は正規分布に近似することがわかっています。これを**中心極限定理**といいます。

中心極限定理

標本平均 $\overline{X}$ は、標本の大きさ n がじゅうぶんに大きければ、平均 μ、分散 $\frac{\sigma^2}{n}$ の正規分布に近似的にしたがう。

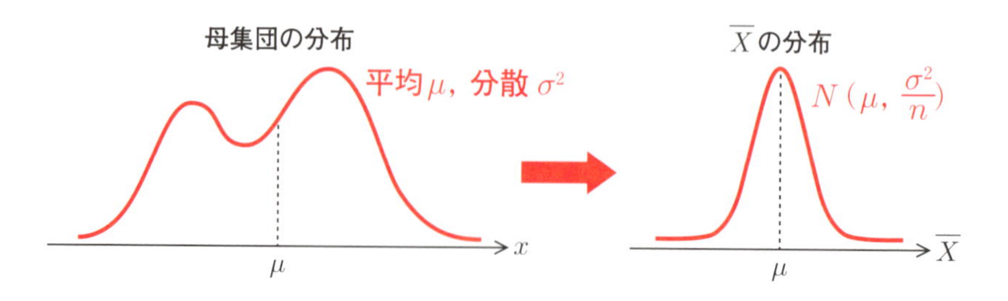

たとえば、サイコロの⚀から⚅の目が均等にある非常に大きな集合を考えます。この集合は明らかに正規分布ではありません（すべての目が同じ確率で出るので、一様分布になります）。母平均 μ、母分散 σ^2 はそれぞれ次のようになります。

$$\mu = \frac{1+2+3+4+5+6}{6} = 3.5$$

$$\sigma^2 = \frac{(1-3.5)^2+(2-3.5)^2+(3-3.5)^2+(4-3.5)^2+(5-3.5)^2+(6-3.5)^2}{6} \fallingdotseq 2.92$$

この集合を母集団として、n 個を無作為に抽出し、その目の平均 $\overline{X}$ を求めることを繰り返します（コンピュータによるシミュレーションで 1,000 回）。標本の大きさ $n=5$ の場合、$n=10$ の場合、$n=30$ の場合の $\overline{X}$ の分布をヒストグラムで表すと、次のようになります。

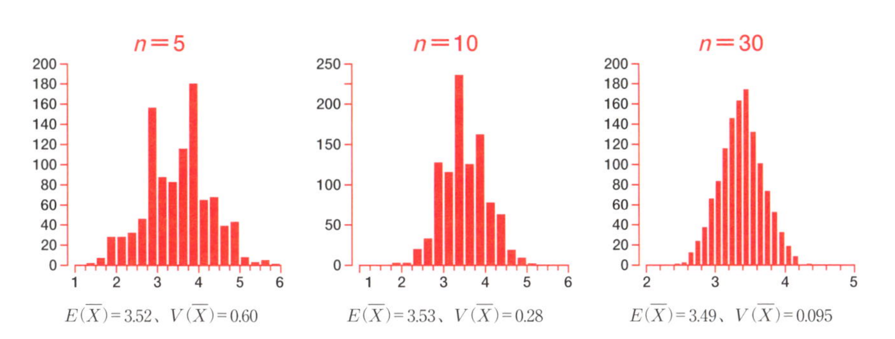

標本の大きさ n が大きくなるにつれ、ヒストグラムの形が正規分布に近づいていくことがわかります。

また、このシミュレーションでは、$n=30$ のときの $\overline{X}$ の平均は 3.49、分散は約 0.095 になりました。この値は、

$$\mu = 3.5,\ \frac{\sigma^2}{n} = \frac{2.92}{30} \fallingdotseq 0.097$$

にほぼ一致しています。

以上のように、n を大きくするにつれ、$\overline{X}$ の分布が $N\left(\mu, \frac{\sigma^2}{n}\right)$ に近づく中心極限定理が確認できます。

4-3 統計的推定のキホン③
標本分散と不偏分散

この節の概要

- 母平均や母分散を推定する材料となる統計量を推定量といいます。この節では、推定量が備えるべき性質として不偏性（ふへんせい）と一致性（いっちせい）を取り上げます。
- 標本分散には不偏性がないことを示し、不偏性を備えた推定量として、不偏分散を導出します。
- 標本分散と不偏分散の一致性について説明します。

標本分散には不偏性がない

134 ページで、標本平均 $\overline{X}$ の平均は母平均に一致する（$E(\overline{X})=\mu$）という性質について説明しました。すなわち、1 回の標本から得られる標本平均 $\overline{X}$ は母平均 μ と一致するとは限りませんが、標本を何回もとってそのつど標本平均を求めると、それらの平均は母平均 μ に一致します。標本平均のこのような性質を**不偏性**（ふへんせい）といいます。

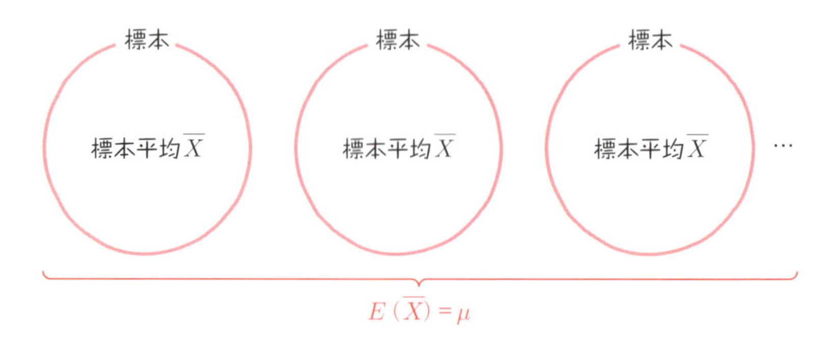

標本平均には不偏性がありますが、では、標本分散には不偏性があるでしょうか？　言い換えると、標本分散 S^2 の平均は、母分散 σ^2 に一致

するでしょうか？

結論から言うと、一致しません。すなわち、標本分散S^2には不偏性がありません。以下、少し長くなりますが、このことを示しましょう（式の展開が面倒という人は、式④まで読み飛ばしてもかまいません）。

証明

標本の大きさをnとし、その値をX_1, X_2, …, X_nとすると、標本分散S^2は次の式で表せます。

$$S^2 = \frac{(X_1 - \overline{X})^2 + (X_2 - \overline{X})^2 + \cdots + (X_n - \overline{X})^2}{n} \quad \cdots①$$

式①の［　　］の部分を、次のように変形します。

$$X_1 - \overline{X} = X_1 - \overline{X} - \mu + \mu = (X_1 - \mu) - (\overline{X} - \mu)$$

他の項も同様に変形すると、式①の分子は次のように書けます。

$$\{(X_1-\mu)-(\overline{X}-\mu)\}^2 + \{(X_2-\mu)-(\overline{X}-\mu)\}^2 + \cdots + \{(X_n-\mu)-(\overline{X}-\mu)\}^2$$

式を展開 $(a-b)^2 = a^2 - 2ab + b^2$

$$\begin{aligned}
&= (X_1-\mu)^2 - 2(X_1-\mu)(\overline{X}-\mu) + (\overline{X}-\mu)^2 \\
&\quad + (X_2-\mu)^2 - 2(X_2-\mu)(\overline{X}-\mu) + (\overline{X}-\mu)^2 \\
&\quad + \cdots + (X_n-\mu)^2 - 2(X_n-\mu)(\overline{X}-\mu) + (\overline{X}-\mu)^2
\end{aligned}$$

この式を3つの項に整理して、

$$\begin{aligned}
&= (X_1-\mu)^2 + (X_2-\mu)^2 + \cdots + (X_n-\mu)^2 \quad \cdots 項ア \\
&\quad -2(X_1-\mu)(\overline{X}-\mu) - 2(X_2-\mu)(\overline{X}-\mu) - \cdots - 2(X_n-\mu)(\overline{X}-\mu) \quad \cdots 項イ \\
&\quad + (\overline{X}-\mu)^2 + (\overline{X}-\mu)^2 + \cdots + (\overline{X}-\mu)^2 \quad \cdots 項ウ
\end{aligned}$$

$(\overline{X}-\mu)^2$がn個なので、$n(\overline{X}-\mu)^2$

とします。さらに、項イの部分を次のように変形します。

$$\begin{aligned}
&-2(X_1\overline{X} - \mu X_1 - \mu\overline{X} + \mu^2) - 2(X_2\overline{X} - \mu X_2 - \mu\overline{X} + \mu^2) \\
&\qquad - \cdots - 2(X_n\overline{X} - \mu X_n - \mu\overline{X} + \mu^2)
\end{aligned}$$

第4章 部分から全体を推定する（基礎編）

$$= -2\{\underbrace{(X_1+X_2+\cdots+X_n)}_{n\overline{X}}\overline{X} - \mu\underbrace{(X_1+X_2+\cdots+X_n)}_{n\overline{X}} - n\mu\overline{X} + n\mu^2\}$$

$$= -2(n\overline{X}^2 - n\mu\overline{X} - n\mu\overline{X} + n\mu^2)$$

$$= -2n(\overline{X}^2 - 2\mu\overline{X} + \mu^2)$$

$$= -2n(\overline{X} - \mu)^2$$

$\overline{X} = \dfrac{X_1 + X_2 + \cdots + X_n}{n}$ より

以上から、式①は次のようになります。

項ア　項イ　項ウ

$$S^2 = \frac{(X_1-\mu)^2 + (X_2-\mu)^2 + \cdots + (X_n-\mu)^2 - 2n(\overline{X}-\mu)^2 + n(\overline{X}-\mu)^2}{n}$$

$$= \frac{(X_1-\mu)^2 + (X_2-\mu)^2 + \cdots + (X_n-\mu)^2 - n(\overline{X}-\mu)^2}{n}$$

$$= \frac{(X_1-\mu)^2 + (X_2-\mu)^2 + \cdots + (X_n-\mu)^2}{n} - (\overline{X}-\mu)^2 \quad \cdots ②$$

ここまでくればあと少しです。標本分散 S^2 の平均 $E(S^2)$ に、式②を代入しましょう。以下の変形では、公式 $E(aX) = aE(X)$、$E(X+Y) = E(X) + E(Y)$ を駆使します（66，67 ページ）。

$$E(S^2) = E\left[\frac{(X_1-\mu)^2 + (X_2-\mu)^2 + \cdots + (X_n-\mu)^2}{n} - (\overline{X}-\mu)^2\right]$$

$$= E\left[\frac{(X_1-\mu)^2 + (X_2-\mu)^2 + \cdots + (X_n-\mu)^2}{n}\right] - E[(\overline{X}-\mu)^2]$$

$$= \frac{1}{n}\{E[(X_1-\mu)^2] + E[(X_2-\mu)^2] + \cdots + E[(X_n-\mu)^2]\}$$
$$- E[(\overline{X}-\mu)^2] \quad \cdots ③$$

式③の $E[(X_1-\mu)^2]$ に注目してください。X_1 を確率変数とみなせば、$E[(X_1-\mu)^2]$ は X_1 の偏差の 2 乗の平均なので、X_1 の分散 $V(X_1)$ を表します。$E[(X_2-\mu)^2]$，…，$E[(X_n-\mu)^2]$ も同様に、$V(X_2)$，…，$V(X_n)$ を表します。

また、$E[(\overline{X}-\mu)^2]$ は $\overline{X}$ の偏差の 2 乗の平均ですから、$\overline{X}$ の分散 $V(\overline{X})$ を表します。以上から、式③は次のように書けます。

$$= \frac{1}{n}\{V(X_1) + V(X_2) + \cdots + V(X_n)\} - V(\overline{X})$$

$$= \frac{1}{n}(\underbrace{\sigma^2 + \sigma^2 + \cdots + \sigma^2}_{n\text{個}}) - \frac{\sigma^2}{n}$$

$$= \frac{n\sigma^2}{n} - \frac{\sigma^2}{n}$$

$V(X_1) = V(X_2) = \cdots = V(n) = \sigma^2$
$V(\overline{X}) = \frac{\sigma^2}{n}$ （134ページ）

$$= \frac{n\sigma^2 - \sigma^2}{n}$$

$$= \frac{n-1}{n}\sigma^2$$

以上から、標本分散 S^2 の平均は

$$E(S^2) = \frac{n-1}{n}\sigma^2 \quad \cdots ④$$

となります。式④は、標本分散 S^2 の平均が、母分散 σ^2 よりわずかに小さくなることを示しています。したがって、標本分散 S^2 には不偏性はありません。

不偏分散を求める

では、標本から不偏性のある分散を求めるには、どうすればよいでしょうか？　不偏性とは、要するに平均が母分散と等しくなることです。したがって式④の両辺に $\frac{n}{n-1}$ を掛ければ、

$$\frac{n}{n-1}E(S^2) = \frac{n-1}{n}\sigma^2 \times \frac{n}{n-1}$$

$$\Rightarrow \quad E\left(\frac{n}{n-1}S^2\right) = \sigma^2 \quad \leftarrow E(aX) = aE(X)\text{より}$$

このように、標本分散S^2を$\dfrac{n}{n-1}$倍すれば、不偏性をもつ分散になります。この分散を**不偏分散**といい、記号U^2で表します。

$$U^2 = \frac{n}{n-1}S^2 = \frac{n}{n-1} \times \frac{(X_1-\overline{X})^2+(X_2-\overline{X})^2+\cdots+(X_n-\overline{X})^2}{n}$$

$$= \frac{(X_1-\overline{X})^2+(X_2-\overline{X})^2+\cdots+(X_n-\overline{X})^2}{n-1}$$

標本分散S^2が標本の大きさnで割るところを、不偏分散U^2は、1個少ない$n-1$で割ります。式の上ではそれだけの違いなのですが、この-1に大きな違いがあることは、ご理解いただけたと思います。

└ そのため、不偏分散U^2は標本分散S^2より大きくなります。

不偏分散

$$U^2 = \frac{(X_1-\overline{X})^2+(X_2-\overline{X})^2+\cdots+(X_n-\overline{X})^2}{n-1}$$

$E(U^2) = \sigma^2$ ←不偏分散の平均は、母分散σ^2に一致する。

標本分散と不偏分散の違いは、標本の大きさnがじゅうぶんに大きい場合はほとんどなくなりますが、nが小さいときには無視できない大きさになります。

不偏分散のことを標本分散と呼んでいる本もありますが、本書では両者を区別しています。また、標本分散の平方根を標本標準偏差と呼び、不偏分散の平方根（これを標本の標準偏差と呼びます）と区別します。

標本分散、不偏分散には一致性がある

大数の法則によれば、標本の大きさnがじゅうぶんに大きければ、標本平均$\overline{X}$は母平均μに一致します（137ページ）。標本平均$\overline{X}$のこのような性質を**一致性**（いっちせい）といいます。

一致性は、標本分散と不偏分散についても言うことができます。すなわち、

標本分散の一致性

標本の大きさ n がじゅうぶんに大きければ、標本分散 S^2、不偏分散 U^2 はどちらも母分散 σ^2 に一致する。

サイコロを無限に振って出た目を母集団とすると、母平均 $\mu = 3.5$、母分散 $\sigma^2 =$ 約 2.9 になります（141 ページ）。この母集団から、無作為に n 個を抽出して標本分散を求めると、n が大きくなるにつれて標本分散も約 2.9 に近づいていきます。次のグラフは、このことをコンピュータによるシミュレーションで試したものです。

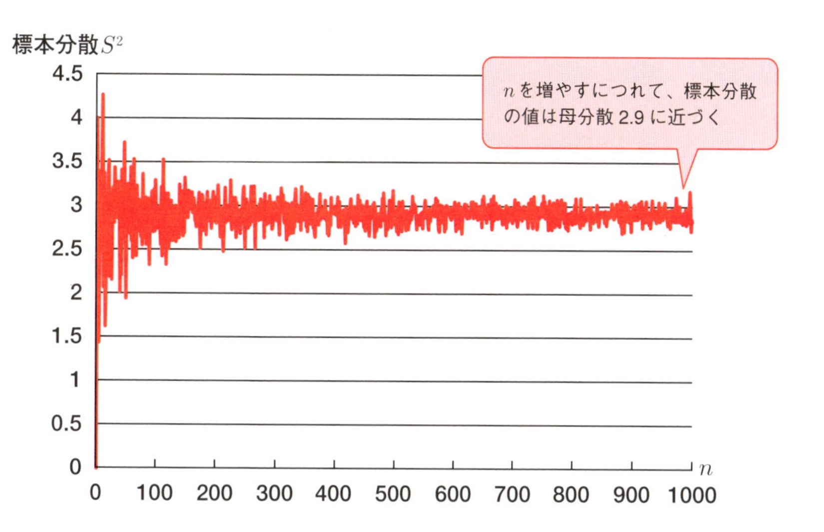

標本分散の一致性は、大数の法則と同様にチェビシェフの不等式を使って証明できますが、本書では省略します。

推定量がもつ不偏性（平均が母数に一致する）と一致性（標本がじゅうぶん大きければ、母数に一致する）の有無をまとめると、次のようになります。

	不偏性	一致性
標本平均	○	○
標本分散	×	○
不偏分散	○	○

4-4 母平均を推定する①
母分散がわかっている場合

この節の概要

- これまでに説明した公式や定理を活用して、母平均を区間推定する手順を説明します。
- ただし、母分散が未知の場合の母平均の推定については、まだ説明していない事項があるため、第５章で扱います。

統計的推定は、標本から得られた標本平均や不偏分散などの推定量をもとに、母集団の平均や分散などを推測する手法です。推定は、一般に母集団についての情報が少ないほど難しくなります。本書では、次の６項目に分けて説明することにしました。

①母平均の推定（母分散がわかっている場合）→ 149 ページ
②母平均の推定（標本が大きい場合）→ 152 ページ
③母比率の推定 → 155 ページ
④母分散の推定（母平均がわかっている場合）→ 166 ページ
⑤母分散の推定（母平均がわからない場合）→ 170 ページ
⑥母平均の推定（母分散がわからない場合）→ 181 ページ

第４章では、このうちの①〜③について取り上げます。④〜⑥については、まだ説明していない道具が必要なので、次章であらためて説明することにしましょう。

この節では、母分散がわかっている場合の母平均の推定について説明します。母分散がわかっているのに母平均がわからないという状況はちょっと考えづらい気もしますが、あらかじめ精度がわかっている計測器械などでは、この方法で実測値から真の値を推定します。

こうした事例は、125 ページの例題ですでに取り上げました。

母分散がわかっている場合の母平均の推定

例題 あるポテトチップスの製造工場では、ポテトチップスを機械で袋詰めにしている。1袋当たりの重さは設定で調整できるが、精度の問題で商品ごとにばらつきが生じ、それらは標準偏差 7g の正規分布になることがわかっている。

できあがった商品から 25 個を無作為に抽出したところ、その標本平均は 105g であった。袋詰めされたポテトチップスの重さの母平均を、95 パーセント信頼区間で推定せよ。

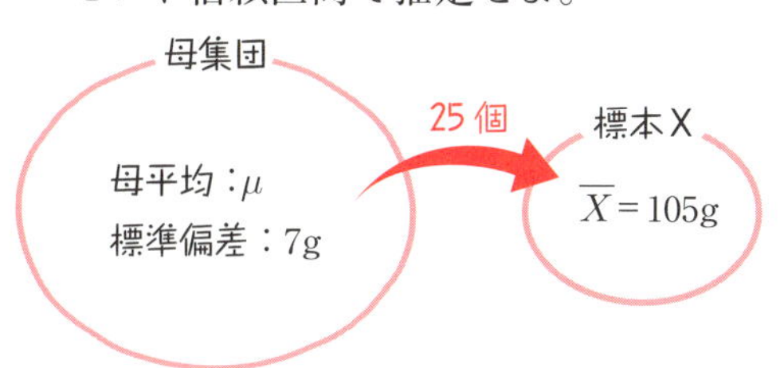

製造されるポテトチップ1袋の重さを母集団とし、その母平均 μ を推定します。問題文より、母集団は正規母集団ですから、標本平均 $\overline{X}$ は平均 μ、分散 $\dfrac{\sigma^2}{n}$ の正規分布にしたがいます。←正規母集団の標本平均の定理（136 ページ）

ここで、標本の大きさ $n = 25$、また母標準偏差 $\sigma = 7$g であることはわかっているので、標本平均 $\overline{X}$ の分布は、次のようになります。

母集団の分布　　　　　　標本平均 $\overline{X}$ の分布

$$N(\mu,\ 7^2) \quad \Rightarrow \quad N\left(\mu,\ \frac{7^2}{25}\right)$$

正規分布にしたがう確率変数は、95%の確率で「平均 ± 標準偏差 × 1.96」の範囲内に収まります。← 120 ページ参照

$\overline{X}$ の分布は平均がμ、標準偏差が $\sqrt{\frac{7^2}{25}} = \frac{7}{5}$ ですから、95%の確率で、次の不等式が成り立ちます。

標準偏差＝√分散

$$\mu - 1.96 \times \frac{7}{5} \leqq \overline{X} \leqq \mu + 1.96 \times \frac{7}{5}$$

観測された標本平均105gも、95%の確率でこの範囲に入るので、μ の範囲は次のようになります。

$$\mu - 1.96 \times \frac{7}{5} \leqq 105 \leqq \mu + 1.96 \times \frac{7}{5}$$

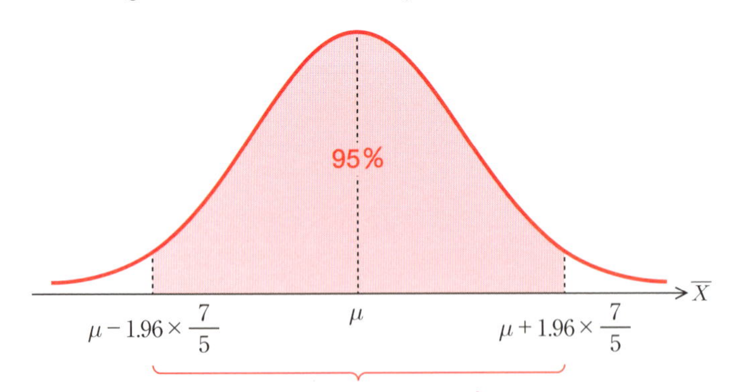

この不等式を解いて、μ の 95 パーセント信頼区間を求めます（125 ページ）。

$$\Rightarrow -1.96 \times \frac{7}{5} \leqq 105 - \mu \leqq 1.96 \times \frac{7}{5}$$

← 3辺 $-\mu$

$$\Rightarrow -105-1.96\times\frac{7}{5}\leqq -\mu\leqq -105+1.96\times\frac{7}{5}$$ ← 3辺－105

$$\Rightarrow 105+1.96\times\frac{7}{5}\geqq \mu\geqq 105-1.96\times\frac{7}{5}$$ ← 3辺×－1

$$\Rightarrow 102.256\leqq \mu\leqq 107.744$$

以上から、母平均μの95パーセント信頼区間は**$102.256\leqq\mu\leqq 107.744$**となります。…答え

例題の解き方を一般化しておきましょう。

母平均の推定（母分散がわかっている場合）の手順

- 母分散σ^2の正規分布にしたがう母集団から、大きさnの標本を抽出し、その平均を$\overline{X}$とする（母分散σ^2は既知（きち）とする）。
- 標本平均$\overline{X}$は正規分布$N\left(\mu, \frac{\sigma^2}{n}\right)$にしたがうので、確率95パーセントで次の不等式が成り立つ。

$$\mu-1.96\times\frac{\sigma}{\sqrt{n}}\leqq\overline{X}\leqq\mu+1.96\times\frac{\sigma}{\sqrt{n}}$$

- したがって、μの95パーセント信頼区間は次のようになる。

$$\overline{X}-\underline{1.96}\times\frac{\sigma}{\sqrt{n}}\leqq\mu\leqq\overline{X}+\underline{1.96}\times\frac{\sigma}{\sqrt{n}}$$

※99パーセント信頼区間を求める場合は、下線部の数値を2.58に置き換えます（121ページ参照）。

練習問題 1 （答えは277ページ）

A市の20歳男性100人を無作為に選んで身長を計測したところ、その平均は170.0cmであった。A市の20歳男性全体の平均身長の95パーセント信頼区間を求めよ。ただし、A市の20歳男性の身長は、母分散6^2の正規分布にしたがうものとする。

4-5 母平均を推定する②
標本が大きい場合（大標本の推定）

この節の概要

▶ 母集団の分布がよくわからなくても、標本がある程度大きければ、中心極限定理を使って母平均を推定できます。これを大標本の推定といいます。

大標本の推定

例題 収穫したリンゴから $n = 100$ 個を無作為に抽出し、その重さを調べたところ、1 個当たりの重さの標本平均 $\overline{X}$ は 300g、標本標準偏差は 50g であった。1 個当たりの重さの母平均を、95 パーセント信頼区間で推定せよ。

標本がじゅうぶんに大きい場合（一般に 30 以上）は、母集団の分布がよくわからなくても、次の定理から母平均を推定できます。

標本平均 $\overline{X}$ は、標本の大きさ n がじゅうぶんに大きければ、平均 μ、分散 $\frac{\sigma^2}{n}$ の正規分布に近似的（きんじてき）にしたがう。

この定理は中心極限定理というのでしたね（140 ページ）。

例題の標本の大きさは $n = 100$ なので、標本はじゅうぶんに大きいと言えます。したがって、標本平均 $\overline{X}$ の分布は平均 μ、分散 $\frac{\sigma^2}{n}$ の正規分布にしたがうと考えられます。

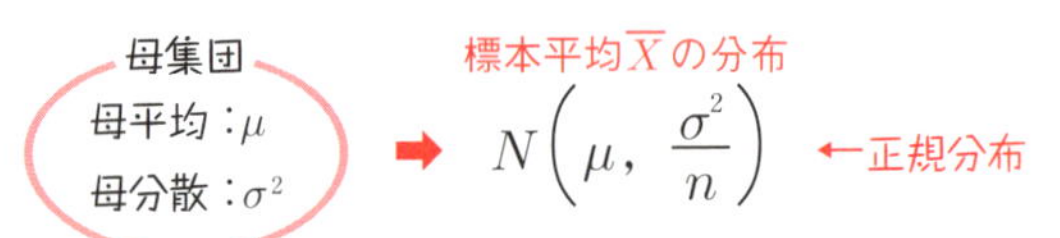

また、母分散σ^2は、nがじゅうぶん大きいことから、標本分散S^2または不偏分散U^2で代用できます。これは、

標本の大きさnがじゅうぶんに大きければ、標本分散、不偏分散はどちらも母分散σ^2に一致する。

という定理にもとづいています(147ページ)。

例題は標本の標準偏差が50gとなっているので、標本平均$\overline{X}$は次の正規分布にしたがうと考えます。

$$N\left(\mu,\ \frac{\sigma^2}{n}\right) \fallingdotseq N\left(\mu,\ \frac{50^2}{100}\right)$$

母分散は標本分散で代用する。

正規分布にしたがう確率変数は、95%の確率で「平均 ± 標準偏差 × 1.96」の範囲内に収まります(120ページ)。

$\overline{X}$の分布は平均がμ、標準偏差が$\sqrt{\dfrac{50^2}{100}} = \dfrac{50}{10} = 5$ですから、次の不等式が成り立ちます。

標準偏差＝$\sqrt{}$分散

$$\mu - 1.96 \times 5 \leqq \overline{X} \leqq \mu + 1.96 \times 5$$

観測された標本平均300gもこの範囲に入ると仮定すると、μの範囲は次のようになります。

$$\mu - 1.96 \times 5 \leqq 300 \leqq \mu + 1.96 \times 5$$

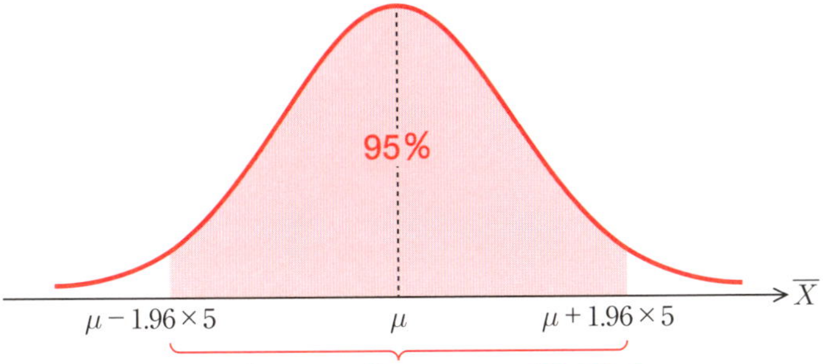

95%

$\overline{X}$

$\mu - 1.96 \times 5$　μ　$\mu + 1.96 \times 5$

95%の確率でこの範囲に300gが含まれる

この不等式を解いて、μ の 95 パーセント信頼区間を求めます。

$$\Rightarrow \quad -1.96\times 5 \leqq 300 - \mu \leqq 1.96\times 5 \quad \leftarrow 3\text{辺}-\mu$$

$$\Rightarrow \quad -300 - 1.96\times 5 \leqq -\mu \leqq -300 + 1.96\times 5 \quad \leftarrow 3\text{辺}-300$$

$$\Rightarrow \quad 300 + 1.96\times 5 \geqq \mu \geqq 300 - 1.96\times 5$$

$$\Rightarrow \quad 290.2 \leqq \mu \leqq 309.8$$

以上から、母平均 μ の 95 パーセント信頼区間は **$290.2 \leqq \mu \leqq 309.8$** となります。…答え

例題の解き方を一般化しておきましょう。

母平均の推定（標本が大きい場合）の手順

- 母集団から大きさ n の標本を抽出し、その平均を $\overline{X}$、分散を S^2 とする（母集団は正規分布でなくてもよい）。
- n がじゅうぶん大きければ（一般に $n \geqq 30$）、標本平均 $\overline{X}$ は正規分布 $N(\mu, \frac{S^2}{n})$ にしたがうと考えてよいので、確率 95 パーセントで次の不等式が成り立つ。

$$\mu - 1.96\times\frac{S}{\sqrt{n}} \leqq \overline{X} \leqq \mu + 1.96\times\frac{S}{\sqrt{n}}$$

- したがって、μ の 95 パーセント信頼区間は次のようになる。

$$\overline{X} - 1.96\times\frac{S}{\sqrt{n}} \leqq \mu \leqq \overline{X} + 1.96\times\frac{S}{\sqrt{n}}$$

練習問題 2 （答えは 278 ページ）

ある洋菓子店では、手作りでクッキーを焼いて販売している。できあがった大量のクッキーから 50 枚を取り出して重さを調べたところ、1 枚の重さの平均は 15g、標本標準偏差は 2g であった。1 枚当たりの重さの母平均を 95 パーセント信頼区間で推定せよ。

4-6 母比率を推定する

視聴率や内閣支持率の推定

この節の概要

▶ 母集団の中である事象が起こる割合（母比率）を、標本の中でその事象が起こる割合（標本比率）から推定する方法を説明します。

母比率の推定

例題　無作為に選んだ 10,000 人を対象にラジオ番組の聴取率調査をしたところ、ある番組を聴いた人は 3,000 人だった。この番組の全国聴取率を 95 パーセント信頼区間で推定せよ。

10,000 人中 3,000 人がラジオ番組を聴いたので、調査した人（←標本）の中で番組を聴いた人の割合は、

$$\frac{3000}{10000} \times 100 = 30\%$$

になります。この値は標本から求めた比率なので、**標本比率**といいます。

ここで知りたいのは、日本全国の人（←母集団）の中で番組を聴いた人の割合です。この比率を**母比率**といいます。

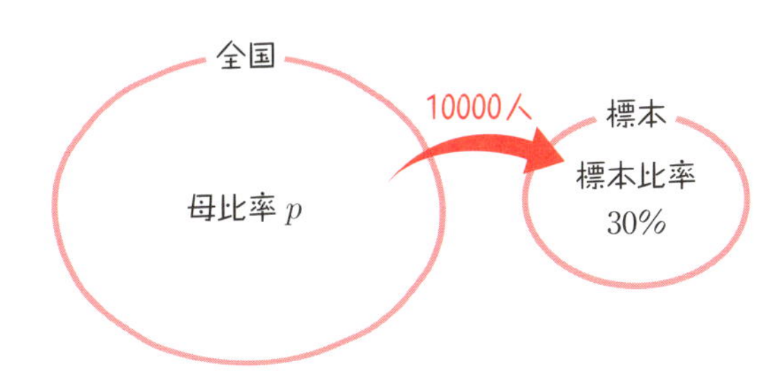

この母比率を p とすると、母集団の中から１人を選んだとき、その人

が番組を聴いた確率はp、番組を聴いていない確率は$1-p$になります。

では、母集団から3人を選んだとき、そのうち2人が番組を聴いた確率は、どのように求めればよいでしょうか。

3人をX_1, X_2, X_3とすると、3人のうち2人が番組を聴いた場合の数は、

① X_1とX_2が番組を聴き、X_3が聴いていなかった
② X_1とX_3が番組を聴き、X_2が聴いていなかった
③ X_2とX_3が番組を聴き、X_1が聴いていなかった

ですから、${}_3C_2=3$通りです。また、それぞれの確率は、

$$p \times p \times (1-p) = p^2(1-p)$$

2人が聴いた
1人が聴いていなかった

となります。①～③は互いに排反なので、3人のうち2人が番組を聴いた確率は、次のように求められます。

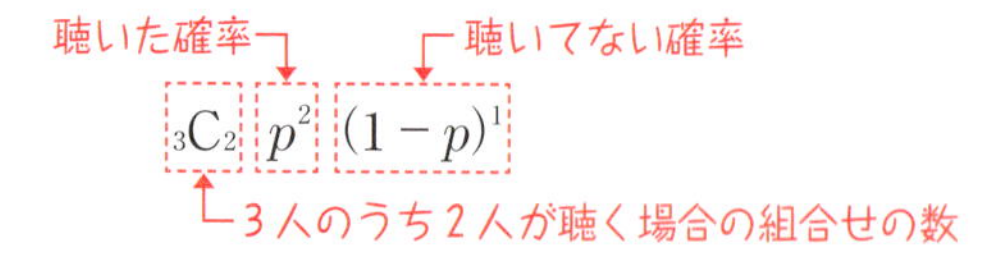

以上を一般化すると、母集団からn人選んだとき、そのうちk人が番組を聴いた確率は、

番組を聴いた人の数を確率変数Xとする

$$P(X=k) = {}_nC_k\, p^k (1-p)^{n-k}$$

n人のうちk人が聴いた場合の組合せの数

となります。この式に見覚えがありませんか？　そう、**二項分布**（75

ページ）ですね。番組を聴いた人の数を確率変数 X とすると、X は標本の大きさ n（＝10,000 人）、母比率 p の二項分布 $B(n, p)$ にしたがいます。二項分布の平均と分散は、それぞれ

$$E(X) = np,\ V(X) = np(1-p)$$

となります（76 ページ）。

さらに、二項分布 $B(n, p)$ は、n がじゅうぶんに大きいときは、正規分布 $N(np, np(1-p))$ に近似します（117 ページ）。したがって、X は 95％の確率で、次の範囲内に収まります。

$$np - 1.96\sqrt{np(1-p)} \leqq X \leqq np + 1.96\sqrt{np(1-p)} \quad \cdots ①$$

標本比率を r とすると、r ＝番組を聴いた人の数÷調査した人の数なので、

$$r = \frac{X}{n}$$

です。そこで、式①の 3 辺を n で割ると、

$$\frac{np - 1.96\sqrt{np(1-p)}}{n} \leqq \frac{X}{n} \leqq \frac{np + 1.96\sqrt{np(1-p)}}{n}$$

$$\Rightarrow\ p - 1.96\frac{\sqrt{np(1-p)}}{n} \leqq r \leqq p + 1.96\frac{\sqrt{np(1-p)}}{n}$$

$$\Rightarrow\ -r - 1.96\frac{\sqrt{np(1-p)}}{n} \leqq -p \leqq -r + 1.96\frac{\sqrt{np(1-p)}}{n}$$ ←3辺から p と r を引く

$$\Rightarrow\ r + 1.96\frac{\sqrt{np(1-p)}}{n} \geqq p \geqq r - 1.96\frac{\sqrt{np(1-p)}}{n}$$ ←3辺×－1

$$\Rightarrow\ r + 1.96\underbrace{\sqrt{\frac{p(1-p)}{n}}}_{ア} \geqq p \geqq r - 1.96\underbrace{\sqrt{\frac{p(1-p)}{n}}}_{イ}$$

この式を満たす p が、母比率の 95 パーセント信頼区間となります。

ここで、r には標本比率 30％（0.3）を代入します。また、項アと項イ

に含まれる母比率pは未知数ですが、nがじゅうぶんに大きいので標本比率rで代用します。すると、

$$0.3 + 1.96\sqrt{\frac{0.3\times(1-0.3)}{10000}} \geqq p \geqq 0.3 - 1.96\sqrt{\frac{0.3\times(1-0.3)}{10000}}$$

$$\Rightarrow \quad 0.309 \geqq p \geqq 0.291$$

よって、このラジオ番組の全国聴取率は、95パーセント信頼区間で**$0.291 \leqq p \leqq 0.309$**となります。…答え

例題の解き方を一般化しておきましょう。

母比率の推定の手順

- 事象Aの母比率がpである母集団から、大きさnの標本を抽出したとき、そのうちX個が事象Aである確率は、二項分布$B(n, p)$にしたがう。
- nがじゅうぶん大きければ、二項分布$B(n, p)$は正規分布$N(np, np(1-p))$に近似するので、確率95%で次の不等式が成り立つ。

$$np - 1.96\sqrt{np(1-p)} \leqq X \leqq np + 1.96\sqrt{np(1-p)}$$

- 標本比率$r = \frac{X}{n}$とする。nがじゅうぶん大きければpはrで代用できるので、母比率pの95パーセント信頼区間は次のようになる。

$$r - 1.96\sqrt{\frac{r(1-r)}{n}} \leqq p \leqq r + 1.96\sqrt{\frac{r(1-r)}{n}}$$

練習問題3 （答えは278ページ）

全国から無作為に選んだ400人を対象に現内閣を支持するかをたずねたところ、「支持する」と回答した人は40%だった。内閣支持率を95パーセント信頼区間で推定せよ。

第5章

部分から全体を推定する（発展編）

5-1　正規分布から派生した分布①
カイ2乗分布

5-2　母分散を推定する①
母平均がわかっている場合

5-3　母分散を推定する②
母平均がわからない場合

5-4　正規分布から派生した分布②
t 分布

5-5　母平均を推定する③
母分散がわからない場合

5-1 正規分布から派生した分布①
カイ２乗分布

この節の概要

- 第４章では、正規分布にもとづいて推定を行う手順を説明してきました。第５章では、正規分布から派生したカイ２乗分布や t 分布を利用した推定を説明します。
- カイ２乗分布は、母分散の推定を行うときに利用する分布です。

カイ２乗分布の登場

標準正規分布 $N(0,\ 1^2)$ にしたがう母集団から、データを無作為に3個選び、それぞれを２乗した和を求めます。たとえば－1, 2, 0.5だったとすれば、

$$X = (-1)^2 + 2^2 + 0.5^2 = 5.25$$

となります。3個のデータは抽出するたびに異なる値になるので、X の値もそのつど変わります。これを何度も繰り返すと、X の分布は次のようなグラフになります（図は、コンピュータによるシミュレーションで X を1,000回求めたもの）。

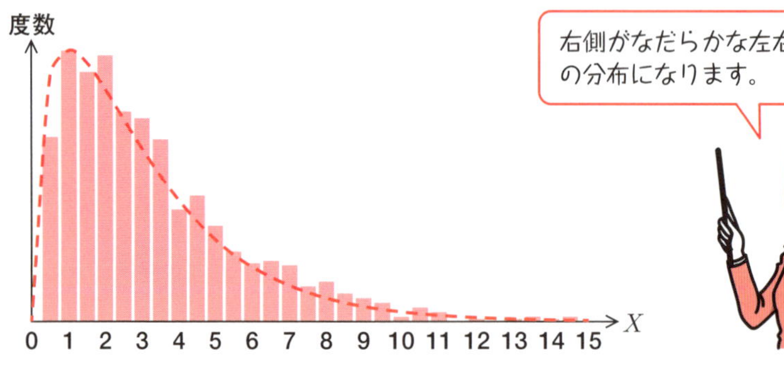

このXの分布を、自由度3の**カイ2乗分布**といいます。「カイ」とは、ギリシャ文字のχのことで、カイ2乗はχ^2とも書きます。

カイ2乗分布は自由度で形が変わる

先ほどのカイ2乗分布では、3個のデータからXを求めました。3個のデータは互いに独立しており、自由に値を決めてよいので**自由度3**といいます。

自由度は1以上の整数です。たとえば自由度4のカイ2乗分布は、データ4個の2乗の和の分布になります。自由度nを変えると、カイ2乗分布の形も次のように変わります。

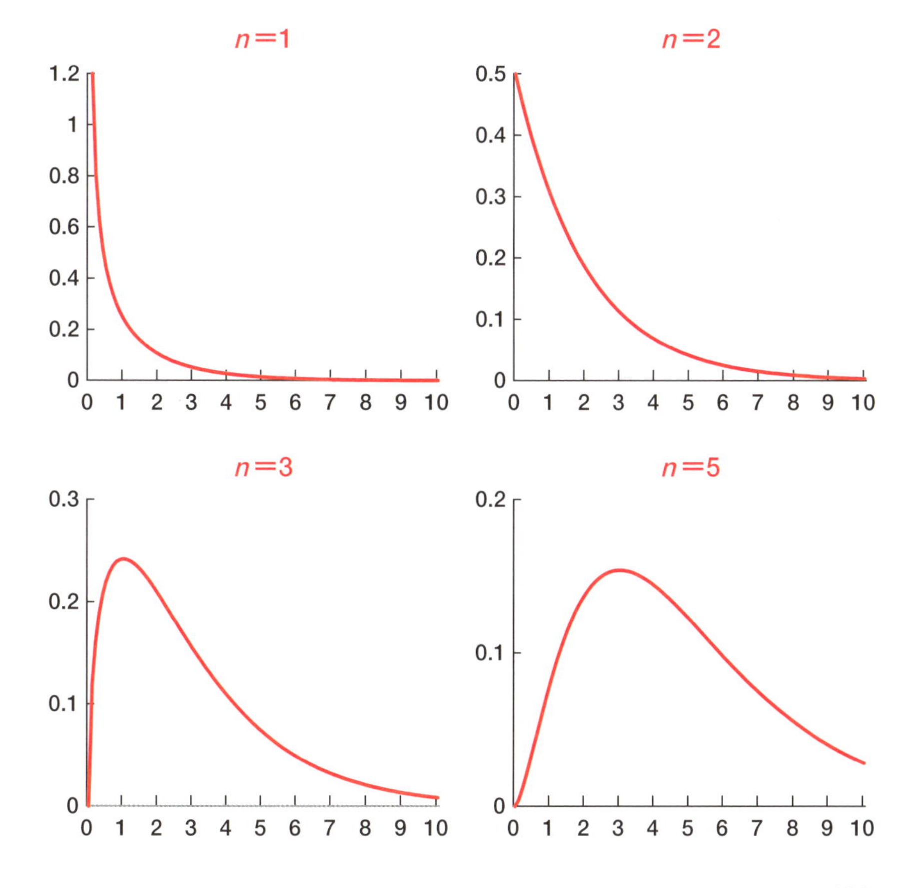

カイ2乗分布の一般的な特徴は次のとおりです。

① X は0以上の数で、自由度 n が小さいときは0近くに山の頂点がある

X はデータの2乗の和なので、負の数になることはありません。また、データは標準正規分布から抽出されるので、平均値である0近辺の値が抽出される確率が高くなります。

②自由度 n が大きくなるにつれて、山の頂点が右に移動する

データの個数が増えると、0から離れたデータも増えるので、X が大きな値になることも多くなります。そのため山はよりなだらかになり、左右対称に近づきます。

このように、カイ2乗分布は標準正規分布をもとにした分布ですが、正規分布とはまったく異なる分布になります。

カイ2乗分布

標準正規分布 $N(0, 1^2)$ にしたがう母集団から n 個のデータ $(Z_1, Z_2, \cdots, Z_n)$ を無作為に抽出し、

$$X = Z_1^2 + Z_1^2 + \cdots + Z_n^2$$

を求めることを繰り返すとき、X の分布を**自由度 n のカイ2乗分布**という。

カイ2乗分布するデータの95パーセントが収まる範囲

正規分布にしたがうデータは、「平均 ± 標準偏差 ×1.96」の範囲内にデータの95パーセントが収まります。カイ2乗分布にしたがうデータの場合はどうでしょうか？

カイ2乗分布にしたがう確率変数 X が $a \leqq X \leqq b$ の値をとる確率 $P(a \leqq X \leqq b)$ は、次のような図の色網部分の面積になります。

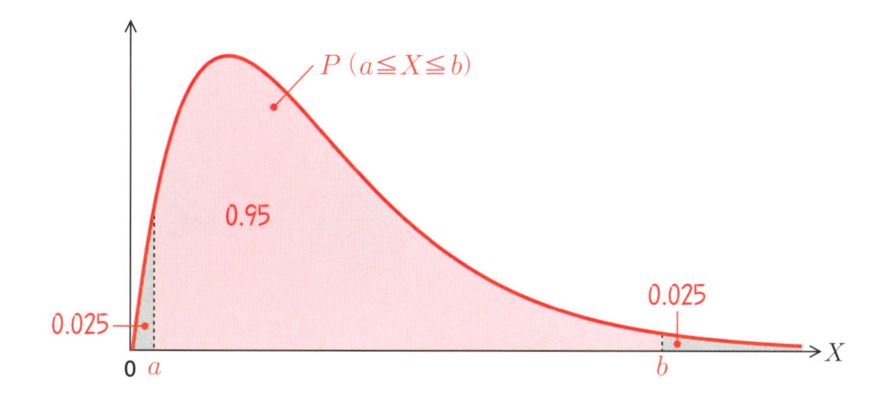

上図の色網部分の面積が 0.95 になるような値 a, b を求めましょう。色網部分の面積が 0.95 なので、上側確率と下側確率はそれぞれ

$$(1 - 0.95) \div 2 = 0.025$$

となります。したがって、値 a は下側確率が 2.5%になるパーセント点、値 b は下側確率が 97.5%になるパーセント点です。

└ 下側確率＝１－上側確率より、１－0.025＝0.975

これらのパーセント点をいちいち計算するのはたいへんなので、ここでは計算済みの値をまとめた表を使います（164 ページ）。たとえば、自由度 10、下側確率 2.5%のパーセント点は「3.25」、自由度 10、下側確率 97.5%のパーセント点は「20.48」です。

a の下側確率（0.025）　b の下側確率（0.975）

n \ p	0.005	0.025	0.05	0.95	0.975	0.995
1	0.00	0.00	0.00	3.84	5.02	7.88
2	0.01	0.05	0.10	5.99	7.38	10.60
3	0.07	0.22	0.35	7.81	9.35	12.84
4	0.21	0.48	0.71	9.49	11.14	14.86
5	0.41	0.83	1.15	11.07	12.83	16.75
6	0.68	1.24	1.64	12.59	14.45	18.55
7	0.99	1.69	2.17	14.07	16.01	20.28
8	1.34	2.18	2.73	15.51	17.53	21.95
9	1.73	2.70	3.33	16.92	19.02	23.59
自由度→ 10	[illegible]	3.25	[illegible]	[illegible]	20.48	25.19

以上から、自由度10のカイ2乗分布にしたがう確率変数Xは、

$$3.25 \leqq X \leqq 20.48$$

の範囲に全体の95%が収まることがわかります。

◆カイ2乗分布の下側パーセント点

表中の値は、右図の色網部分の面積がpとなる$100p$パーセント点を表したものです。

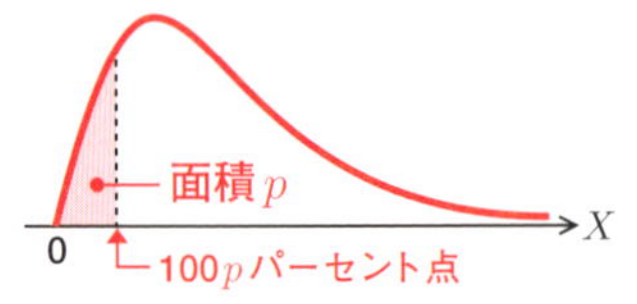

n \ p	0.005	0.025	0.05	0.95	0.975	0.995
1	0.00	0.00	0.00	3.84	5.02	7.88
2	0.01	0.05	0.10	5.99	7.38	10.60
3	0.07	0.22	0.35	7.81	9.35	12.84
4	0.21	0.48	0.71	9.49	11.14	14.86
5	0.41	0.83	1.15	11.07	12.83	16.75
6	0.68	1.24	1.64	12.59	14.45	18.55
7	0.99	1.69	2.17	14.07	16.01	20.28
8	1.34	2.18	2.73	15.51	17.53	21.95
9	1.73	2.70	3.33	16.92	19.02	23.59
10	2.16	3.25	3.94	18.31	20.48	25.19
11	2.60	3.82	4.57	19.68	21.92	26.76
12	3.07	4.40	5.23	21.03	23.34	28.30
13	3.57	5.01	5.89	22.36	24.74	29.82
14	4.07	5.63	6.57	23.68	26.12	31.32
15	4.60	6.26	7.26	25.00	27.49	32.80
16	5.14	6.91	7.96	26.30	28.85	34.27
17	5.70	7.56	8.67	27.59	30.19	35.72
18	6.26	8.23	9.39	28.87	31.53	37.16
19	6.84	8.91	10.12	30.14	32.85	38.58
20	7.43	9.59	10.85	31.41	34.17	40.00
30	13.79	16.79	18.49	43.77	46.98	53.67
50	27.99	32.36	34.76	67.50	71.42	79.49
100	67.33	74.22	77.93	124.34	129.56	140.17

なお、表計算ソフト Excel には、カイ 2 乗分布のパーセント点を求める次のような関数が用意されています。

関数	機能
CHISQ.INV（確率 p，自由度）	指定した自由度のカイ 2 乗分布にしたがう確率変数の下側 100p パーセント点を求める。
CHISQ.INV.RT（確率 p，自由度）	指定した自由度のカイ 2 乗分布にしたがう確率変数の上側 100p パーセント点を求める。
CHISQ.DIST（確率変数，自由度，関数形式）	指定した自由度のカイ 2 乗分布にしたがう確率変数の下側確率を求める（関数形式には TRUE を指定）。
CHISQ.DIST.RT（確率変数，自由度）	指定した自由度のカイ 2 乗分布にしたがう確率変数の上側確率を求める。

※Excel2007 以前のバージョンでは、CHISQ.INV の代わりにCHIINV 関数、CHISQ.DIST.RT 代わりに CHIDIST 関数を使います。
（CHISQ.INV.RT、CHISQ.DISTに当たる関数はExcel2007以前には用意されていません。）

例：自由度 4、下側確率 50%のパーセント点

=CHISQ.INV（0.5，4）

確率　自由度

	A	B
1	自由度	4
2	下側確率	0.5
3		
4	パーセント点	3.356694

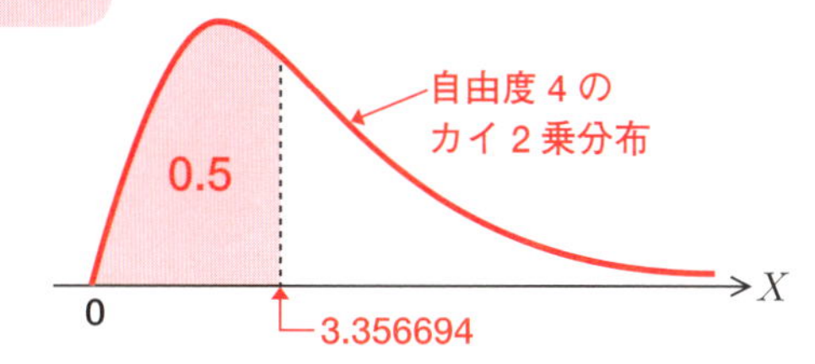

練習問題 1　（答えは 279 ページ）

自由度 10 のカイ 2 乗分布にしたがう確率変数 X の 99%が収まる範囲を、前ページの表から求めよ。

5-2 母分散を推定する①
母平均がわかっている場合

この節の概要

▶ カイ２乗分布は、標本から母分散を推定するのに利用できます。ここでは、母平均 μ がわかっている場合に母分散 σ^2 を推定する方法を説明します。

カイ２乗分布する統計量をつくる

例題　あるドーナツ工場で製造しているドーナツの重さは、１個当たり平均80gの正規分布にしたがう。できあがったドーナツから無作為に５個を抽出して重さを計測したところ、

78g，82g，85g，76g，81g

であった。ドーナツの重さの母分散を、95パーセント信頼区間で推定せよ。

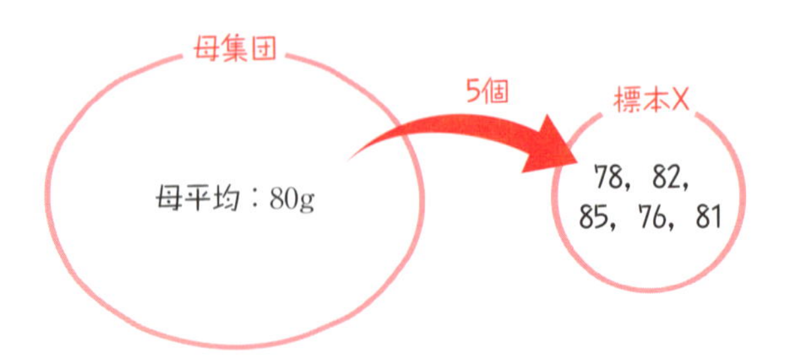

母平均 μ、母分散 σ^2 の正規分布 $N(\mu,\ \sigma^2)$ にしたがう母集団から、n 個の標本を抽出し、X_1，X_2，…，X_n とします。

正規分布 $N(\mu,\ \sigma^2)$ にしたがう確率変数 X に対し、

$$Z = \frac{X - \mu}{\sigma}$$

とすると、確率変数 Z は標準正規分布 $N(0,\ 1^2)$ にしたがいます（93ページ）。したがって、

$$Z_1 = \frac{X_1 - \mu}{\sigma},\ Z_2 = \frac{X_2 - \mu}{\sigma},\ \cdots,\ Z_n = \frac{X_n - \mu}{\sigma}$$

は、それぞれ標準正規分布 $N(0,\ 1^2)$ にしたがいます。

ここで、次のような統計量 V を考えてみましょう。

$$V = Z_1^2 + Z_2^2 + \cdots + Z_n^2$$

この統計量 V は、標準正規分布にしたがう n 個の確率変数の２乗和ですから、自由度 n のカイ２乗分布にしたがうはずです（162ページ）。$Z_1,\ Z_2,\ \cdots,\ Z_n$ に式を当てはめると、次のようになります。

$$V = \left(\frac{X_1 - \mu}{\sigma}\right)^2 + \left(\frac{X_2 - \mu}{\sigma}\right)^2 + \cdots + \left(\frac{X_n - \mu}{\sigma}\right)^2$$
$$= \frac{(X_1 - \mu)^2 + (X_2 - \mu)^2 + \cdots + (X_n - \mu)^2}{\sigma^2} \quad \cdots ①$$

式①に、例題の数値 $X_1,\ X_2,\ \cdots,\ X_5$ の値と、母平均 $\mu = 80$ を代入してみましょう。

$$V = \frac{(78 - 80)^2 + (82 - 80)^2 + (85 - 80)^2 + (76 - 80)^2 + (81 - 80)^2}{\sigma^2}$$
$$= \frac{(-2)^2 + 2^2 + 5^2 + (-4)^2 + 1^2}{\sigma^2} = \frac{4 + 4 + 25 + 16 + 1}{\sigma^2}$$
$$= \frac{50}{\sigma^2}$$

標本の大きさ $n = 5$ なので、この統計量 V は自由度５のカイ２乗分布にしたがいます。

164ページの表から、自由度５のカイ２乗分布の2.5パーセント点と97.5パーセント点を求めましょう。

n \ p	0.005	0.025	0.05	0.95	0.975	0.995
1	0.00	[illegible]	0.00	3.84	[illegible]	7.88
2	0.01	[illegible]	0.10	5.99	[illegible]	10.60
3	0.07	[illegible]	0.35	7.81	[illegible]	12.84
4	0.21	[illegible]	0.71	9.49	[illegible]	14.86
5	[illegible]	0.83	[illegible]	[illegible]	12.83	16.75

表から、2.5パーセント点と97.5パーセント点はそれぞれ「0.83」と「12.83」になります。したがって $\dfrac{50}{\sigma^2}$ は、95%の確率で0.83以上12.83以下の値になるはずです。

$$0.83 \leqq \frac{50}{\sigma^2} \leqq 12.83$$

この不等式を解いて、母分散 σ^2 の95パーセント信頼区間を求めます。

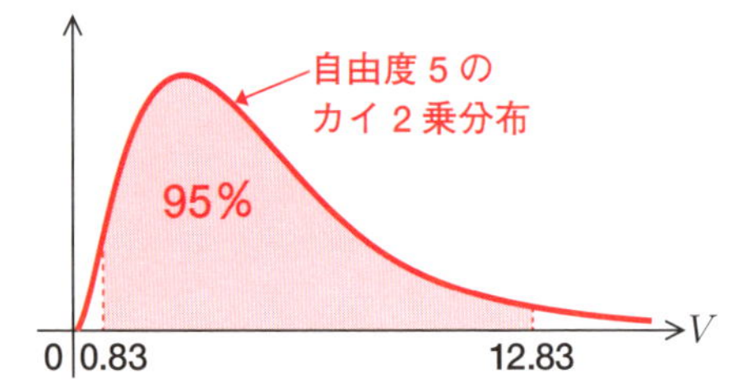

$$\Rightarrow 0.83\sigma^2 \leqq 50 \leqq 12.83\sigma^2$$ ←3辺に σ^2 を掛ける

$$\Rightarrow \sigma^2 \leqq \frac{50}{0.83} \fallingdotseq 60.24,\quad \sigma^2 \geqq \frac{50}{12.83} \fallingdotseq 3.90$$ ←左右の不等式をそれぞれ計算

$$\Rightarrow \qquad 3.90 \leqq \sigma^2 \leqq 60.24 \quad \cdots②$$

以上から、母分散 σ^2 の95パーセント信頼区間は「**$3.90 \leqq \sigma^2 \leqq 60.24$**」となります。…答え

なお、式②の3辺の平方根を求めれば、標準偏差の95パーセント信頼区間を求めることができます。

$$\sqrt{3.90} \leqq \sigma \leqq \sqrt{60.24} \quad \Rightarrow \quad 1.97 \leqq \sigma \leqq 7.76$$ ←標準偏差の95パーセント信頼区間

例題の解き方を一般化しておきましょう。

母分散の推定（母平均がわかっている場合）の手順

- 母平均 μ の正規分布にしたがう母集団から、大きさ n の標本を抽出する（母平均 μ は既知（きち）とする）。
- 標本から統計量 V を求める。

$$V=\frac{(X_1-\mu)^2+(X_2-\mu)^2+\cdots+(X_n-\mu)^2}{\sigma^2}$$

- この統計量 V は、自由度 n のカイ2乗分布にしたがうので、確率95％で次の不等式が成り立つ。

$$a \leqq \frac{(X_1-\mu)^2+(X_2-\mu)^2+\cdots+(X_n-\mu)^2}{\sigma^2} \leqq b$$

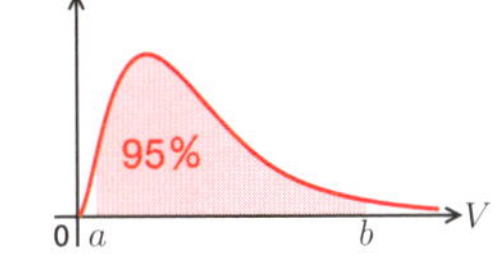

※ ただし、a, b は、自由度 n のカイ2乗分布の2.5パーセント点と97.5パーセント点

- したがって、母分散 σ^2 の95パーセント信頼区間は次のようになる。

$$\frac{(X_1-\mu)^2+\cdots+(X_n-\mu)^2}{b} \leqq \sigma^2 \leqq \frac{(X_1-\mu)^2+\cdots+(X_n-\mu)^2}{a}$$

練習問題2 （答えは279ページ）

あるパン工場で製造しているアンパンの重さは、1個当たり平均95gの正規分布にしたがう。できあがったアンパンから無作為に7個を抽出して重さを計測したところ、

98g，99g，93g，94g，92g，96g，95g

であった。アンパンの重さの母標準偏差を、95パーセント信頼区間で推定せよ。

5-3 母分散を推定する②
母平均がわからない場合

この節の概要

▶ 母平均 μ がわからない場合は、母平均の代わりに標本平均を使ってカイ２乗分布にしたがう統計量をつくります。このとき、カイ２乗分布の自由度が１つ減るのがポイントです。

母分散の代わりに標本平均を使う

例題　ある高校の男子5人を無作為に選んで身長を計測したところ、

174cm，167cm，169cm，175cm，160cm

であった。この高校の男子生徒の身長が正規分布にしたがうとき、その母分散を 95 パーセント信頼区間で推定せよ。

前節では、次のような統計量 V を使って母分散 σ^2 を推定しました（167 ページ）。

$$V = \frac{(X_1 - \mu)^2 + (X_2 - \mu)^2 + \cdots + (X_n - \mu)^2}{\sigma^2}$$

この統計量 V は、自由度 n のカイ２乗分布にしたがいます。

しかし、例題では母平均 μ がわからないので、V を計算することができません。そこで、母平均 μ を標本平均 $\overline{X}$ で代用した統計量 W を考えます。

$$W = \frac{(X_1 - \overline{X})^2 + (X_2 - \overline{X})^2 + \cdots + (X_n - \overline{X})^2}{\sigma^2}$$

この統計量 W は、自由度 $n-1$ のカイ２乗分布にしたがいます。どうしてそうなるかについては後ほど説明するので、ここではとりあえず

「μ を $\overline{X}$ に替えると、自由度が1減る」と考えてください。

例題のデータから、標本平均 $\overline{X}$ は次のように求められます。

$$\overline{X} = \frac{174 + 167 + 169 + 175 + 160}{5} = 169$$

したがって、統計量 W は次のようになります。

$$W = \frac{(174-169)^2 + (167-169)^2 + (169-169)^2 + (175-169)^2 + (160-169)^2}{\sigma^2}$$

$$= \frac{5^2 + (-2)^2 + 0^2 + 6^2 + (-9)^2}{\sigma^2}$$

$$= \frac{146}{\sigma^2}$$

この値は、自由度 n（5）$-1=4$ のカイ2乗分布にしたがいます。164ページの表より、自由度4のカイ2乗分布の2.5パーセント点と97.5パーセント点はそれぞれ0.48と11.14なので、95％の確率で次の不等式が成り立ちます。

$$0.48 \leqq \frac{146}{\sigma^2} \leqq 11.14$$

この不等式を解いて、母分散 σ^2 の95パーセント信頼区間を求めます。

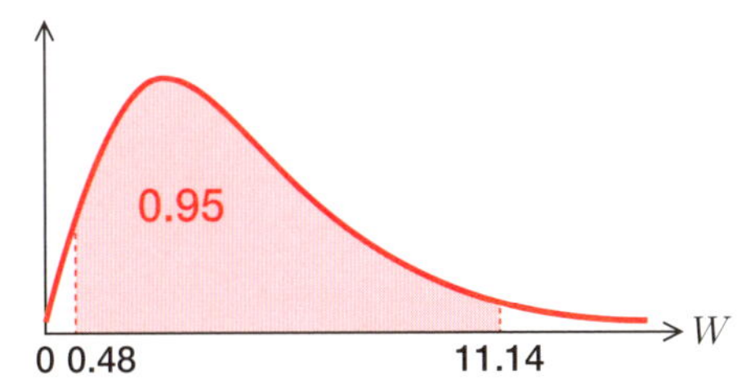

$$\Rightarrow \quad 0.48\sigma^2 \leqq 146 \leqq 11.14\sigma^2$$

$$\Rightarrow \quad \sigma^2 \leqq \frac{146}{0.48} \fallingdotseq 304.17, \quad \sigma^2 \geqq \frac{146}{11.14} \fallingdotseq 13.11$$

$$\Rightarrow \quad 13.11 \leqq \sigma^2 \leqq 304.17$$

以上から、母分散 σ^2 の95パーセント信頼区間は、「**$13.11 \leqq \sigma^2 \leqq 304.17$**」となります。…答え

例題の解き方を一般化しておきましょう。

母分散の推定（母平均がわからない場合）の手順

- 正規分布にしたがう母集団から、大きさ n の標本を抽出する。
- 標本から標本平均 $\overline{X}$ を計算し、統計量 W を求める。

$$W = \frac{(X_1 - \overline{X})^2 + (X_2 - \overline{X})^2 + \cdots + (X_n - \overline{X})^2}{\sigma^2}$$

- この統計量 W は、自由度 $n-1$ のカイ2乗分布にしたがうので、確率95%で次の不等式が成り立つ。

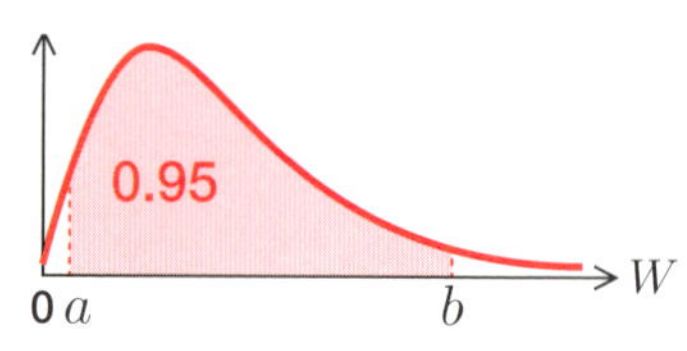

$$a \leqq \frac{(X_1 - \overline{X})^2 + (X_2 - \overline{X})^2 + \cdots + (X_n - \overline{X})^2}{\sigma^2} \leqq b$$

※ ただし、a, b は、自由度 $n-1$ のカイ2乗分布の2.5パーセント点と97.5パーセント点

- したがって、σ^2 の95パーセント信頼区間は次のようになる。

$$\frac{(X_1 - \overline{X})^2 + \cdots + (X_n - \overline{X})^2}{b} \leqq \sigma^2 \leqq \frac{(X_1 - \overline{X})^2 + \cdots + (X_n - \overline{X})^2}{a}$$

なぜ自由度が1減るのか

前節で説明した統計量 V は、自由度 n のカイ2乗分布にしたがいます。

$$V = \frac{(X_1 - \mu)^2 + (X_2 - \mu)^2 + \cdots + (X_n - \mu)^2}{\sigma^2}$$

これに対し、μ を $\overline{X}$ に置き換えた統計量 W は、自由度 $n-1$ のカイ2乗分布にしたがいます。

$$W = \frac{(X_1 - \overline{X})^2 + (X_2 - \overline{X})^2 + \cdots + (X_n - \overline{X})^2}{\sigma^2}$$

なぜ自由度が1減るのか、厳密な証明ではありませんが、ここで簡単に説明しておきましょう。

証明

標本分散 S^2 は、

$$S^2 = \frac{(X_1-\overline{X})^2+(X_2-\overline{X})^2+\cdots+(X_n-\overline{X})^2}{n}$$

ですから、両辺に n を掛けると

$$\Rightarrow \quad nS^2 = (X_1-\overline{X})^2+(X_2-\overline{X})^2+\cdots+(X_n-\overline{X})^2$$

です。この式を統計量 W に代入すると、

$$W = \frac{nS^2}{\sigma^2} \quad \cdots①$$

となります。

一方、144ページの式②では、標本分散 S^2 を次のように変形しました。

$$S^2 = \frac{(X_1-\mu)^2+(X_2-\mu)^2+\cdots+(X_n-\mu)^2}{n} - (\overline{X}-\mu)^2$$

この式の両辺に n を掛けると、

$$\Rightarrow \quad nS^2 = (X_1-\mu)^2+(X_2-\mu)^2+\cdots+(X_n-\mu)^2 - n(\overline{X}-\mu)^2$$

$$\Rightarrow \quad (X_1-\mu)^2+(X_2-\mu)^2+\cdots+(X_n-\mu)^2 = nS^2 + n(\overline{X}-\mu)^2$$

となります。これを統計量 V に代入すると、

$$V = \frac{nS^2+n(\overline{X}-\mu)^2}{\sigma^2} = \underbrace{\frac{nS^2}{\sigma^2}}_{W} + \frac{n(\overline{X}-\mu)^2}{\sigma^2}$$

$$= W + \frac{(\overline{X}-\mu)^2}{\frac{\sigma^2}{n}}$$

$$= W + \left(\frac{\overline{X}-\mu}{\frac{\sigma}{\sqrt{n}}}\right)^2 \quad \cdots②$$

ここで、$\overline{X}$ は平均 μ、分散 $\frac{\sigma^2}{n}$ の正規分布にしたがうので、

$\dfrac{\overline{X}-\mu}{\dfrac{\sigma}{\sqrt{n}}}$ は、平均 0、分散 1^2 の標準正規分布にしたがいます。

よって、$\left(\dfrac{\overline{X}-\mu}{\dfrac{\sigma}{\sqrt{n}}}\right)^2$ は自由度 1 のカイ 2 乗分布にしたがいます。

一方、統計量 V は自由度 n のカイ 2 乗分布にしたがうので、式②

$$\underset{\text{自由度 } n}{V} = W + \underset{\text{自由度 } 1}{\left(\dfrac{\overline{X}-\mu}{\dfrac{\sigma}{\sqrt{n}}}\right)^2}$$

の左辺と右辺の自由度が等しくなるためには、統計量 W の自由度は $n-1$ でなければなりません。

練習問題 3

（答えは 279 ページ）

ある高校の女子生徒 10 人を無作為に選んで身長を計測したところ、標本分散は 20 であった。この高校の女子生徒の身長が正規分布にしたがうとき、その母標準偏差を 95 パーセント信頼区間で推定せよ。

コラム 自由度について

自由度とは、自由に値をとることができる互いに独立したデータの個数です。統計量 V では、X_1, X_2, …, X_n は互いに独立しており、それぞれ自由に値をとってよいので、自由度は n になります。

一方、統計量 W は、式の中に標本平均 $\overline{X}$ を含んでいるため、各データが自由に値をとることができません。

たとえば標本の大きさ $n=3$ のときは、X_1, X_2, X_3 のデータのうち 2 個の値を自由に選ぶと、残り 1 つの値は $\overline{X}$ の値から自動的に決まってしまいます。このため、自由度は 1 つ減って 2 となります。

5-4 正規分布から派生した分布②
t 分布

この節の概要

▶ この節では、標準正規分布によく似た t 分布について説明します。t 分布は、母分散がわからない場合の母平均の推定など、広く応用されている重要な分布です。

標準正規分布を t 分布で代用する

母集団が正規分布 $N(\mu,\ \sigma^2)$ にしたがうとき、標本平均 $\overline{X}$ は平均 μ、分散 $\dfrac{\sigma^2}{n}$ の正規分布にしたがいます（136ページ）。また、この $\overline{X}$ を標準化した

$$Z=\frac{\overline{X}-\mu}{\sqrt{\dfrac{\sigma^2}{n}}} \quad \cdots①$$

は、標準正規分布 $N(0,\ 1^2)$ にしたがいます。

ここで、上の式①の母分散 σ^2 を、不偏分散 U^2 に置き換えた統計量 T を考えてみましょう。

$$T=\frac{\overline{X}-\mu}{\sqrt{\dfrac{U^2}{n}}} \quad \cdots②$$

この T は、一見 Z によく似ていますが、標準正規分布にはしたがいません。**t 分布**という、正規分布に似た別の分布にしたがうことが知られています。

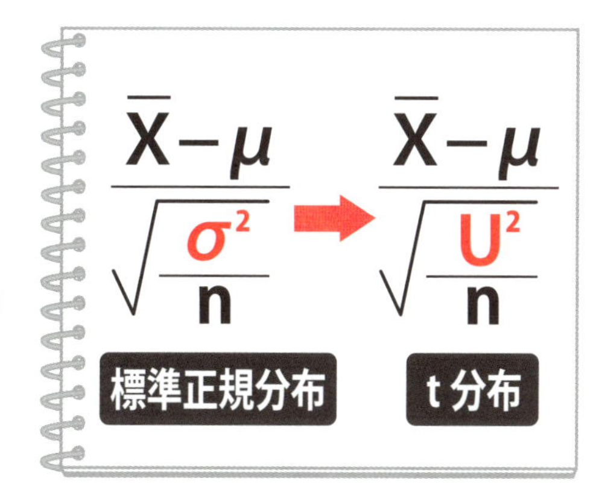

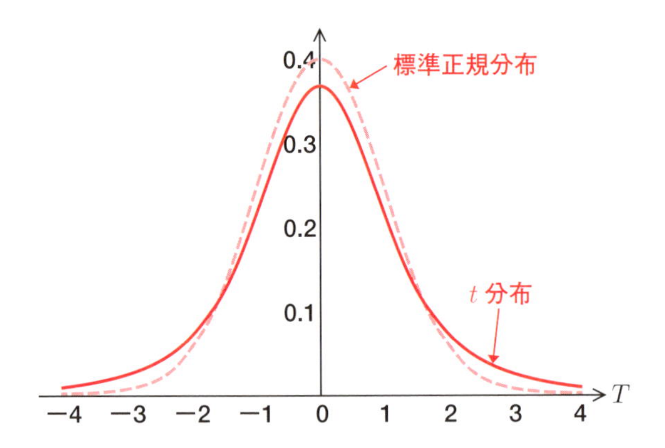

t 分布は、カイ2乗分布とも深い関わりがあります。そのことをもう少しくわしくみていきましょう。

不偏分散 U^2 は、次の式で求めます（146ページ）。

$$U^2 = \frac{(X_1 - \overline{X})^2 + (X_2 - \overline{X})^2 + \cdots + (X_n - \overline{X})^2}{n-1} \quad \cdots③$$

ここで、170ページで説明した自由度 $n-1$ のカイ2乗分布にしたがう統計量 W の式を、次のように変形します。

$$W = \frac{(X_1 - \overline{X})^2 + (X_2 - \overline{X})^2 + \cdots + (X_n - \overline{X})^2}{\sigma^2}$$

$$\Rightarrow \quad (X_1 - \overline{X})^2 + (X_2 - \overline{X})^2 + \cdots + (X_n - \overline{X})^2 = W\sigma^2 \quad \cdots④$$

式④を式③に代入すると、

$$U^2 = \frac{W\sigma^2}{n-1} \quad \cdots⑤$$

となります。さらに、式⑤を式②に代入すると、統計量 T は次の式で表せます。

式①Z

$$T = \frac{\overline{X} - \mu}{\sqrt{\dfrac{W\sigma^2}{n(n-1)}}} = \frac{\overline{X} - \mu}{\sqrt{\dfrac{\sigma^2}{n}} \cdot \sqrt{\dfrac{W}{n-1}}} = \frac{Z}{\sqrt{\dfrac{W}{n-1}}}$$

ここで、Z は標準正規分布にしたがう確率変数、W はカイ2乗分布にしたがう確率変数、$n-1$ は W の自由度です。$n-1=f$ とすれば

標準正規分布にしたがう確率変数 Z と、自由度 f のカイ２乗分布にしたがう確率変数 W があるとき、

$$T = \frac{Z}{\sqrt{\frac{W}{f}}}$$

で表される統計量 T は、自由度 f の t 分布にしたがう。

t 分布は、正規分布と同じく左右対称の山型の分布ですが、自由度が小さいほど山がつぶれてなだらかになります。

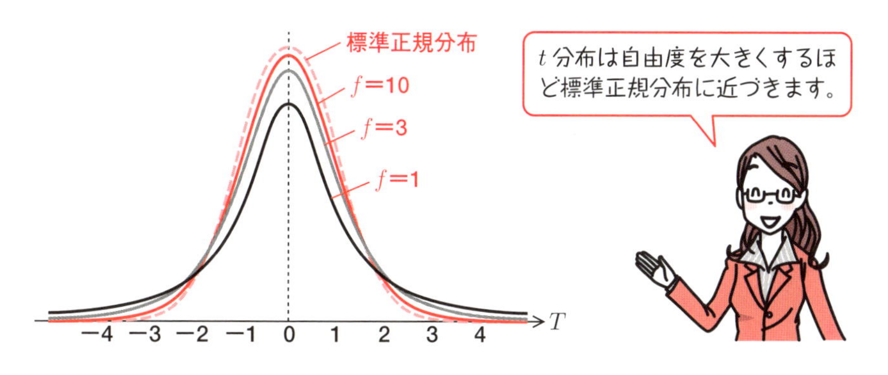

コラム　スチューデントの t 分布

t 分布を発見したのは、イギリスのゴゼットという数学者・技術者です。ゴゼットはギネスという有名なビール会社で、ビールの開発研究をしていました。ビールの開発では、小さな標本で統計的推定を行う必要があることから、t 分布による方法を編み出したのです。

ギネスは社員が論文を発表することを禁止していたため、ゴゼットは研究の成果をスチューデントというペンネームで発表しました。そのため、t 分布は「スチューデントの t 分布」とも呼ばれています。

もし、ゴゼットが会社の言うなりになって論文を公表しなかったら、現在の統計学はかなり様子が違っていたかもしれません。

t 分布にしたがうデータの95パーセントが収まる範囲

t 分布にしたがうデータの 95 パーセントが収まる確率変数 T の範囲を求めましょう。

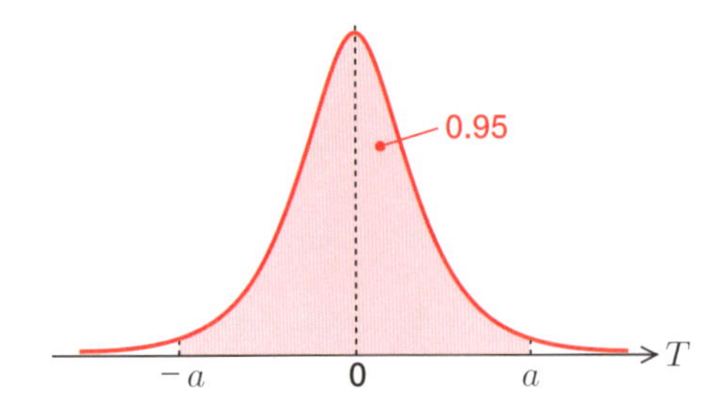

t 分布は左右対称の分布なので、上の図の色網部分の面積 $P(-a \leqq T \leqq a)$ が、0.95になるようなパーセント点 a を求めます（$a>0$）。

色網部分の面積が 0.95 なので、上側確率と下側確率はそれぞれ

$$(1 - 0.95) \div 2 = 0.025$$

です。したがって、a は上側確率が 2.5%になるパーセント点です。このパーセント点は、t 分布の自由度によって異なる値になります。いちいち計算するのはたいへんなので、例によって計算済みの値をまとめた表を使いましょう（180 ページ）。

180 ページの表から、たとえば自由度 10、上側確率 2.5%（0.025）のパーセント点は「2.228」となります。

n \ p	0.005	0.01	0.025	0.05
1	63.657	31.821	12.706	6.314
2	9.925	6.965	4.303	2.920
3	5.841	4.541	3.182	2.353
4	4.604	3.747	2.776	2.132
5	4.032	3.365	2.571	2.015
6	3.707	3.143	2.447	1.943
7	3.499	2.998	2.365	1.895
8	3.355	2.896	2.306	1.860
9	3.250	2.821	2.262	1.833
10	[illegible]	[illegible]	2.228	1.812

以上から、自由度 10 の t 分布にしたがう確率変数 T は、

$$-2.228 \leqq T \leqq 2.228$$

の範囲に全体の 95%が収まることがわかります。

なお、表計算ソフト Excel には、t 分布のパーセント点や下側確率を求める次のような関数が用意されています。

関数	機能
T.INV（確率，自由度）	指定した自由度の t 分布にしたがう確率変数の下側 $100p$ パーセント点を求める。
T.DIST（確率変数，自由度，関数形式）	指定した自由度の t 分布にしたがう確率変数の下側確率を求める（関数形式には TRUE を指定）。

※Excel2007 以前のバージョンでは、T.INV の代わりに TINV 関数、T.DIST の代わりに TDIST 関数を使います。

例：自由度 10、下側確率 2.5%のパーセント点

	A	B
1	自由度	10
2	下側確率	0.025
3		
4	パーセント点	−2.22814

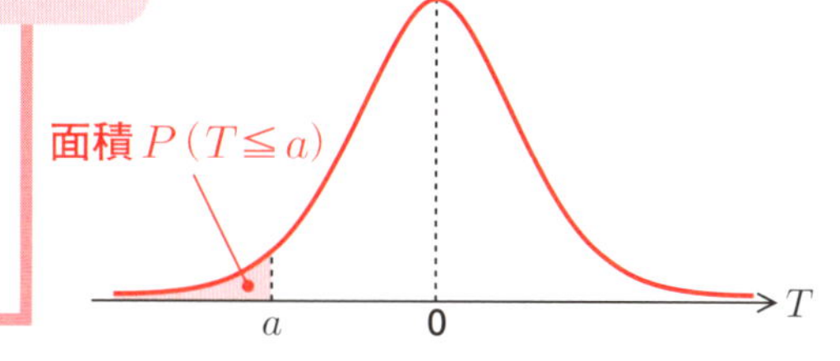

練習問題 4　（答えは 280 ページ）

自由度 10 の t 分布にしたがう確率変数 T の 99 パーセントが収まる範囲を、次ページの表から求めよ。

◆t分布の上側パーセント点

表中の値は、右図の色網部分の面積がpとなる$100p$パーセント点を表したものです。

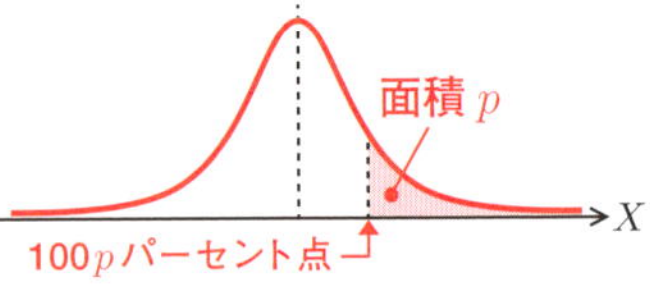

n \ p	0.005	0.01	0.025	0.05
1	63.657	31.821	12.706	6.314
2	9.925	6.965	4.303	2.920
3	5.841	4.541	3.182	2.353
4	4.604	3.747	2.776	2.132
5	4.032	3.365	2.571	2.015
6	3.707	3.143	2.447	1.943
7	3.499	2.998	2.365	1.895
8	3.355	2.896	2.306	1.860
9	3.250	2.821	2.262	1.833
10	3.169	2.764	2.228	1.812
11	3.106	2.718	2.201	1.796
12	3.055	2.681	2.179	1.782
13	3.012	2.650	2.160	1.771
14	2.977	2.624	2.145	1.761
15	2.947	2.602	2.131	1.753
16	2.921	2.583	2.120	1.746
17	2.898	2.567	2.110	1.740
18	2.878	2.552	2.101	1.734
19	2.861	2.539	2.093	1.729
20	2.845	2.528	2.086	1.725
21	2.831	2.518	2.080	1.721
22	2.819	2.508	2.074	1.717
23	2.807	2.500	2.069	1.714
24	2.797	2.492	2.064	1.711
25	2.787	2.485	2.060	1.708
26	2.779	2.479	2.056	1.706
27	2.771	2.473	2.052	1.703
28	2.763	2.467	2.048	1.701
29	2.756	2.462	2.045	1.699
30	2.750	2.457	2.042	1.697
50	2.678	2.403	2.009	1.676
100	2.626	2.364	1.984	1.660

5-5 母平均を推定する③
母分散がわからない場合

この節の概要

▶ 前節で説明した t 分布を使って、母分散がわからない場合の母平均の推定を行ってみましょう。標本が小さい場合に、もっともよく使われる推定の方法です。

t 分布する統計量をつくる

例題　ある高校の男子5人を無作為に選んで身長を計測したところ、

174cm，167cm，169cm，175cm，160cm

であった。この高校の男子生徒の身長が正規分布にしたがうとき、その母平均を 95 パーセント信頼区間で推定せよ。

前節では、標準正規分布にしたがう確率変数 Z と、自由度 $n-1$ のカイ２乗分布にしたがう統計量 W から、

$$T=\frac{Z}{\sqrt{\dfrac{W}{n-1}}}$$

であるような統計量 T が、自由度 $n-1$ の t 分布にしたがうことを示しました（176 ページ）。この式は、もともと

$$T=\frac{\overline{X}-\mu}{\sqrt{\dfrac{U^2}{n}}}$$

を変形したものなので、この T も当然自由度 $n-1$ の t 分布にしたがいます。すなわち、

統計量 $T = \dfrac{\overline{X} - \mu}{\sqrt{\dfrac{U^2}{n}}}$ は、自由度 $n-1$ の t 分布にしたがう。

この式で使われている母平均 μ 以外の数値は、すべて標本から計算できます。

$$\text{標本平均 } \overline{X} = \frac{174 + 167 + 169 + 175 + 160}{5} = 169$$

$$\text{不偏分散 } U^2 = \frac{(174-169)^2 + (167-169)^2 + (169-169)^2 + (175-169)^2 + (160-169)^2}{5-1}$$

$$= \frac{5^2 + (-2)^2 + 0^2 + 6^2 + (-9)^2}{4} = \frac{146}{4} = 36.5$$

したがって統計量 T は次のようになります。

$$T = \frac{169-\mu}{\sqrt{\dfrac{36.5}{5}}} = \frac{169-\mu}{\sqrt{7.3}}$$

この T は、自由度 $n-1$ の t 分布にしたがいます。180 ページの表から、自由度 4 の上側 2.5 パーセント点は「2.776」です。

n \ p	0.005	0.01	0.025	0.05
1	63.657	31.821	12.706	6.314
2	9.925	6.965	4.303	2.920
3	5.841	4.541	3.182	2.353
4	4.604	3.747	2.776	2.132

t 分布は左右対称なので、下側 2.5 パーセント点は -2.776 になります。以上から、統計量 T は 95％の確率で $-2.776 \leqq T \leqq 2.776$ の範囲内に収まります。

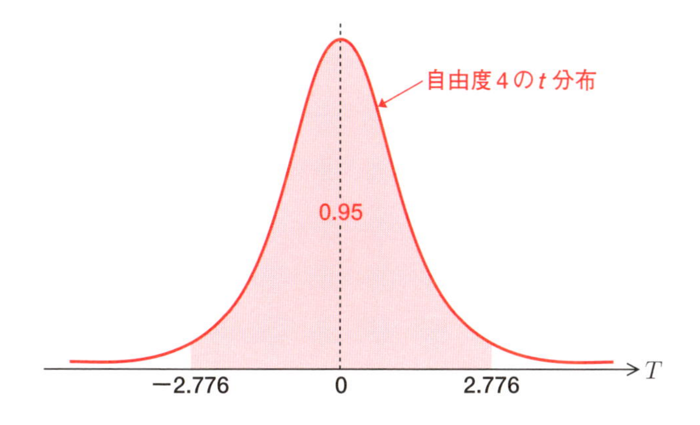

したがって、

$$-2.776 \leqq \frac{169-\mu}{\sqrt{7.3}} \leqq 2.776$$

この不等式から、母平均μの95パーセント信頼区間を求めます。

$$\Rightarrow \quad -2.776\sqrt{7.3} \leqq 169-\mu \leqq 2.776\sqrt{7.3} \quad \leftarrow 3\text{辺}\times\sqrt{7.3}$$

$$\Rightarrow \quad -169-2.776\sqrt{7.3} \leqq -\mu \leqq -169+2.776\sqrt{7.3} \quad \leftarrow 3\text{辺}-169$$

$$\Rightarrow \quad 169+2.776\sqrt{7.3} \geqq \mu \geqq 169-2.776\sqrt{7.3} \quad \leftarrow 3\text{辺}\times -1$$

$$\Rightarrow \quad 161.50 \leqq \mu \leqq 176.50$$

以上から、この高校の男子生徒の平均身長は、95パーセント信頼区間で **161.50 ≦ μ ≦ 176.50** と推定できます。…答え

例題の解き方を一般化しておきましょう。

母平均の推定（母分散がわからない場合）の手順

- 正規分布にしたがう母集団から、大きさnの標本を抽出する。
- 標本から標本平均$\overline{X}$と不偏分散U^2を計算し、統計量Tを求める。

$$T=\frac{\overline{X}-\mu}{\sqrt{\frac{U^2}{n}}}$$

- この統計量Tは、自由度$n-1$のt分布にしたがうので、確率95%で次の不等式が成り立つ。

$$-t \leqq \frac{\overline{X}-\mu}{\sqrt{\dfrac{U^2}{n}}} \leqq +t$$

※ただし、tは自由度$n-1$のt分布の上側2.5パーセント点

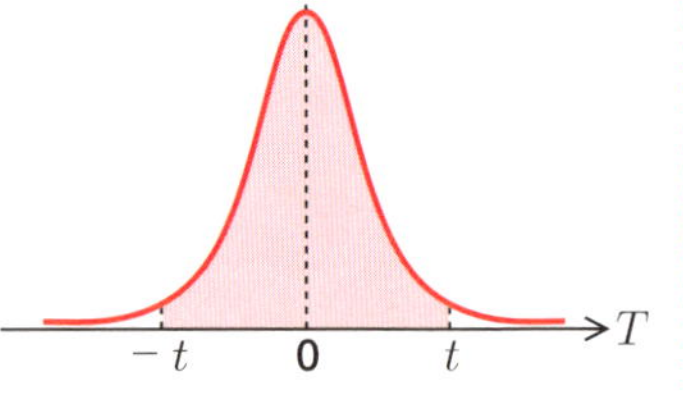

- したがって、母平均μの95パーセント信頼区間は次のようになる。

$$\overline{X}-t\times\sqrt{\frac{U^2}{n}} \leqq \mu \leqq \overline{X}+t\times\sqrt{\frac{U^2}{n}}$$

母平均の推定方法を3種類説明しました。ここでまとめておきましょう。

◆母平均の推定まとめ

区分	95パーセント信頼区間	参照ページ
母分散が既知の場合	$\overline{X}-1.96\frac{\sigma}{\sqrt{n}} \leqq \mu \leqq \overline{X}+1.96\frac{\sigma}{\sqrt{n}}$	149ページ
大標本（$n \geqq 30$）の場合	$\overline{X}-1.96\frac{S}{\sqrt{n}} \leqq \mu \leqq \overline{X}+1.96\frac{S}{\sqrt{n}}$	152ページ
母分散が未知の場合	$\overline{X}-t\sqrt{\frac{U^2}{n}} \leqq \mu \leqq \overline{X}+t\sqrt{\frac{U^2}{n}}$ ※tは自由度$n-1$のt分布の上側2.5パーセント点	181ページ

練習問題5 （答えは280ページ）

ある高校の女子生徒5人を無作為に選んで身長を計測したところ、標本平均は162、不偏分散は20であった。この高校の女子生徒の身長が正規分布にしたがうとき、その母平均を95パーセント信頼区間で推定せよ。

第6章

仮説を検証する

仮説検定（基礎編）

6-1　仮説検定の考え方
6-2　母平均に関する検定
6-3　母分散に関する検定

6-1 仮説検定の考え方

この節の概要

- この節では、仮説検定の基本的な考え方と、その一般的な手順について解説します。帰無仮説、対立仮説、有意水準、棄却といった、仮説検定に特有の用語をマスターしましょう。
- また、仮説検定で避けることのできない誤りについて説明します。

「たまたま」か「トリック」か

ある人がサイコロを100回振ったところ、そのうち25回で⚀の目が出たとします。⚀が出る確率は$\frac{1}{6}$＝約16.7％ですから、25回はずいぶん多いですよね？　何かトリックがあるんじゃないかと疑いたくなります。

でも、たまたま⚀の目が多く出ただけ、と言われればそんな気もします。いったい、⚀の目が多く出たのは「たまたま」なのでしょうか？それとも、何らかのトリックを疑うべきでしょうか？

こうした問題を解くために編み出されたのが、統計の**仮説検定**という方法です。

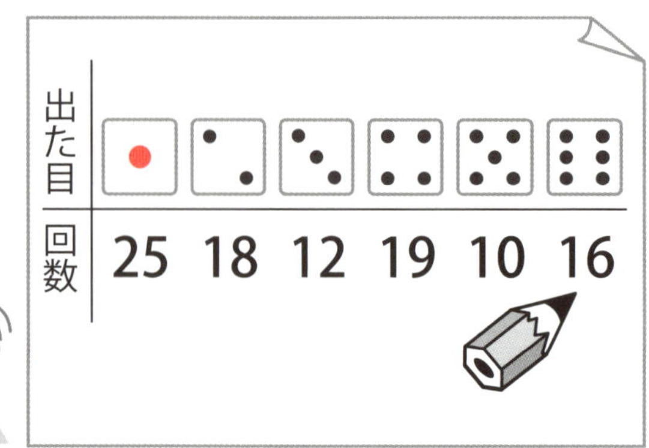

帰無仮説と対立仮説を立てる

まず、問題をハッキリさせておきましょう。ここで証明したいのは、

サイコロを100回振り、そのうち⚀の目が25回出るなんて、偶然ではありえない！

ということです。⚀の目が出る確率が$\frac{1}{6}$より大きくなるような、何らかのトリックがあるのではないでしょうか？　そこで、次のような仮説を立ててみます。

仮説H_1　**このサイコロの⚀の目が出る確率は、$\frac{1}{6}$より大きい**

仮説H_1が正しいことを証明するには、実際に何回もサイコロを振って、⚀の目が出る回数を数えてみるしかありません。しかし、そのとき使ったサイコロは残念ながら本書に付属していないので、この方法は使えません。

あたりまえ！

そこで、この仮説H_1を次のようにいったんひっくり返します。

仮説H_0　**このサイコロの⚀の目が出る確率は、$\frac{1}{6}$である**

この仮説が、「サイコロを100回振って⚀の目が25回出る」という事象と矛盾することが証明できれば、仮説H_0は正しくないと主張できます。そうすれば、仮説H_0とは反対の仮説H_1が正しいと主張することができます。

仮説H_0のように、主張したいことの逆の仮説を**帰無仮説**（きむかせつ）といいます。これに対し、もともと主張したかった仮説H_1を**対立仮説**（たいりつかせつ）といいます。

「無（ゼロ）に帰す」ために立てる仮説なので、帰無仮説といいます。

帰無仮説 H_0：主張したいことの逆の仮説　←「正しくない」と言いたい
対立仮説 H_1：もともと主張したい仮説　←帰無仮説が「正しくない」と言うことで「正しい」と言える

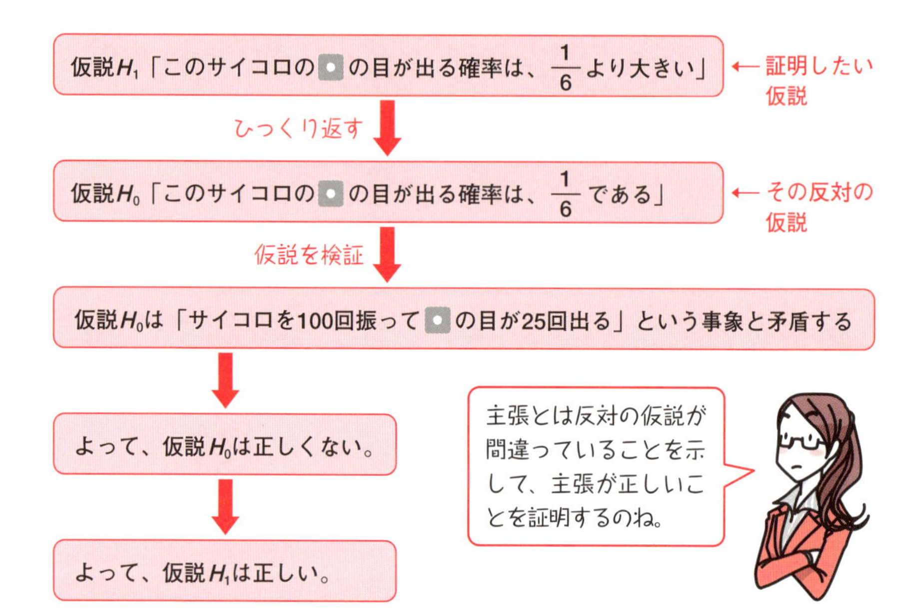

帰無仮説を検証する

帰無仮説 H_0「このサイコロの⚀の目が出る確率は、$\frac{1}{6}$である」を実際に検証してみましょう。

その前に、この仮説を検証するための判定基準を決めておく必要があります。この基準のことを、**有意水準**（ゆういすいじゅん）といいます。

有意水準とは、簡単に言えば「滅多に起こらないこと」が起こる確率のことで、5%や1%にすることが多いようです。ここでは5%を採用しましょう。

「滅多に起こらない」＝20回に1回しか起こらない

サイコロを100回振ったとき⚀の目が出る回数を X とします。⚀の目が出る確率を $\frac{1}{6}$ とすると、X は二項分布 $B(100, \frac{1}{6})$ にしたがいます（75ページ）。このとき、平均と分散はそれぞれ次のようになります。

$$E(X) = 100 \times \frac{1}{6} = \frac{50}{3}$$ ← $E(X) = np$ より

$$V(X) = 100 \times \frac{1}{6} \times \left(1 - \frac{1}{6}\right) = \frac{125}{9} = \left(\frac{5\sqrt{5}}{3}\right)^2$$ ← $V(X) = np(1-p)$ より

二項分布 $B(n, p)$ は、n がじゅうぶん大きければ、正規分布 $N(np, np(1-p))$ に近似します（117ページ）。したがって、サイコロを100回振って⚀の目が出る回数 X は、平均 $\frac{50}{3}$、分散 $\left(\frac{5\sqrt{5}}{3}\right)^2$ の

コラム 背理法

帰無仮説を使った仮説検定は、数学の証明法のひとつである背理法（はいりほう）によく似ています。背理法とは「A である」ことを証明するために、「A でないならば矛盾する」ことを示す証明方法です。

例：$\sqrt{3}$ が無理数であることを証明せよ。

（無理数：分母と分子が整数の分数で表せない数）

$\sqrt{3}$ が有理数であると仮定する。有理数は互いに素な2つの整数 n, m を用いて、$\frac{n}{m}$ と表すことができる。そこで

（互いに素：1以外の約数をもたないこと）

$$\sqrt{3} = \frac{n}{m}$$

として両辺を2乗すると、

$$\Rightarrow 3 = \frac{n^2}{m^2} \quad \Rightarrow \quad 3m^2 = n^2$$

左辺は3の倍数なので、右辺の n^2 も3の倍数である。よって、n は3の倍数である。すると n^2 は3×3＝9の倍数になるので、m^2 は3の倍数となり、よって m も3の倍数となる。

これは、n と m が互いに素であることと矛盾する。この矛盾は $\sqrt{3}$ を有理数であると仮定したために生じたので、$\sqrt{3}$ は有理数ではなく無理数である（証明おわり）。

正規分布に近似します。

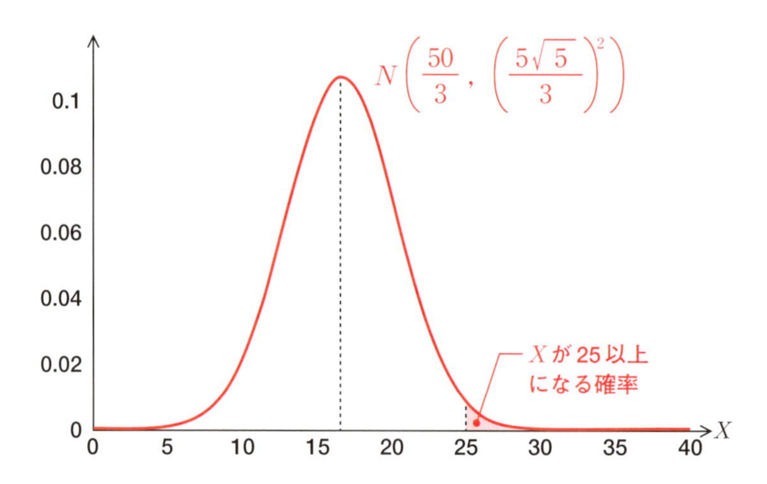

この分布から、X が 25 以上になる確率を求めることができます。もし、その確率が5%より小さければ、サイコロを100回振って⚀が25回以上出ることは「滅多に起こらない」ということができますね（有意水準を5%とした場合）。

にもかかわらず、⚀の目が25回以上出たとすれば、考えられる理由は次の2つです。

理由 A：「滅多に起こらないこと」が起こってしまった！
理由 B：「⚀の目が出る確率は $\frac{1}{6}$」という帰無仮説に無理がある！

仮説検定では、このうち理由 B を採用します。なぜなら、「滅多に起こらないこと」は滅多に起こらないので、たいていは理由 B のほうが正しいからです。

有意水準 5%なら、20 回に 1 回しか起こらない

X が 25 以上になる確率 $P(X \geqq 25)$ を求めましょう。

まず、平均 $\frac{50}{3}$、分散 $\left(\frac{5\sqrt{5}}{3}\right)^2$ の正規分布にしたがう $X = 25$ を、標準正規分布 $N(0,\ 1^2)$ にしたがう確率変数 Z に変換します。これは、次のように計算します。

$$Z = \frac{X - \mu}{\sigma} = \frac{25 - \frac{50}{3}}{\frac{5\sqrt{5}}{3}} \fallingdotseq 2.24$$

標準正規分布にしたがう確率変数 Z が2.24以上になる確率 $P(Z \geqq 2.24)$ は、次の図の色網部分です。

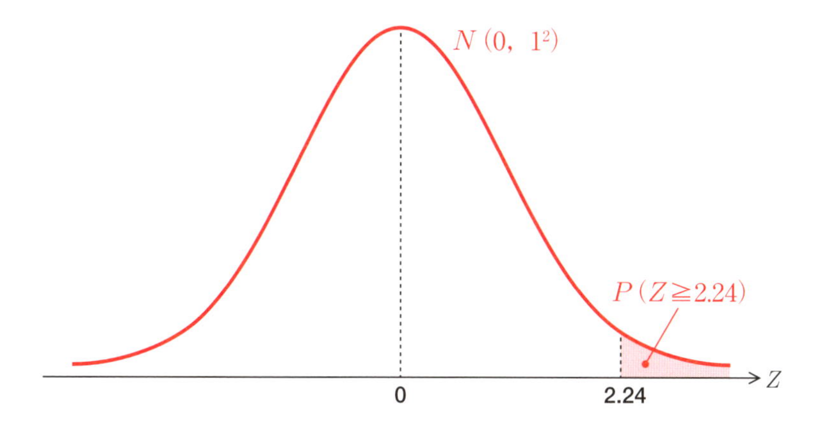

色網部分の面積を求めましょう。99ページの標準正規分布表から、$a = 2.24$ に対応する左端「2.2」、上端「0.04」の値は、「0.4875」です。

a	0.00	0.01	0.02	0.03	0.04	0.05	0.06	0.07	0.08	0.09
0.0	0.0000	0.0040	0.0080	0.0120	[illegible]	0.0199	0.0239	0.0279	0.0319	0.0359
0.1	0.0398	0.0438	0.0478	0.0517	[illegible]	0.0596	0.0636	0.0675	0.0714	0.0753
0.2	0.0793	0.0832	0.0871	0.0910	[illegible]	0.0987	0.1026	0.1064	0.1103	0.1141
0.3	0.1179	0.1217	0.1255	0.1293	[illegible]	0.1368	0.1406	0.1443	0.1480	0.1517
0.4	0.1554	0.1591	0.1628	0.1664	[illegible]	0.1736	0.1772	0.1808	0.1844	0.1879
0.5	0.1915	0.1950	0.1985	0.2019	[illegible]	0.2088	0.2123	0.2157	0.2190	0.2224
1.9	0.4713	0.4719	0.4726	0.4732	[illegible]	0.4744	0.4750	0.4756	0.4761	0.4767
2.0	0.4772	0.4778	0.4783	0.4788	[illegible]	0.4798	0.4803	0.4808	0.4812	0.4817
2.1	0.4821	0.4826	0.4830	0.4834	[illegible]	0.4842	0.4846	0.4850	0.4854	0.4857
2.2	[illegible]	[illegible]	[illegible]	[illegible]	0.4875	0.4878	0.4881	0.4884	0.4887	0.4890

したがって、$P(Z \geqq 2.24)$ は、$0.5 - 0.4875 = 0.0125 (= 1.25\%)$ となります。これは5%以下なので、帰無仮説は否定されます。帰無仮説を否定することを、統計の用語で**棄却**といいます。

> **棄却**
>
> - なぜ「否定する」ではなく「棄却する」というかというと、帰無仮説が100パーセント誤りとは限らないからです。帰無仮説が正しい可能性もあるのですが、その可能性には目をつぶって帰無仮説を捨てるという意味で、「棄却する」という言い方をします。

帰無仮説が棄却された場合は、対立仮説を採択することができます。すなわち、

「このサイコロの⚀の目が出る確率は、$\frac{1}{6}$より大きい」

は、有意水準5%で正しい仮説であり、サイコロに何らかのトリックがあることが疑われます。

帰無仮説が棄却されない場合

帰無仮説 H_0 が棄却された場合は対立仮説を採択しますが、帰無仮説が棄却されない場合はどうなるでしょうか？

たとえば、有意水準を1%に下げたとします。すると、$P(Z \geqq 2.24)$ は1.25%なので、有意水準より大きくなり、帰無仮説 H_0 は棄却されません。ただし、だからといって帰無仮説の正しさが証明されたわけではないので注意しましょう。この場合に言えるのは、対立仮説を採択できないということ、すなわち、

このサイコロの⚀の目が出る確率が$\frac{1}{6}$ではないとはいえない

という程度です。⚀の目が出る確率が$\frac{1}{6}$以上である可能性も否定はできませんが、それを証明することはできないということです。

結論が間違ってしまうこともある

仮説検定の結果、帰無仮説が棄却された場合でも、本当は帰無仮説が正しい可能性があります。例題で言えば、サイコロには本当に何のトリックもないのに、たまたま⚀の目が25回出たという「滅多にないこと」が起こった場合です。

この場合は、対立仮説「このサイコロの⚀の目が出る確率は$\frac{1}{6}$より大きい」を採択したのは誤りです。

このような誤りを、**第1種の誤り**といいます。

> **第1種の誤り** 本当は帰無仮説が正しいのに、帰無仮説を棄却し、正しくない対立仮説を採択してしまうこと

第1種の誤りが生じる確率は、有意水準の確率と同じです。したがって、仮説検定では有意水準を調整することで第1種の誤りが生じる確率をコントロールできます。

ただし、有意水準を小さくすると、今度は対立仮説が正しいのに、帰無仮説が棄却できない可能性が高くなります。例題で言えば、本当はサイコロにトリックがあるのに、帰無仮説「このサイコロの⚀の目が出る確率は$\frac{1}{6}$である」を棄却できないという場合です。

このような誤りを**第2種の誤り**といいます。

> **第2種の誤り** 帰無仮説を棄却できないために、本当は正しい対立仮説を採択できないこと

第1種の誤りと第2種の誤りはトレード・オフの関係にあり、一方の確率を小さくすると、他方の確率が大きくなってしまいます。

6-2 母平均に関する検定

この節の概要

- この節では、母平均に関する仮説を標本から検定する手順について説明します。検定に使う道具は、すでに説明したものばかりです。
- この節では、片側検定（かたがわけんてい）と両側（りょうがわ）検定の違いについても説明します。

母平均に関する仮説を検定する（母分散がわかっている場合）

例題　燃費（ガソリン１リットル当たりの走行距離）が平均15km/L（$\mu=15$）、標準偏差3km/L（$\sigma=3$）の自動車をもっている。「タイヤを交換すれば、今より燃費がよくなりますよ」と販売店がすすめるので、タイヤを交換して何回かドライブしたところ、燃費はそれぞれ

18km/L，14km/L，17km/L，20km/L，15km/L

であった。タイヤ交換によって、燃費はよくなったといえるだろうか。有意水準5%で検定しなさい。ただし、燃費の分布は正規分布とする。

母平均に関する仮説が正しいかどうかを、次の手順にしたがって検定していきます。

仮説検定の手順

①帰無仮説 H_0 と、対立仮説 H_1 を立てる
②検定統計量を求める
③棄却域を設定する
④帰無仮説が正しいかどうかを検証する

①帰無仮説 H_0 と、対立仮説 H_1 を立てる

ここでは「燃費がよくなった」ことを検証したいので、帰無仮説 H_0 は燃費が変わらないこと、すなわち母平均 μ が 15 のままであることです。一方、対立仮説 H_1 は、母平均 μ が 15 より大きいことです。

帰無仮説 H_0：$\mu = 15$
対立仮説 H_1：$\mu > 15$

②検定統計量を求める

タイヤ交換後に行った 5 回のドライブ時の燃費を標本として、標本平均 $\overline{X}$ を求めます。

$$\overline{X} = \frac{18 + 14 + 17 + 20 + 15}{5} = 16.8$$

$\overline{X}$ は正規分布 $N\left(\mu,\ \frac{\sigma^2}{n}\right)$ にしたがいます（136 ページ）。したがって、この値を標準正規分布 $N(0,\ 1^2)$ にしたがう確率変数 Z に変換すると（93 ページ）、

$$Z = \frac{\overline{X} - \mu}{\sqrt{\frac{\sigma^2}{n}}} = \frac{\overline{X} - \mu}{\frac{\sigma}{\sqrt{n}}} = \frac{16.8 - 15}{\frac{3}{\sqrt{5}}} \fallingdotseq 1.34$$

となります。検定の基準となる Z のような値を、**検定統計量**といいます。

③棄却域を設定する

確率変数 Z は標準正規分布 $N(0,\ 1^2)$ にしたがいます。この Z の値は、標本平均 $\overline{X}$ が大きいほど、また、帰無仮説で想定した μ が小さいほど大きくなります。

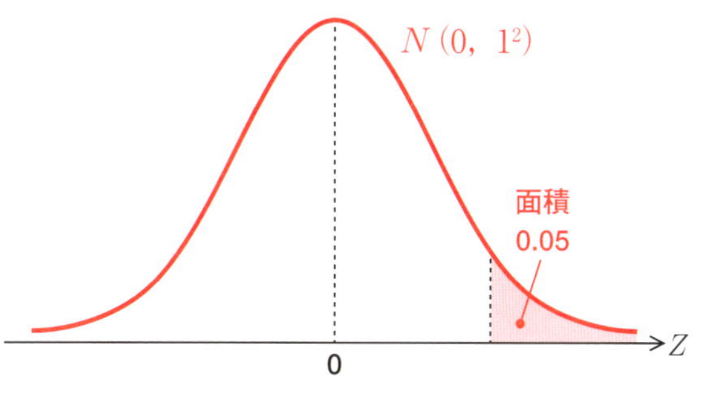

したがって、先ほど計算で求めた検定

統計量 1.34 が前ページの図の色網部分に含まれるほど大きいとしたら、次のような理由が考えられます。

理由 A：抽出した標本から求めた $\overline{X}$ が、たまたま滅多にないほど大きかった

理由 B：帰無仮説で仮定した $\mu = 15$ が、実際の母平均より小さかった（＝実際の母平均 μ は 15 より大きい）

このうち、理由 A は滅多に起こらないので、仮説検定では理由 B のほうを採用します。つまり、Z の値が上の図の色網部分に含まれるなら、帰無仮説 $\mu = 15$ は棄却されます。この色網部分を**棄却域**（ききゃくいき）といいます。

棄却域の境界値を求めましょう。有意水準を 5%とすると、棄却域の面積は 0.05 になります。したがって、標準正規分布で上側確率が 5%となるパーセント点が境界値となります。

99 ページの標準正規分布表から、0.5 − 0.05 = 0.45 に近い値を探すと、$a = 1.64$ または 1.65 のときの面積がもっとも近い値です。本書では「1.64」を採用します。

1.65 を採用する本もあります

a	0.00	0.01	0.02	0.03	0.04	0.05
0.0	0.0000	0.0040	0.0080	0.0120	0.0160	0.0199
0.1	0.0398	0.0438	0.0478	0.0517	0.0557	0.0596
1.5	0.4332	0.4345	0.4357	0.4370	0.4382	0.4394
1.6	[illegible]	[illegible]	[illegible]	[illegible]	0.4495	0.4505

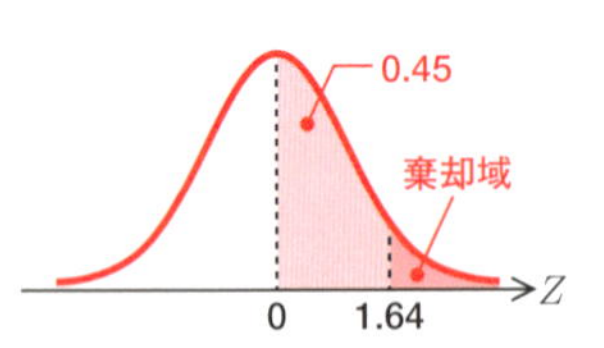

④帰無仮説が正しいかどうかを検証する

下の図のように、検定統計量 1.34 は境界値 1.64 の左側にあるので、棄却域に含まれません。よって、帰無仮説 H_0 は棄却されません。したがって、有意水準 5%では、タイヤ交換によって燃費がよくなったとは言えません。…答え

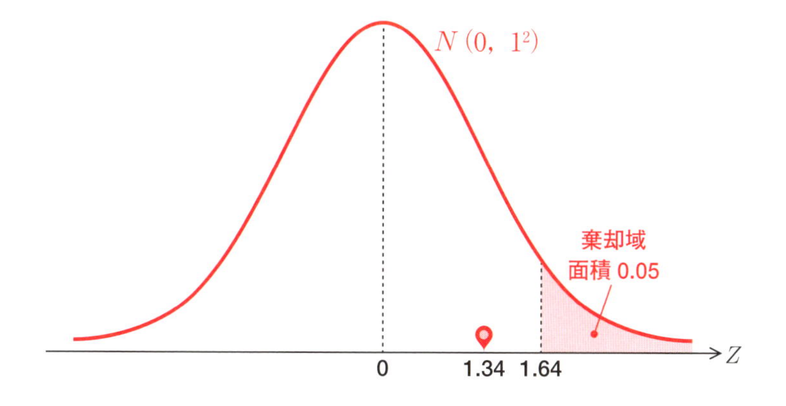

この結論は「タイヤを交換しても燃費はよくならない」という意味ではないことに注意しましょう。現に、標本平均 $\overline{X}$ だけをみれば、明らかに

コラム p値（有意確率）

例題では、有意水準が5%のときの棄却域の境界値を求めて検定統計量1.34と比較しましたが、Zが1.34以上になる確率 $P(Z \geqq 1.34)$ を計算して、その値が0.05以下かどうかを調べる方法もあります。この確率のことを**p値（有意確率）**といいます。

ちなみに、例題のp値は$P(Z \geqq 1.34)$＝約0.09となります。0.05より大きいので、帰無仮説はやはり棄却できないことがわかります。

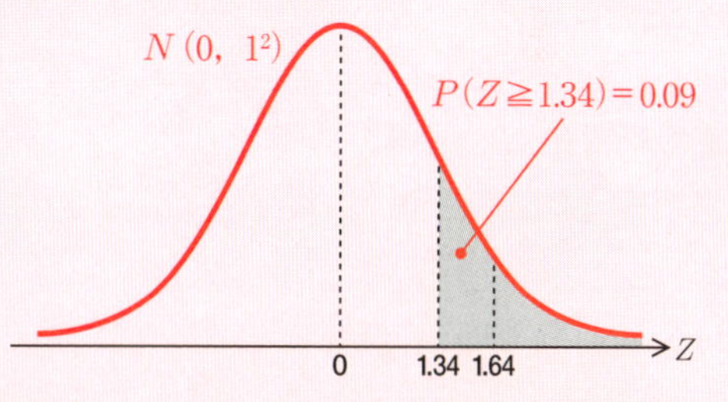

標準正規分布を使った検定では、99ページの標準正規分布表を使ってp値を求めることができます。しかし、この後で説明するt分布やカイ2乗分布を使った検定では、p値を求めるのにパソコンなどが必要なので、本書では棄却域の境界値を求める方法を説明しています。

論文などの中で仮説検定の結果を示す場合は、p値も明らかにすべきです。

燃費は向上しています。しかしこの結果だけでは、計測した5回のドライブでたまたま燃費が良かっただけ、という可能性を否定できないのです。

母平均に関する仮説を検定する（母分散がわからない場合）

例題 陸上選手であるA君の100m走の平均タイムは、これまで10秒95と伸び悩んでいた（$\mu = 10.95$）。そこで、A君は3か月にわたる特訓を受け、最近10回の計測タイムは平均10秒65、不偏分散は$(0.3)^2$となった。特訓の成果はあったといえるだろうか。有意水準5%で検定しなさい。ただし、計測タイムは正規分布にしたがうものとする。

前の例題は母分散がわかっている場合でしたが、母分散がわからない場合の仮説検定は次のような手順となります。

①帰無仮説 H_0 と、対立仮説 H_1 を立てる

ここでは「特訓の成果があった」ことを検証したいので、帰無仮説は特訓の成果がないこと、すなわち平均タイム μ が 10.95 のままであることです。一方、対立仮説は μ が 10.95 より小さくなったことです。

帰無仮説 H_0：$\mu = 10.95$
対立仮説 H_1：$\mu < 10.95$

②検定統計量を求める

前の例題では母分散（母標準偏差）がわかっていましたが、今度の例題では母分散が与えられていません。そこで、母分散の代わりに不偏分散 U^2 を使って検定統計量をつくります（175ページ）。

$$T = \frac{\overline{X} - \mu}{\sqrt{\dfrac{U^2}{n}}}$$

この式に、

$\overline{X} = 10.65$, $\mu = 10.95$, $U^2 = (0.3)^2$, $n = 10$

を代入すると、次のようになります。

$$T = \frac{10.65 - 10.95}{\frac{0.3}{\sqrt{10}}} \fallingdotseq -3.16$$

③棄却域を設定する

統計量 T は自由度 n − 1 の t 分布にしたがいます（182 ページ）。

（n ← 10）

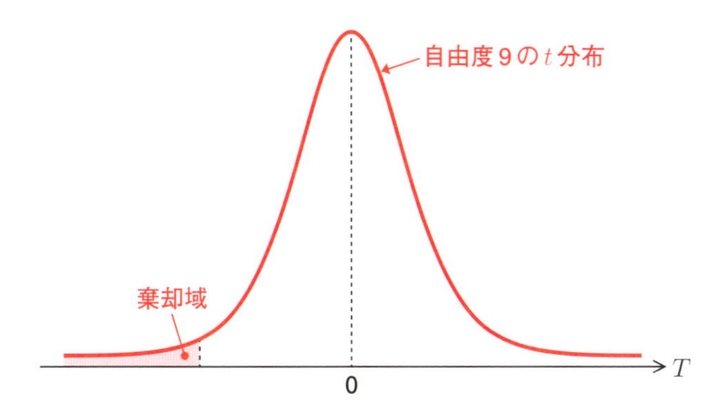

T の値は、標本平均 $\overline{X}$ が小さいほど、また帰無仮説で想定した母平均 μ が大きいほど小さくなります。したがって、先ほど計算で求めた検定統計量 − 3.16 が上の図の色網部分に含まれるとしたら、次のような理由が考えられます。

理由 A：抽出した標本から求めた $\overline{X}$ が、たまたま滅多にないほど小さかった

理由 B：帰無仮説で仮定した $\mu = 10.95$ が、実際の母平均より大きかった（つまり、実際の母平均 μ は 10.95 より小さい）

このうち理由 A は滅多に起こらないので、仮説検定では、理由 B のほうを採用します。以上から、上の図の色網部分を棄却域に設定します。

有意水準を 5%とすると、棄却域の面積は 0.05 になります。自由度 9

の t 分布で、下側確率が5%となるパーセント点を求めましょう。

180ページの表から、自由度9の t 分布の上側5パーセント点は「1.833」です。

5パーセント ← 0.05

n \ p	0.005	0.01	0.025	0.05
1	63.657	31.821	12.706	6.314
2	9.925	6.965	4.303	2.920
3	5.841	4.541	3.182	2.353
4	4.604	3.747	2.776	2.132
5	4.032	3.365	2.571	2.015
6	3.707	3.143	2.447	1.943
7	3.499	2.998	2.365	1.895
8	3.355	2.896	2.306	1.860
9	[illegible]	[illegible]	[illegible]	1.833

t 分布は左右対称なので、下側5パーセント点は「－1.833」になります。

④帰無仮説が正しいかどうかを検証する

下の図のように、$T = -3.16$ は -1.833 より小さいので、棄却域に含まれます。

← $T = -3.16$ の p 値は約0.006なので、$p < 0.05$ です。

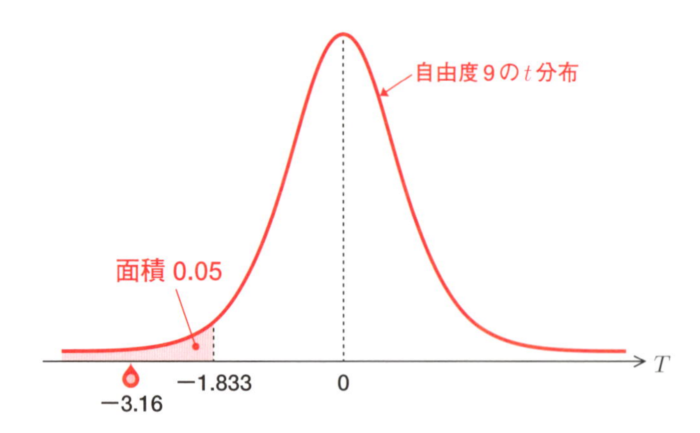

したがって、帰無仮説 H_0 は棄却され、対立仮説 H_1 が採択されます。よって、母平均 μ は有意水準5%で10秒95より小さいと考えられます。特訓の成果があったといってよいでしょう。…答え

片側検定と両側検定

これまでの例題は、「母平均が○○以上である」または「母平均が○○以下である」といった仮説を検定するものでした。次の例題では、「母平均が○○ではない」という仮説の検定方法を説明します。

例題 ある工場では、直径20mmの金属の球を製造している（$\mu = 20$）。できあがった製品からサンプルを5個取り出して直径を計測したところ、次のような値を得た。

20mm　24mm　22mm　25mm　24mm

この製造工程で、直径の平均が20mmになっているかどうかを、有意水準5%で検定しなさい。

①帰無仮説 H_0 と、対立仮説 H_1 を立てる

ここでは、「母平均 μ は20mmである」を帰無仮説とします。「母平均 μ は20mmではない」を帰無仮説とすると、統計量を求めることができないので注意してください。

帰無仮説 H_0：$\mu = 20$
対立仮説 H_1：$\mu \neq 20$

②検定統計量を求める

とりあえず、5個のサンプルから標本平均 $\overline{X}$ と不偏分散 U^2 を計算しましょう。

$$\overline{X} = \frac{20 + 24 + 22 + 25 + 24}{5} = 23$$

$$U^2 = \frac{(20-23)^2 + (24-23)^2 + (22-23)^2 + (25-23)^2 + (24-23)^2}{5-1}$$

$$= 4$$

母分散がわからないので、次のような統計量 T を求めます。

$$T = \frac{\overline{X} - \mu}{\sqrt{\frac{U^2}{n}}} = \frac{23 - 20}{\sqrt{\frac{4}{5}}} \fallingdotseq 3.354$$

③棄却域を設定する

統計量 T は、自由度 $n - 1$ の t 分布にしたがいます。

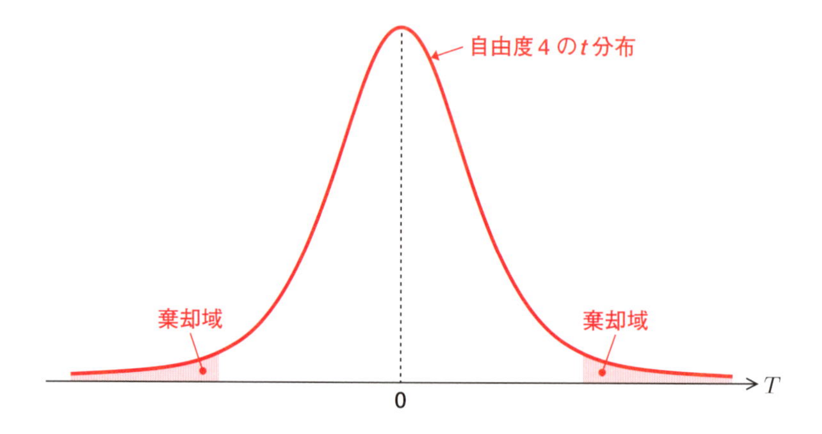

先ほど求めた統計量 $T = 3.354$ が上の図の色網部分に含まれるとしたら、次のような理由が考えられます。

理由 A：抽出した標本から求めた $\overline{X}$ が、たまたま滅多にないほど大きいか、または小さかった

理由 B：帰無仮説で仮定した $\mu = 20$ が間違っている

仮説検定では、このうち理由 B を採用して、帰無仮説を棄却します。以上から、上の図の色網部分を棄却域に設定します。

有意水準を 5%とすると、棄却域の面積は 0.05 になります。棄却域は両側にあるので、片側の面積は $0.05 \div 2 = 0.025$ になります。

自由度 4 の t 分布で、上側確率が 2.5%となるパーセント点を求めましょう。

180ページの表より、自由度4のt分布の上側2.5パーセント点は「2.776」です。

n \ p	0.005	0.01	0.025	0.05
1	63.657	31.821	12.706	6.314
2	9.925	6.965	4.303	2.920
3	5.841	4.541	3.182	2.353
4	[illegible]	[illegible]	2.776	2.132

したがって、棄却域の境界値は「2.776」と「− 2.776」になります。

④帰無仮説が正しいかどうかを検証する

下の図のように、T = 3.354は2.776より大きいので、棄却域に含まれます。

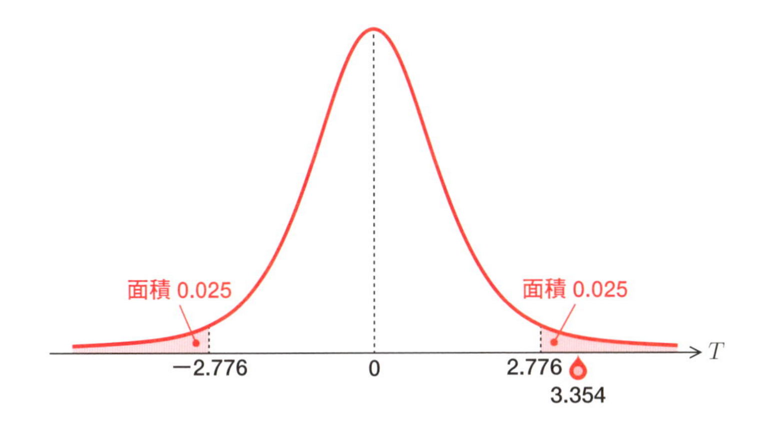

したがって、帰無仮説H_0は棄却され、対立仮説H_1が採択されます。よって、母平均μは有意水準5%で20mmではないと考えられます。…答え

この例題のように、棄却域が分布の両側にある場合を**両側検定**（りょうがわ）といいます。これに対し、棄却域が分布の片側のみにある場合を**片側検定**（かたがわ）といいます。

片側検定とするか、両側検定とするかは、次のように対立仮説の立て方に応じて決まります。

①母平均 μ が a より大きいことを検定する場合

帰無仮説 H_0：$\mu = a$
対立仮説 H_0：$\mu > a$
➡ 右片側検定

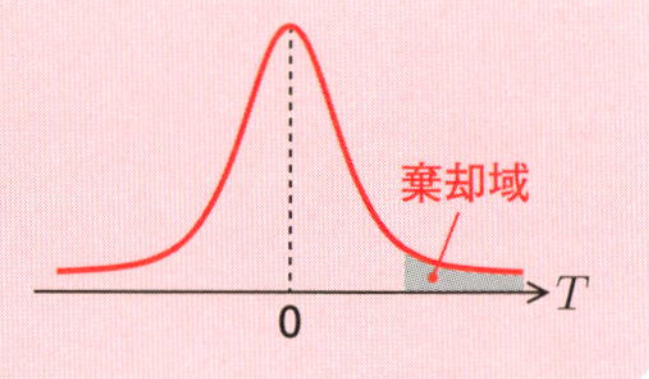

②母平均 μ が a より小さいことを検定する場合

帰無仮説 H_0：$\mu = a$
対立仮説 H_0：$\mu < a$
➡ 左片側検定

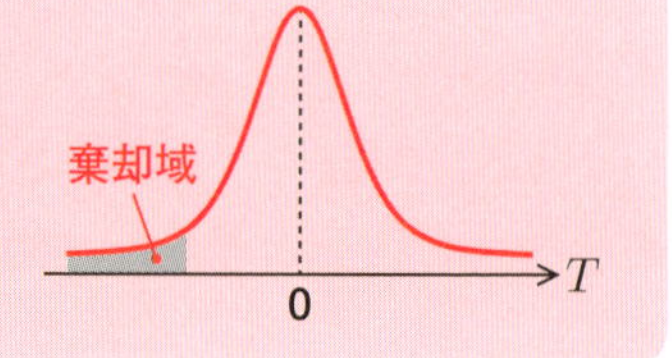

③母平均 μ が a ではないことを検定する場合

帰無仮説 H_0：$\mu = a$
対立仮説 H_0：$\mu \neq a$
➡ 両側検定

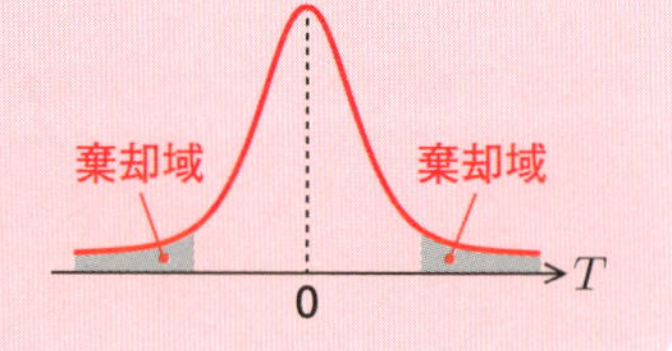

練習問題 1 （答えは 280 ページ）

ある工場で生産している製品は、重さが 102g になるように製造機械を設定している（$\mu = 102$）。製品から無作為に 10 個を取り出して重さを計測したところ、標本平均は 104g，標本標準偏差は 2.1g であった。製造機械の設定は 102g かどうかどかを、有意水準 5% で検定しなさい。

6-3 母分散に関する検定

この節の概要

▶ この節では、母分散や母標準偏差に関する仮説を標本から検定する手順について説明します。第５章で説明した推定の場合と同様に、母平均がわかっている場合とわかっていない場合とで手順が異なります。

母分散に関する仮説を検定する（母平均がわかっている場合）

例題　ある工場では、直径 20mm の金属の球を製造している（$\mu = 20$）。できあがった製品からサンプルを５個取り出して直径を計測したところ、次のような値を得た。

16mm　　20mm　　19mm　　22mm　　18mm

製品のばらつきを少なくするため、標準偏差 σ は 1mm としたい。標準偏差が 1mm かどうかを、有意水準 5%で検定しなさい。

母分散や母標準偏差に関する仮説検定は、母平均がわかっている場合とわかっていない場合とで手順が異なります。はじめに、母平均がわかっている場合の手順を説明しましょう。

①帰無仮説 H_0 と、対立仮説 H_1 を立てる

「標準偏差が 1mm かどうか」を検証したいので、帰無仮説は「標準偏差は 1mm である」とします。

帰無仮説 H_0：$\sigma = 1$
対立仮説 H_1：$\sigma \neq 1$

②検定統計量を求める

5個のサンプルを、X_1, X_2, X_3, X_4, X_5とすると、

$$V = \frac{(X_1 - \mu)^2 + (X_2 - \mu)^2 + (X_3 - \mu)^2 + (X_4 - \mu)^2 + (X_5 - \mu)^2}{\sigma^2}$$

は、自由度5のカイ2乗分布にしたがいます（167ページ）。これを利用して検定を行います。

$\mu = 20$, $\sigma = 1$, $X_1 = 16$, $X_2 = 20$, $X_3 = 19$, $X_4 = 22$, $X_5 = 18$とし、検定統計量を計算しましょう。

$$V = \frac{(16-20)^2 + (20-20)^2 + (19-20)^2 + (22-20)^2 + (18-20)^2}{1^2}$$

$$= 25$$

③棄却域を設定する

統計量Vは、自由度5のカイ2乗分布にしたがいます。

有意水準が5%なので、分布の下側と上側の2.5%ずつの範囲を棄却域とします。

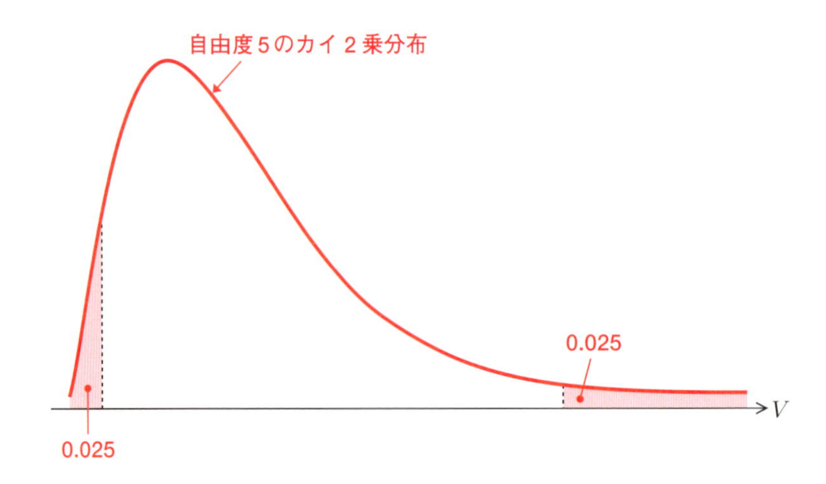

棄却域の境界値は、下側確率がそれぞれ2.5%と97.5%となるパーセント点です。164ページの表より、自由度5のカイ2乗分布の下側2.5パーセント点は「0.83」、97.5パーセント点は「12.83」です。

n＼p	0.005	0.025	0.05	0.95	0.975	0.995
1	0.00	[illegible]	0.00	3.84	[illegible]	7.88
2	0.01	[illegible]	0.10	5.99	[illegible]	10.60
3	0.07	[illegible]	0.35	7.81	[illegible]	12.84
4	0.21	[illegible]	0.71	9.49	[illegible]	14.86
5	[illegible]	0.83	[illegible]	[illegible]	12.83	16.75

④帰無仮説が正しいかどうかを検証する

統計量Vの値は、偏差の2乗和を大きくするか、母分散が小さいほど大きくなります。したがって、先ほど求めた統計量$V = 25$が棄却域に含まれるとしたら、次のような理由が考えられます。

理由A：標本から求めた偏差の2乗和が、たまたま滅多にないほど小さかった（または大きかった）

理由B：帰無仮説で仮定した$\sigma = 1$が、実際の母分散より大きかった（または小さかった）

仮説検定では、このうち理由Bを採用して、帰無仮説を棄却します。

下の図のように、$V = 25$は12.83より大きいので、棄却域に含まれます。

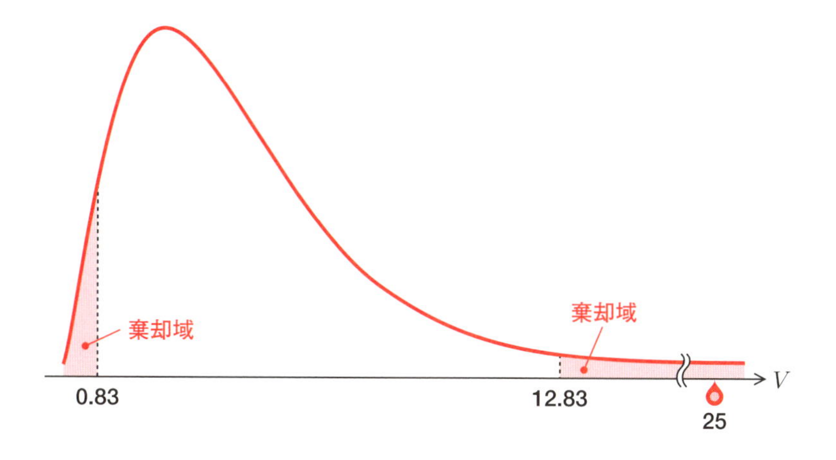

したがって、帰無仮説 H_0 は棄却され、対立仮説 H_1 が採択されます。よって、母標準偏差 σ は有意水準5%で1mmではないと考えられます。

…答え

母分散に関する仮説を検定する（母平均がわからない場合）

先ほどの例題を、母平均がわからないものとして考えてみましょう。

例題 ある工場では、金属の球を製造している。できあがった製品からサンプルを5個取り出して直径を計測したところ、次のような値を得た。

16mm　20mm　19mm　22mm　18mm

製品のばらつきを少なくするため、標準偏差 σ は1mmとしたい。標準偏差が1mmかどうかを、有意水準5%で検定しなさい。

①帰無仮説 H_0 と、対立仮説 H_1 を立てる

「標準偏差が1mmかどうか」を検証したいので、帰無仮説は「標準偏差は1mmである」とします。

帰無仮説 $H_0 : \sigma = 1$　　対立仮説 $H_1 : \sigma \neq 1$

②検定統計量を求める

5個のサンプルを、X_1, X_2, X_3, X_4, X_5 とすると、

$$V = \frac{(X_1 - \mu)^2 + (X_2 - \mu)^2 + (X_3 - \mu)^2 + (X_4 - \mu)^2 + (X_5 - \mu)^2}{\sigma^2}$$

は、自由度5のカイ2乗分布にしたがいます。ただし、今回は母平均 μ が与えられていないので、母平均の代わりに標本平均 $\overline{X}$ を用います。すると、

$$W = \frac{(X_1 - \overline{X})^2 + (X_2 - \overline{X})^2 + (X_3 - \overline{X})^2 + (X_4 - \overline{X})^2 + (X_5 - \overline{X})^2}{\sigma^2}$$

5

は、自由度 $n-1$ のカイ2乗分布にしたがいます（170ページ）。これを利用して検定を行います。

標本平均 $\overline{X}$ は、

$$\overline{X} = \frac{16+20+19+22+18}{5} = 19$$

$\overline{X}=19$，$\sigma=1$，$X_1=16$，$X_2=20$，$X_3=19$，$X_4=22$，$X_5=18$ とし、検定統計量 W を計算します。

$$W = \frac{(16-19)^2+(20-19)^2+(19-19)^2+(22-19)^2+(18-19)^2}{1^2} = 20$$

③棄却域を設定する

統計量 W は、自由度 $5-1=4$ のカイ2乗分布にしたがいます。

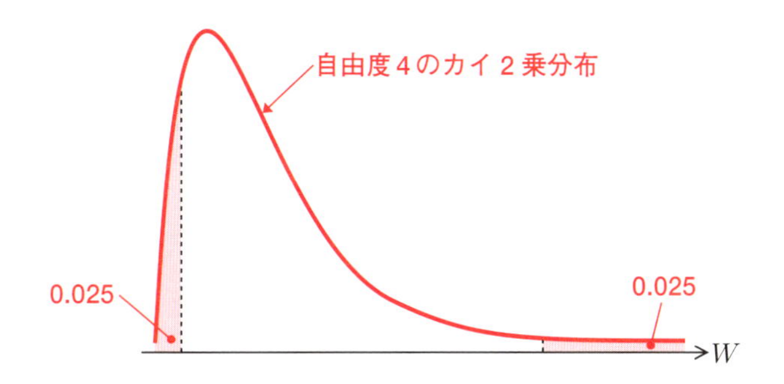

有意水準が5%なので、分布の下側と上側の2.5%ずつの範囲を棄却域とします。棄却域の境界値は、下側確率がそれぞれ2.5%と97.5%となるパーセント点です。164ページの表より、自由度4のカイ2乗分布の下側2.5パーセント点は「0.48」、97.5パーセント点は「11.14」です。

n＼p	0.005	0.025	0.05	0.95	0.975	0.995
1	0.00	0.00	0.00	3.84	5.02	7.88
2	0.01	0.05	0.10	5.99	7.38	10.60
3	0.07	0.22	0.35	7.81	9.35	12.84
4	0.21	0.48	0.71	9.49	11.14	14.86

④帰無仮説が正しいかどうかを検証する

統計量 W の値は、偏差の2乗和を大きくするか、母分散が小さいほど大きくなります。したがって、先ほど求めた検定統計量20が棄却域に含まれるとしたら、次のような理由が考えられます。

理由A：標本から求めた偏差の2乗和が、たまたま滅多にないほど小さかった（または大きかった）

理由B：帰無仮説で仮定した $\sigma = 1$ が、実際の母分散より大きかった（または小さかった）

仮説検定では、このうち理由Bを採用して、帰無仮説を棄却します。下の図のように、$W = 20$ は11.14より大きいので、棄却域に含まれます。

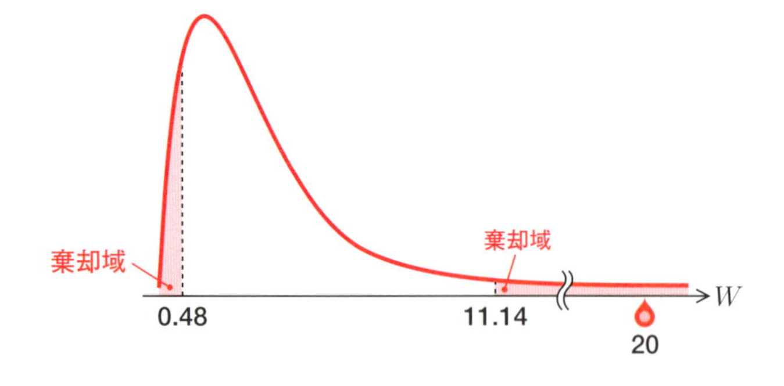

したがって、帰無仮説 H_0 は棄却され、対立仮説 H_1 が採択されます。よって、母標準偏差 σ は有意水準5%で1mmではないと考えられます。

…答え

練習問題2　　（答えは280ページ）

ある工場で、新しい製造機械を導入した。従来の製造機械の寸法のばらつきは、標準偏差0.2mmであった（$\sigma^2 = 0.2^2$）。新しい製造機械で生産された製品から10個を抜き出して寸法を測定したところ、標本標準偏差は0.12mmであった。寸法のばらつきは少なくなったと言えるだろうか。有意水準5%で検定しなさい。

第7章

仮説を検証する

仮説検定（発展編）

7-1 母平均の差を検定する①
母分散がわかっている場合
7-2 正規分布から派生した分布③
F 分布
7-3 母平均の差を検定する②
母分散がわからない場合
7-4 母平均の差を検定する③
ウェルチの t 検定
7-5 母比率に関する検定
7-6 適合度検定
7-7 独立性の検定

7-1 母平均の差を検定する①
母分散がわかっている場合

この節の概要

▶ここまでは、１つの母集団に関する仮説検定について説明してきました。この節では、２つの母集団の比較に関する検定を説明します。

２つの母集団のどちらの平均が大きいかを、それぞれの標本から判断することは、臨床実験などでよくあります。たとえば、

「高血圧患者を２つのグループに分け、一方のグループに新薬Ａを投与し、もう一方のグループに従来薬Ｂを投与して、薬の効果に差があるかどうかを調べる」

といった例です。薬の効果が本当に違うなら、実験を何回繰り返しても効果に差が出るはずです。それを確認するために、仮説検定の手法を使います。

ここでは、２つの母集団からそれぞれ標本を抽出して、母平均に差があるかどうか検定する手順を説明します。

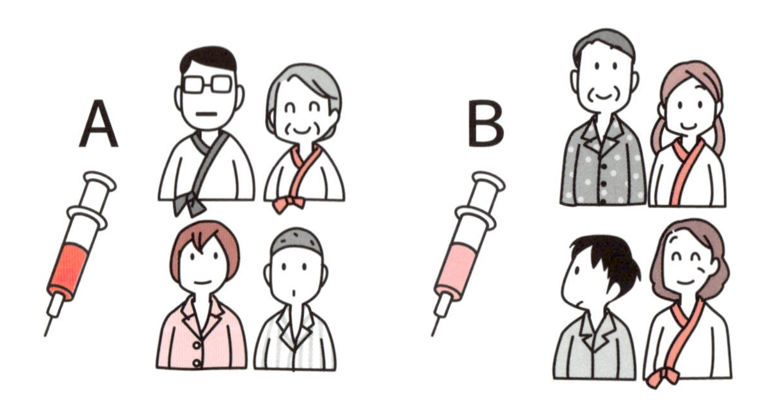

母平均が等しいかどうかを検定する（母分散がわかっている場合）

例題 あるメーカーでは、同じ製品を2つの工場で生産している。工場Xで生産した製品から10個を取り出して重さを測ったところ、標本平均は85gであった。また、工場Yで生産した製品から10個を取り出して重さを測ったところ、標本平均は88gであった。工場によって製品の重さに差があると言えるだろうか。有意水準5%で検定しなさい。

なお、製品の重さは正規分布にしたがい、工場Xは母分散5、工場Yは母分散3で製品を生産するものとする。

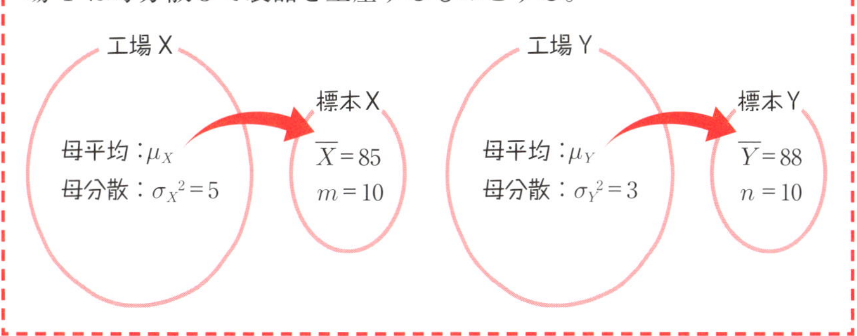

工場Xの製品の重さの母平均と標準偏差をそれぞれμ_Xとσ_X、工場Yの製品の重さの母平均と標準偏差をそれぞれμ_Yとσ_Yとします。

①帰無仮説H_0と、対立仮説H_1を立てる

ここでは、2つの母平均が等しいものと仮定します。したがって、帰無仮説は$\mu_X=\mu_Y$となります。

帰無仮説 H_0：$\mu_X=\mu_Y$
対立仮説 H_1：$\mu_X\neq\mu_Y$

②検定統計量を求める

工場Xの製品の重さは正規分布$N(\mu_X, \sigma_X{}^2)$にしたがいます。その

中から m 個の標本を取り出し、その標本平均を $\overline{X}$ とします。このとき、標本平均 $\overline{X}$ は正規分布

$$N\left(\mu_X,\ \frac{\sigma_X{}^2}{m}\right)$$

にしたがいます。

同様に、工場Yの製品の重さは正規分布 $N(\mu_Y,\ \sigma_Y{}^2)$ にしたがいます。その中から n 個の標本を取り出し、その標本平均を $\overline{Y}$ とします。このとき、標本平均 $\overline{Y}$ は正規分布

$$N\left(\mu_Y,\ \frac{\sigma_Y{}^2}{n}\right)$$

にしたがいます。

$\overline{X}$、$\overline{Y}$ が正規分布にしたがうので、$\overline{X}-\overline{Y}$ も正規分布にしたがいます。このとき、

$$E(\overline{X}-\overline{Y}) = E(\overline{X}) - E(\overline{Y}) = \mu_X - \mu_Y$$

$E(X+Y)=E(X)+E(Y)$ (67ページ),
$E(aX)=aE(X)$ (66ページ)

また、$\overline{X}$ と $\overline{Y}$ は互いに独立なので、

$V(aX)=a^2V(X)$ (66ページ)

$$V(\overline{X}-\overline{Y}) = V(\overline{X}) + V(-\overline{Y}) = V(\overline{X}) + (-1)^2V(\overline{Y})$$

$V(X+Y)=V(X)+V(Y)$ (70ページ)

$$= \frac{\sigma_X{}^2}{m} + \frac{\sigma_Y{}^2}{n}$$

以上から、$\overline{X}-\overline{Y}$ は、正規分布

$$N\left(\mu_X-\mu_Y,\ \frac{\sigma_X{}^2}{m}+\frac{\sigma_Y{}^2}{n}\right)$$

にしたがいます。$\overline{X}-\overline{Y}$ を標準化して，平均 0，分散 1^2 の正規分布にしたがう確率変数 Z に変換すると、次のようになります。

$$Z=\frac{\overline{X}-\overline{Y}-(\mu_X-\mu_Y)}{\sqrt{\dfrac{{\sigma_X}^2}{m}+\dfrac{{\sigma_Y}^2}{n}}}$$

この式に、$\overline{X}=85$，$\overline{Y}=88$，${\sigma_X}^2=5$，${\sigma_Y}^2=3$，$m=10$，$n=10$ を代入します。また、帰無仮説 H_0 より、$\mu_X=\mu_Y \Rightarrow \mu_X-\mu_Y=0$ です。

$$Z=\frac{85-88-0}{\sqrt{\dfrac{5}{10}+\dfrac{3}{10}}}=\frac{-3}{\sqrt{\dfrac{4}{5}}}=-\frac{3\sqrt{5}}{2}\fallingdotseq -3.354$$

③棄却域を設定する

確率変数 Z は、帰無仮説 H_0 が正しいとすれば、標準正規分布にしたがいます。有意水準5%、対立仮説が $\mu_X \neq \mu_Y$ なので、左右2.5%ずつを棄却域とします。99ページの標準正規分布表より、$P(0 \leqq Z \leqq a)$ の確率が $0.5-0.025=0.4750$ となるパーセント点 a は1.96です。したがって、棄却域の境界値は-1.96と1.96になります。

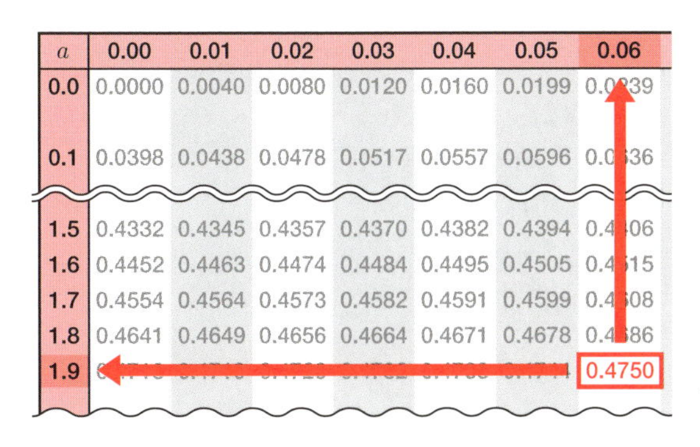

a	0.00	0.01	0.02	0.03	0.04	0.05	0.06
0.0	0.0000	0.0040	0.0080	0.0120	0.0160	0.0199	[illegible]
0.1	0.0398	0.0438	0.0478	0.0517	0.0557	0.0596	[illegible]
1.5	0.4332	0.4345	0.4357	0.4370	0.4382	0.4394	[illegible]
1.6	0.4452	0.4463	0.4474	0.4484	0.4495	0.4505	[illegible]
1.7	0.4554	0.4564	0.4573	0.4582	0.4591	0.4599	[illegible]
1.8	0.4641	0.4649	0.4656	0.4664	0.4671	0.4678	[illegible]
1.9	[illegible]	[illegible]	[illegible]	[illegible]	[illegible]	[illegible]	0.4750

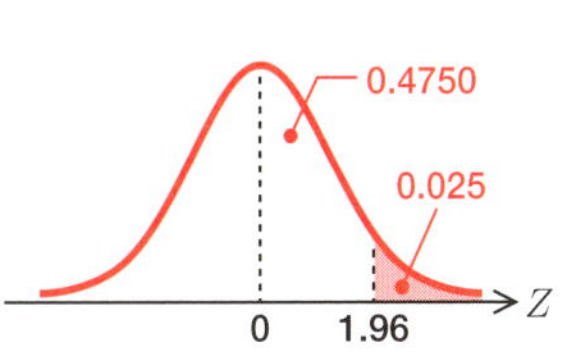

④帰無仮説が正しいかどうかを検証する

$Z=-3.354$ は-1.96より小さいので、棄却域に含まれます。したがって、帰無仮説 H_0 は棄却され、対立仮説 H_1 が採択されます。すなわち、工場Xと工場Yの製品の重さの平均には、有意に差があることがわかります。…答え

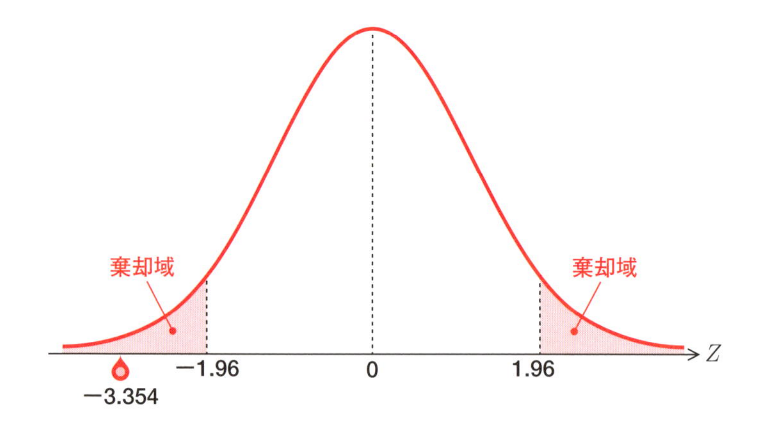

ここで説明した方法は、2つの母集団の母分散が既知（きち）であることを前提としています。母分散がわからない場合に、母平均の差を検定するためには、まだ説明していない統計的な道具が必要になります。次節以降で説明しましょう。

練習問題 1　（答えは281ページ）

高血圧患者50人を25人ずつ2つのグループに分け、グループXに新薬、グループYに従来薬を投与したところ、結果は次のようになった。新薬は従来薬に比べ効果が高いといえるだろうか。有意水準5％で検定しなさい。なお、新薬の効果の母標準偏差は15mmHg、従来薬の効果の母標準偏差は20mmHgとする。

	血圧低下度の平均
グループX（25人）	60mmHg
グループY（25人）	48mmHg

7-2 正規分布から派生した分布③
F 分布

この節の概要

- カイ２乗分布と t 分布に続く第３の分布として、いよいよ F 分布を紹介します。
- F 分布を使って、２つの母集団の母分散が等しいかどうかの検定（等分散の検定）を行う手順を説明します。

F 分布とは

自由度 f_1 のカイ２乗分布にしたがう確率変数を X、自由度 f_2 のカイ２乗分布にしたがう確率変数を Y とします。X と Y が互いに独立であるとき、

$$F = \frac{\dfrac{X}{f_1}}{\dfrac{Y}{f_2}}$$

がしたがう分布を、自由度（f_1, f_2）の **F 分布**といいます。

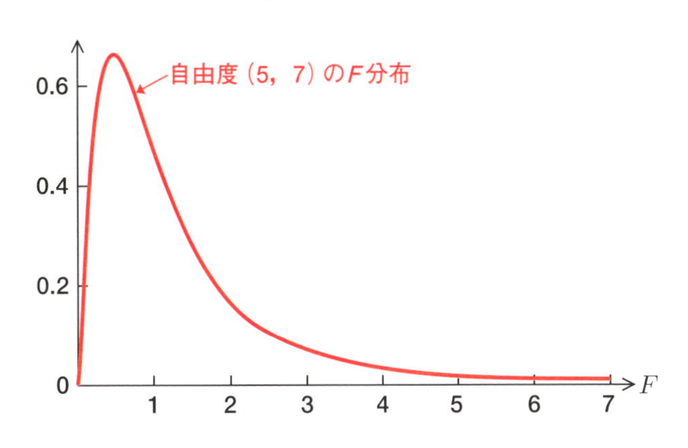

図のように、F分布は左右に非対称な山型の分布で、2つの自由度 f_1, f_2 の値によって形が変わります。

2つの母集団の分散が等しいかどうかを検定する

F分布は、2つの母集団の母分散が等しいかどうかを検定する場合に用いられます（等分散（とうぶんさん）の検定）。例題を通して、F分布の使い方を説明しましょう。

例題 あるメーカーでは、同じ製品を2つの工場で生産している。工場Xで生産している製品から8個を取り出して重さを測ったところ、標本の不偏分散は30であった（$m = 8$, $U_X^2 = 30$）。また、工場Yで生産している製品から9個を取り出して重さを測ったところ、標本の不偏分散は28であった（$n = 9$, $U_Y^2 = 28$）。工場Xと工場Yで、重さの母標準偏差に差があるといえるだろうか。有意水準5%で検定しなさい。

いつもの仮説検定の手順に沿って、検定を行います。

①帰無仮説 H_0、対立仮説 H_1 を立てる

2つの母集団の母分散をそれぞれ σ_X^2, σ_Y^2 とします。ここでは標準偏差に差があるかどうかを検定するので、「標準偏差は等しい」を帰無仮説 H_0 とします。

帰無仮説 H_0：$\sigma_X = \sigma_Y$
対立仮説 H_1：$\sigma_X \neq \sigma_Y$

②検定統計量を求める

工場Xから取り出した標本を X_1, X_2, …, X_m とすると、

$$W_X = \frac{(X_1 - \overline{X})^2 + (X_2 - \overline{X})^2 + \cdots + (X_m - \overline{X})^2}{\sigma_X{}^2}$$

は、自由度 $m-1$ のカイ2乗分布にしたがいます（170ページ）。

同様に、工場Yから取り出した標本を Y_1, Y_2, …, Y_n とすると、

$$W_Y = \frac{(Y_1 - \overline{Y})^2 + (Y_2 - \overline{Y})^2 + \cdots + (Y_n - \overline{Y})^2}{\sigma_Y{}^2}$$

は、自由度 $n-1$ のカイ2乗分布にしたがいます。したがって、次の統計量

$$F = \frac{\dfrac{W_X}{m-1}}{\dfrac{W_Y}{n-1}} \quad \cdots ①$$

は、自由度（$m-1$, $n-1$）の F 分布にしたがいます。

ここで、工場Xから取り出した標本の不偏分散は、

$$U_X{}^2 = \frac{(X_1 - \overline{X})^2 + (X_2 - \overline{X})^2 + \cdots + (X_m - \overline{X})^2}{m-1}$$

ですから、

$$\Rightarrow \quad (X_1 - \overline{X})^2 + (X_2 - \overline{X})^2 + \cdots + (X_m - \overline{X})^2 = (m-1)\,U_X{}^2$$

と書けます。したがって、

$$W_X = \frac{(m-1)\,U_X{}^2}{\sigma_X{}^2} \quad \cdots ②$$

が成り立ちます。工場Yについても同様に、

$$W_Y = \frac{(n-1)\,U_Y{}^2}{\sigma_Y{}^2} \quad \cdots ③$$

です。式②，③を式①に代入すると、

$$F = \frac{\dfrac{(m-1)\,U_X{}^2}{(m-1)\,\sigma_X{}^2}}{\dfrac{(n-1)\,U_Y{}^2}{(n-1)\,\sigma_Y{}^2}} = \frac{\dfrac{U_X{}^2}{\sigma_X{}^2}}{\dfrac{U_Y{}^2}{\sigma_Y{}^2}}$$

となります。帰無仮説 H_0 が正しいとすれば、$\sigma_X = \sigma_Y$ ですから、

$$F = \frac{{U_X}^2}{{U_Y}^2} \quad \cdots ④$$

は、自由度（$m-1$, $n-1$）の F 分布にしたがいます。

2つの独立した母集団 X, Y があり、X から取り出した m 個の標本の不偏分散を ${U_X}^2$、Y から取り出した n 個の標本の不偏分散を ${U_Y}^2$ とする。2つの母集団の母分散が等しいとき、

$$F = \frac{{U_X}^2}{{U_Y}^2}$$

は、自由度（$m-1$, $n-1$）の F 分布にしたがう。

式④に ${U_X}^2 = 30$, ${U_Y}^2 = 28$ を代入し、検定統計量とします。

$$F = \frac{30}{28} \fallingdotseq 1.07$$

③棄却域を設定する

$m = 8$, $n = 9$ のとき、自由度（$m-1$, $n-1$）の F 分布は次のような分布です。有意水準5%、対立仮説が $\sigma_X \neq \sigma_Y$ なので、左右2.5%ずつを棄却域とします。

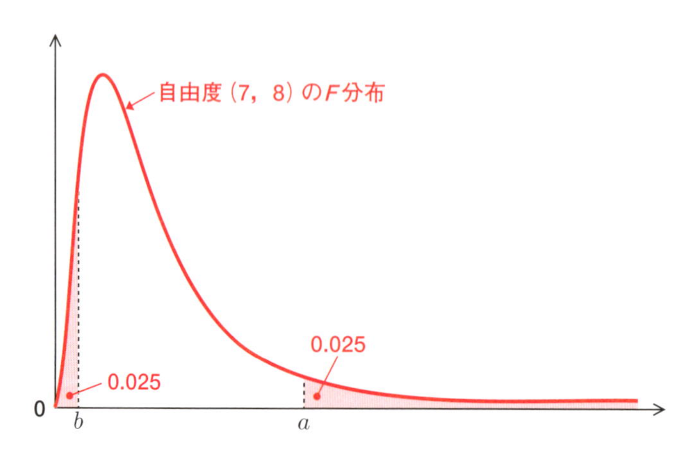

帰無仮説が正しければ、検定統計量 F の値が棄却域に含まれることは95%の確率でありません。そこで、F の値が棄却域に含まれる場合は帰無仮説が正しくないと考えて棄却します。

棄却域の境界値 a, b を求めましょう。

点 a は、自由度（7, 8）の F 分布の上側確率が2.5%になるパーセント点です。この値の計算はとても複雑なので、例によってあらかじめ計算した値を表にまとめました（下表）。

◆ F分布の上側 2.5 パーセント点

表中の値は、右図の色網部分の面積 $p=0.025$ となる $100p$ パーセント点を表したものです。

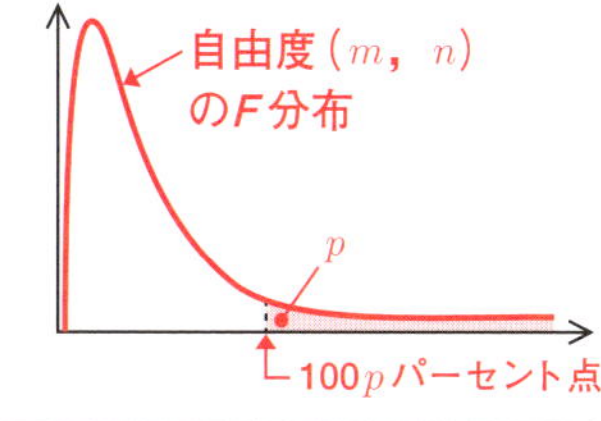

$p=0.025$

n \ m	1	2	3	4	5	6	7	8	9	10	20
1	647.789	799.500	864.163	899.583	921.848	937.111	948.217	956.656	963.285	968.627	993.103
2	38.506	39.000	39.165	39.248	39.298	39.331	39.355	39.373	39.387	39.398	39.448
3	17.443	16.044	15.439	15.101	14.885	14.735	14.624	14.540	14.473	14.419	14.167
4	12.218	10.649	9.979	9.605	9.364	9.197	9.074	8.980	8.905	8.844	8.560
5	10.007	8.434	7.764	7.388	7.146	6.978	6.853	6.757	6.681	6.619	6.329
6	8.813	7.260	6.599	6.227	5.988	5.820	5.695	5.600	5.523	5.461	5.168
7	8.073	6.542	5.890	5.523	5.285	5.119	4.995	4.899	4.823	4.761	4.467
8	7.571	6.059	5.416	5.053	4.817	4.652	4.529	4.433	4.357	4.295	3.999
9	7.209	5.715	5.078	4.718	4.484	4.320	4.197	4.102	4.026	3.964	3.667
10	6.937	5.456	4.826	4.468	4.236	4.072	3.950	3.855	3.779	3.717	3.419
11	6.724	5.256	4.630	4.275	4.044	3.881	3.759	3.664	3.588	3.526	3.226
12	6.554	5.096	4.474	4.121	3.891	3.728	3.607	3.512	3.436	3.374	3.073
13	6.414	4.965	4.347	3.996	3.767	3.604	3.483	3.388	3.312	3.250	2.948
14	6.298	4.857	4.242	3.892	3.663	3.501	3.380	3.285	3.209	3.147	2.844
15	6.200	4.765	4.153	3.804	3.576	3.415	3.293	3.199	3.123	3.060	2.756
16	6.115	4.687	4.077	3.729	3.502	3.341	3.219	3.125	3.049	2.986	2.681
17	6.042	4.619	4.011	3.665	3.438	3.277	3.156	3.061	2.985	2.922	2.616
18	5.978	4.560	3.954	3.608	3.382	3.221	3.100	3.005	2.929	2.866	2.559
19	5.922	4.508	3.903	3.559	3.333	3.172	3.051	2.956	2.880	2.817	2.509
20	5.871	4.461	3.859	3.515	3.289	3.128	3.007	2.913	2.837	2.774	2.464

F分布には自由度が2つあるので、カイ2乗分布やt分布の表と読み方が違うことに注意してください。表より、自由度(7, 8)の上側2.5パーセント点は「4.529」です。

n \ m	1	2	3	4	5	6	7	8	9	10	20
1	647.789	799.500	864.163	899.583	921.848	937.111	948[illegible]217	956.656	963.285	968.627	993.103
2	38.506	39.000	39.165	39.248	39.298	39.331	39[illegible]355	39.373	39.387	39.398	39.448
3	17.443	16.044	15.439	15.101	14.885	14.735	14[illegible]624	14.540	14.473	14.419	14.167
4	12.218	10.649	9.979	9.605	9.364	9.197	9[illegible]074	8.980	8.905	8.844	8.560
5	10.007	8.434	7.764	7.388	7.146	6.978	6[illegible]853	6.757	6.681	6.619	6.329
6	8.813	7.260	6.599	6.227	5.988	5.820	5[illegible]695	5.600	5.523	5.461	5.168
7	8.073	6.542	5.890	5.523	5.285	5.119	[illegible]995	4.899	4.823	4.761	4.467
8	[illegible]	[illegible]	[illegible]	[illegible]	[illegible]	[illegible]	4.529	4.433	4.357	4.295	3.999

もうひとつの境界値である点bは、自由度(7, 8)のF分布の下側確率が2.5%になるパーセント点です。この値は、F分布の次の性質を利用して求めることができます。

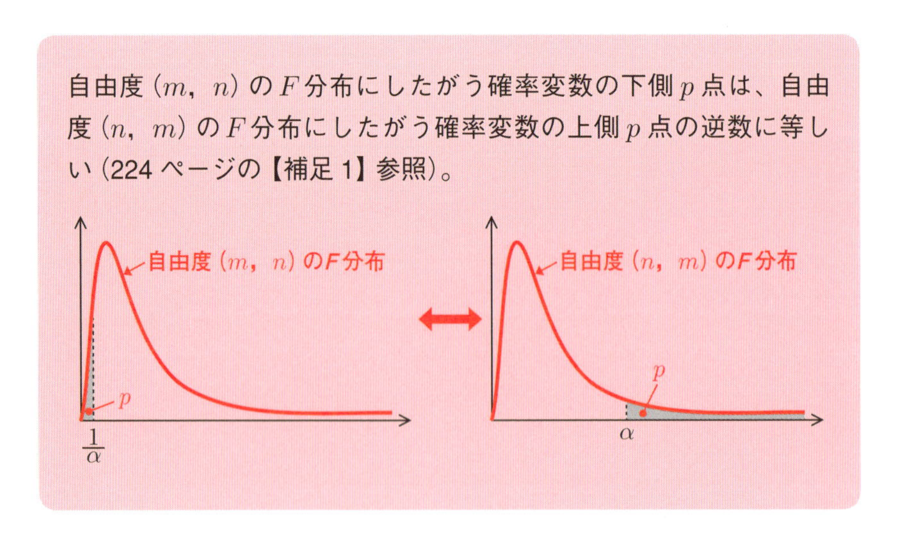
自由度(m, n)のF分布にしたがう確率変数の下側p点は、自由度(n, m)のF分布にしたがう確率変数の上側p点の逆数に等しい(224ページの【補足1】参照)。

つまり、自由度(7, 8)の下側2.5パーセント点は、自由度(8, 7)の上側2.5パーセント点の逆数になります。

前ページの表より、自由度(8, 7)の上側2.5パーセント点は「4.899」なので、自由度(7, 8)の下側2.5パーセント点bは、

$$b = \frac{1}{4.899} \fallingdotseq 0.204$$

4.899の逆数

です。

④帰無仮説が正しいかどうかを検証する

以上から、この仮説検定の棄却域は次のようになります。

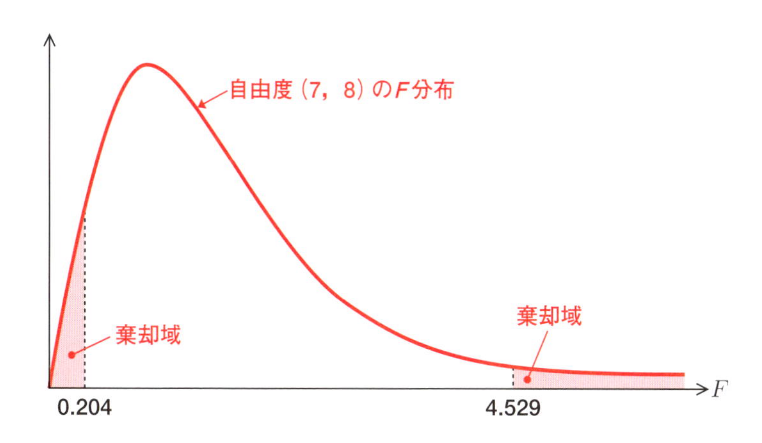

検定統計量 $F = 1.07$ は、4.529 以上でも 0.204 以下でもないので、棄却域には含まれません。したがって、帰無仮説 H_0 は棄却できません。よって、

2 つの母分散（および母標準偏差）は等しくないとはいえない …答え

という結論になります。

練習問題 2 （答えは 281 ページ）

ある学校で男子生徒 10 人と女子生徒 11 人の身長を測定したところ、男子生徒の身長は平均 169cm、標本標準偏差は 12cm だった。また、女子生徒の身長は平均 158cm、標本標準偏差は 5cm だった。この学校全体の男子生徒と女子生徒の身長の母分散は等しいといえるだろうか。有意水準 5%で検定しなさい。

補足1

F分布の性質

自由度mのカイ2乗分布にしたがう確率変数をX、自由度nのカイ2乗分布にしたがう確率変数をYとします。

$$F=\frac{\frac{X}{m}}{\frac{Y}{n}}$$

が自由度(m, n)のF分布にしたがうとき、Fの逆数

$$\frac{1}{F}=\frac{\frac{Y}{n}}{\frac{X}{m}}$$

は、自由度(n, m)のF分布にしたがいます。

自由度(m, n)のF分布にしたがうFの下側確率がpとなる点をaとすると、上側確率$P(F \geqq a)$は$1-p$なので

$$P(F \geqq a)=1-p$$ ←カッコ内の不等式の両辺をFaで割る

$$\Rightarrow P\left(\frac{1}{F} \leqq \frac{1}{a}\right)=1-p$$

が成り立ちます。$\frac{1}{F}$は自由度(n, m)のF分布にしたがうので、

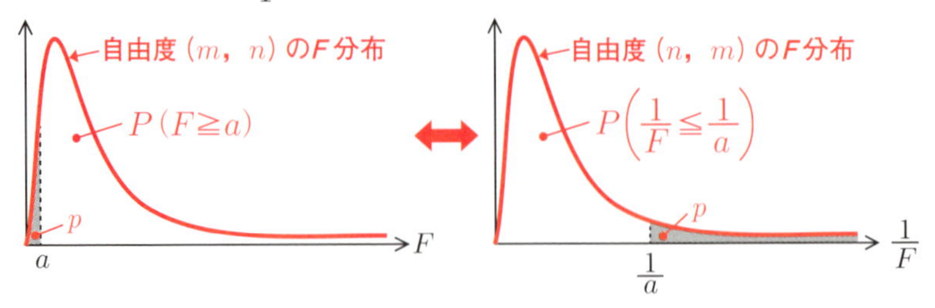

以上から、自由度(m, n)のF分布にしたがう確率変数の下側p点は、自由度(n, m)のF分布にしたがう確率変数の上側p点の逆数に等しいことがわかります。

表計算ソフトExcelでF分布のパーセント点を求める

表計算ソフトExcelには、F分布のパーセント点や下側確率を求める次のような関数が用意されています。

関数	機能
F.INV (p, m, n)	自由度(m, n)のF分布にしたがう確率変数の下側$100p$パーセント点を求める。
F.INV.RT (p, m, n)	自由度(m, n)のF分布にしたがう確率変数の上側$100p$パーセント点を求める。
F.DIST (X, m, n, 関数形式)	自由度(m, n)のF分布にしたがう確率変数Xの下側確率を求める(関数形式にTRUEを指定)。

※Excel2007以前のバージョンでは、F.INVの代わりにFINV関数を使います。
(F.INV.RTに当たる関数はExcel2007以前には用意されていません。)

例：自由度（10，8）のF分布の上側2.5パーセント点

=F.INV.RT（0.025，10，8）

確率　自由度1　自由度2

	A	B
1	上側確率	0.025
2	自由度1	10
3	自由度2	8
4		
5	パーセント点	4.295127

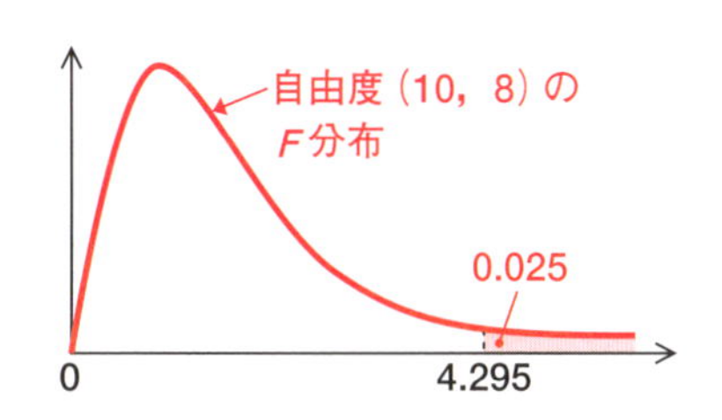

7-3 母平均の差を検定する②
母分散がわからない場合

この節の概要

- 母分散がわからない場合でも、２つの母分散が等しいと仮定できれば、母平均に差があるかどうかを検定できます。
- 母分散が等しいかどうかは、前節で説明した等分散の検定で確認できます。

母平均が等しいかどうかを検定する（母分散がわからない場合）

例題　あるメーカーでは、同じ製品を２つの工場で生産している。工場Xで生産した製品から10個を取り出して重さを測ったところ、標本平均$\overline{X}$は84g、不偏分散$U_X{}^2$は12であった。また、工場Yで生産した製品から８個を取り出して重さを測ったところ、標本平均$\overline{Y}$は88g、不偏分散$U_Y{}^2$は10であった。

２つの標本から、工場によって製品の重さに差があると言えるだろうか。有意水準5%で検定しなさい。

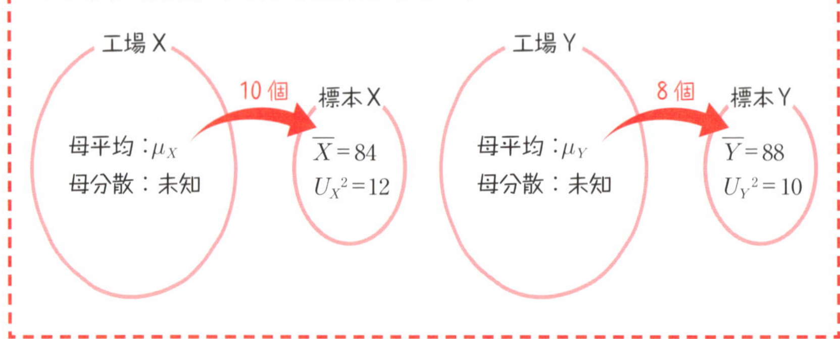

213ページでは、「母分散がわかっている」という特殊な前提のもとで、２つの母集団の母平均に差があるかどうかの検定を行いました。こ

の節ではその前提をはずして、母分散がわからない場合に、母平均に差があるかどうかを検定する方法を説明します。

母分散がわからない場合の母平均の差の検定は、次の２つのケースによって方法が異なります。

ケース１：２つの母分散の値はわからないが、等しいとみなせる場合
ケース２：２つの母分散の値がわからず、等しいとも限らない場合

ケース２の場合については次節で検討することにして、ここではケース１の場合について説明しましょう。

準備段階として、母分散が等しいかどうかを検定する

２つの母分散が等しいかどうかは、前節で説明した等分散の検定で検証することができます。そこでまず準備段階として、例題の工場Ｘと工場Ｙとで、母分散が等しいといえるかどうかを確認します。

└ この手順については、前節で説明しました。

①帰無仮説 H_0、対立仮説 H_1 を立てる

ここでは母分散が等しいと言えるかどうかを検討するので、帰無仮説 H_0 は「$\sigma_X^2 = \sigma_Y^2$」とします。

帰無仮説 H_0：$\sigma_X^2 = \sigma_Y^2$
対立仮説 H_1：$\sigma_X^2 \neq \sigma_Y^2$

②検定統計量を求める

２つの標本から求めた不偏分散 U_X^2, U_Y^2 から、統計量 F を求めます。

$$F = \frac{U_X^2}{U_Y^2} = \frac{12}{10} = 1.2$$

統計量 F は、自由度 $(m - 1,\ n - 1)$ の F 分布にしたがいます（220ページ）。

（m └ 10、n └ 8）

③棄却域を設定する

$m = 10$, $n = 8$ のとき、自由度 $(m - 1, n - 1)$ の F 分布は次のような分布です。有意水準 5%、対立仮説が $\sigma_X^2 \neq \sigma_Y^2$ なので、左右 2.5% ずつを棄却域とします。

（図中の注記：$m - 1$ → 9、$n - 1$ → 7）

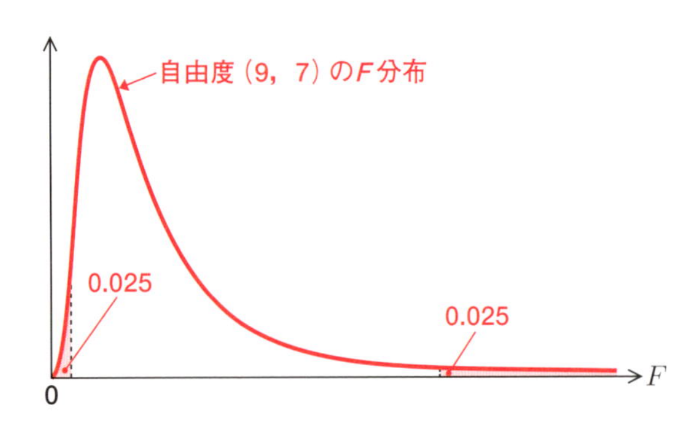

221 ページの表より、自由度 (9, 7) の F 分布の上側 2.5 パーセント点は「4.823」です。また、下側 2.5 パーセント点は自由度 (7, 9) の F 分布の上側 2.5 パーセント点の逆数に等しいので (222 ページ)、

$$\frac{1}{4.197} \fallingdotseq 0.238$$

になります。

n＼m	1	2	3	4	5	6	7	8	9	10	20
1	647.789	799.500	864.163	899.583	921.848	937.111	948[illegible]217	956.656	963[illegible]285	968.627	993.103
2	38.506	39.000	39.165	39.248	39.298	39.331	39[illegible]355	39.373	39[illegible]387	39.398	39.448
3	17.443	16.044	15.439	15.101	14.885	14.735	14[illegible]624	14.540	14[illegible]473	14.419	14.167
4	12.218	10.649	9.979	9.605	9.364	9.197	9[illegible]074	8.980	8[illegible]905	8.844	8.560
5	10.007	8.434	7.764	7.388	7.146	6.978	6[illegible]853	6.757	6[illegible]681	6.619	6.329
6	8.813	7.260	6.599	6.227	5.988	5.820	5[illegible]695	5.600	5[illegible]523	5.461	5.168
7	[illegible]	[illegible]	[illegible]	[illegible]	[illegible]	[illegible]	[illegible]	[illegible]	4.823	4.761	4.467
8	7.571	6.059	5.416	5.053	4.817	4.652	4[illegible]529	4.433	4.357	4.295	3.999
9	[illegible]	[illegible]	[illegible]	[illegible]	[illegible]	[illegible]	4.197	4.102	4.026	3.964	3.667

④帰無仮説が正しいかどうか検証する

検定統計量 $F = 1.2$ は 0.238 以下でも 4.823 以上でもないので、棄却域には含まれません。したがって、帰無仮説 H_0 は棄却されず、2 つの母分散は等しくないとは言えないことがわかります。

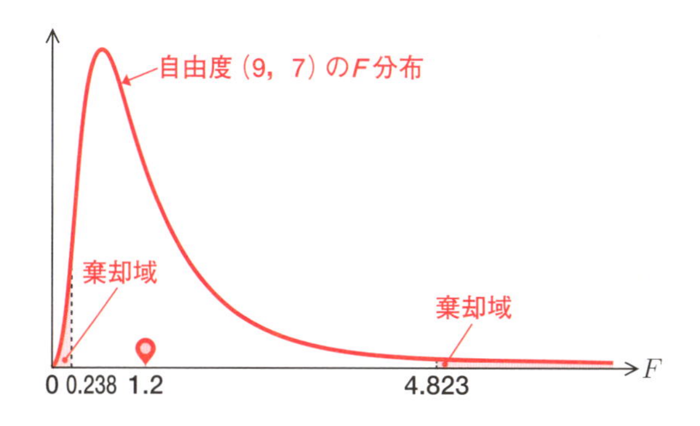

以上の結果から、$\sigma_X{}^2 = \sigma_Y{}^2$ と仮定して、本題である2つの母平均が等しいかどうかの検定に移りましょう。

母分散が等しいと仮定して、母平均が等しいかどうかを検定する

①帰無仮説 H_0、対立仮説 H_1 を立てる

ここでは、2つの母平均が等しいものと仮定します。したがって、帰無仮説は $\mu_X = \mu_Y$ となります。

帰無仮説 H_0：$\mu_X = \mu_Y$
対立仮説 H_1：$\mu_X \neq \mu_Y$

②検定統計量を求める

215ページでは、検定統計量として、標準正規分布にしたがう統計量

$$Z = \frac{\overline{X} - \overline{Y} - (\mu_X - \mu_Y)}{\sqrt{\dfrac{\sigma_X{}^2}{m} + \dfrac{\sigma_Y{}^2}{n}}}$$

を考えました。$\sigma_X{}^2$ と $\sigma_Y{}^2$ の値はわかりませんが、$\sigma_X{}^2 = \sigma_Y{}^2 = \sigma^2$ と仮定できるので、上の式は次のように書けます。

$$Z = \frac{\overline{X} - \overline{Y} - (\mu_X - \mu_Y)}{\sqrt{\left(\dfrac{1}{m} + \dfrac{1}{n}\right)\sigma^2}} \quad \cdots ①$$

σ^2の値がわからないので、何らかの値で代用しなければなりません。そこで、不偏分散$U_X{}^2$と$U_Y{}^2$の平均を考えます。ただし、単なる算術平均ではなく、それぞれの自由度を重みとする加重平均(20ページ)にします。

不偏分散$U_X{}^2$と$U_Y{}^2$の自由度は、それぞれの標本のサイズから1を引いた$m-1$、$n-1$ですから、2つの加重平均U_{XY}は、

$$U_{XY} = \frac{U_X{}^2 \times (m-1) + U_Y{}^2 \times (n-1)}{(m-1)+(n-1)} = \frac{(m-1)U_X{}^2 + (n-1)U_Y{}^2}{m+n-2}$$

このU_{XY}を、**合併**(がっぺい)**した分散**といいます。

式①のσ^2をU_{XY}に置き換えると、次のようになります。

$$T = \frac{\overline{X} - \overline{Y} - (\mu_X - \mu_Y)}{\sqrt{\left(\dfrac{1}{m} + \dfrac{1}{n}\right) U_{XY}}} \quad \cdots ②$$

この統計量Tは、自由度$m+n-2$のt分布にしたがいます(証明は232ページ【補足3】参照)。

式②に、$\overline{X}=84$, $\overline{Y}=88$, $m=10$, $n=8$を代入します。なお、

$$U_{XY} = \frac{(m-1)U_X{}^2 + (n-1)U_Y{}^2}{m+n-2} = \frac{(10-1)\times 12 + (8-1)\times 10}{10+8-2}$$

$$= \frac{9\times 12 + 7\times 10}{16} = 11.125$$

です。また、帰無仮説H_0より、$\mu_X - \mu_Y = 0$とします。

$$T = \frac{84-88-0}{\sqrt{\left(\dfrac{1}{10} + \dfrac{1}{8}\right) \times 11.125}} = \frac{(-4)}{\sqrt{(0.1+0.125)\times 11.125}} \fallingdotseq -2.528$$

③棄却域を設定する

統計量Tは、帰無仮説H_0が正しいとすれば、自由度16($m+n-2$)のt分布にしたがいます。有意水準5%、対立仮説が$\mu_X \neq \mu_Y$なので、左右2.5%ずつを棄却域とします。

180ページの表より、自由度16のt分布の上側2.5パーセント点は「2.120」です。

n＼α	0.005	0.01	0.025	0.05
1	63.657	31.821	12.706	6.314
15	2.947	2.602	2.131	1.753
16	[illegible]	[illegible]	2.120	1.746

したがって、棄却域の境界値は－ 2.12 と 2.12 となります。

④帰無仮説が正しいかどうかを検証する

T = － 2.528 は－ 2.12 より小さいので、棄却域に含まれます。したがって、帰無仮説 H_0 は棄却され、対立仮説 H_1 が採択されます。すなわち、工場 X と工場 Y の製品の重さの平均には、有意に差があることがわかります。…答え

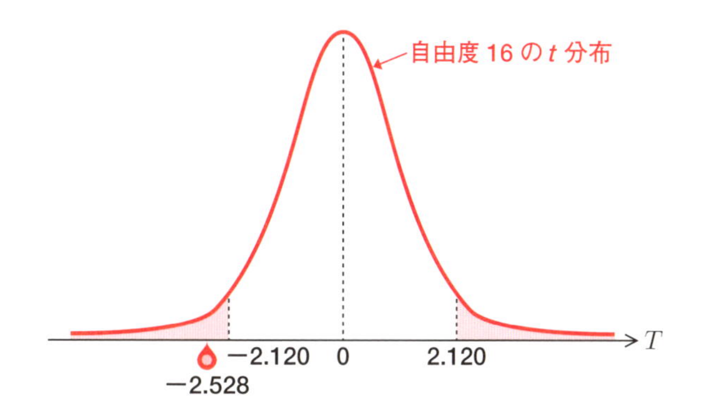

練習問題 3 （答えは 282 ページ）

高血圧患者 20 人を 10 人ずつ 2 つのグループに分け、グループ X に新薬、グループ Y に従来薬を投与したところ、結果は次のようになった。新薬は従来薬に比べ効果が高いといえるだろうか。有意水準 5% で検定しなさい。なお、母分散は等しいと仮定できるものとする。

	血圧低下度の平均	標本標準偏差
グループ X（10 人）	63mmHg	12mmHg
グループ Y（10 人）	49mmHg	15mmHg

補足3

統計量Tが自由度$m+n-2$のt分布にしたがうことの証明

230ページ式②の検定統計量Tが、自由度$m+n-2$のt分布にしたがうことを示しましょう。

$$T=\frac{\overline{X}-\overline{Y}-(\mu_X-\mu_Y)}{\sqrt{\left(\frac{1}{m}+\frac{1}{n}\right)U_{XY}}}$$ …②（再掲）

まず、自由度$m-1$のカイ2乗分布にしたがう統計量W_Xと、自由度$n-1$のカイ2乗分布にしたがう統計量W_Yを考えます（170ページ参照）。

$$W_X=\frac{(X_1-\overline{X})^2+\cdots+(X_m-\overline{X})^2}{\sigma^2}$$

$$W_Y=\frac{(Y_1-\overline{Y})^2+\cdots+(Y_n-\overline{Y})^2}{\sigma^2}$$

W_XとW_Yの和をW_{XY}とすると、統計量W_{XY}は自由度$m+n-2$のカイ2乗分布にしたがいます。

$$W_{XY}=\underset{\text{自由度 } m-1}{W_X}+\underset{\text{自由度 } n-1}{W_Y}$$

自由度 $(m-1)+(n-1)=m+n-2$

$$=\frac{(X_1-\overline{X})^2+\cdots+(X_m-\overline{X})^2+(Y_1-\overline{Y})^2+\cdots+(Y_n-\overline{Y})^2}{\sigma^2}$$

また、

$$U_X{}^2=\frac{(X_1-\overline{X})^2+\cdots+(X_m-\overline{X})^2}{m-1}$$

$$\Rightarrow (X_1-\overline{X})^2+\cdots+(X_m-\overline{X})^2=(m-1)U_X{}^2$$

$$U_Y{}^2=\frac{(Y_1-\overline{Y})^2+\cdots+(Y_n-\overline{Y})^2}{n-1}$$

$$\Rightarrow (Y_1-\overline{Y})^2+\cdots+(Y_n-\overline{Y})^2=(n-1)U_Y{}^2$$

より、合併した分散U_{XY}は

$$U_{XY} = \frac{(m-1)\,U_X{}^2 + (n-1)\,U_Y{}^2}{m+n-2}$$

$$= \frac{(X_1-\overline{X})^2 + \cdots + (X_m-\overline{X})^2 + (Y_1-\overline{Y})^2 + \cdots + (Y_n-\overline{Y})^2}{m+n-2}$$

$$= \frac{\sigma^2 W_{XY}}{m+n-2}$$

と書けるので、

$$\Rightarrow W_{XY} = \frac{(m+n-2)\,U_{XY}}{\sigma^2}$$

となります。

ここで、229ページ式①の統計量 Z と統計量 W_{XY} を使って、次のような統計量 T をつくります。

$$T = \frac{Z}{\sqrt{\dfrac{W_{XY}}{m+n-2}}} \quad \cdots③$$

Z は標準正規分布にしたがい、W_{XY} は自由度 $m+n-2$ のカイ2乗分布にしたがうので、この統計量 T は自由度 $m+n-2$ の t 分布にしたがいます。式③を変形すると、

$$T = \frac{Z}{\sqrt{\dfrac{W_{XY}}{m+n-2}}} = \frac{Z}{\sqrt{\dfrac{(m+n-2)\,U_{XY}}{(m+n-2)\,\sigma^2}}} = \frac{Z}{\sqrt{\dfrac{U_{XY}}{\sigma^2}}}$$

$$= \frac{\overline{X}-\overline{Y}-(\mu_X-\mu_Y)}{\sqrt{\left(\dfrac{1}{m}+\dfrac{1}{n}\right)\sigma^2}\cdot\sqrt{\dfrac{U_{XY}}{\sigma^2}}}$$

←式①Z

$$= \frac{\overline{X}-\overline{Y}-(\mu_X-\mu_Y)}{\sqrt{\left(\dfrac{1}{m}+\dfrac{1}{n}\right)U_{XY}}}$$

となり、230ページの式②になります。

7-4 母平均の差を検定する③
ウェルチの t 検定

この節の概要

- ２つの母分散の値がわからず、等しいとも限らない場合に、母平均の差を検定するには、ウェルチの t 検定と呼ばれる方法を使います。
- ウェルチの t 検定は、２つの母分散が等しい場合にも使用できます。

母平均が等しいかどうかをウェルチの t 検定で検定する

前節では、２つの母集団の母分散が等しいと仮定できる場合に、母平均が等しいかどうかを検定する方法を説明しました。この方法は、母分散が等しいと仮定できない場合には使えません。

母分散が等しいかどうかわからない場合の検定方法として、イギリスの統計学者バーナード・L・ウェルチが考案した方法がよく知られています。この方法は、一般に**ウェルチの t 検定**と呼ばれます。

ウェルチの t 検定は、次のような統計量

$$T=\frac{(\overline{X}-\overline{Y})-(\mu_X-\mu_Y)}{\sqrt{\dfrac{{U_X}^2}{m}+\dfrac{{U_Y}^2}{n}}} \quad \cdots①$$

が、自由度 ν（ニュー）の t 分布に近似的にしたがうというものです。ただし、自由度 ν は次のように計算します。

$$\nu=\frac{\left(\dfrac{{U_X}^2}{m}+\dfrac{{U_Y}^2}{n}\right)^2}{\dfrac{({U_X}^2/m)^2}{m-1}+\dfrac{({U_Y}^2/n)^2}{n-1}} \quad \cdots②$$

この数式の導出は高度なので本書では割愛します。前節の例題を、ウェルチの t 検定で解いてみましょう。

例題　あるメーカーでは、同じ製品を2つの工場で生産している。工場Xで生産した製品から10個を取り出して重さを測ったところ、標本平均$\overline{X}$は84g、不偏分散$U_X{}^2$は12であった。また、工場Yで生産した製品から8個を取り出して重さを測ったところ、標本平均$\overline{Y}$は88g、不偏分散$U_Y{}^2$は10であった。

2つの標本から、工場によって製品の重さに差があると言えるだろうか。有意水準5%で検定しなさい。

①帰無仮説H_0、対立仮説H_1を立てる

2つの母平均が等しいものと仮定するので、帰無仮説は$\mu_X = \mu_Y$となります。

帰無仮説H_0：$\mu_X = \mu_Y$
対立仮説H_1：$\mu_X \neq \mu_Y$

②検定統計量を求める

前ページの式①に、$\overline{X} = 84$，$\overline{Y} = 88$，$U_X{}^2 = 12$，$U_Y{}^2 = 10$，$m = 10$，$n = 8$を代入します。また、帰無仮説H_0より、$\mu_X - \mu_Y = 0$とします。

$$T = \frac{(\overline{X} - \overline{Y}) - (\mu_X - \mu_Y)}{\sqrt{\dfrac{U_X{}^2}{m} + \dfrac{U_Y{}^2}{n}}} = \frac{84 - 88 - 0}{\sqrt{\dfrac{12}{10} + \dfrac{10}{8}}} = \frac{(-4)}{\sqrt{2.45}} \fallingdotseq -2.556$$

③棄却域を設定する

統計量Tは、帰無仮説H_0が正しいとすれば、自由度νのt分布にしたがいます。ただし、自由度νの値は次のように計算します。

$$\nu = \frac{\left(\dfrac{U_X{}^2}{m} + \dfrac{U_Y{}^2}{n}\right)^2}{\dfrac{(U_X{}^2/m)^2}{m-1} + \dfrac{(U_Y{}^2/n)^2}{n-1}} = \frac{\left(\dfrac{12}{10} + \dfrac{10}{8}\right)^2}{\dfrac{(12/10)^2}{10-1} + \dfrac{(10/8)^2}{8-1}}$$

$$= \frac{(2.45)^2}{\frac{(1.2)^2}{9} + \frac{(1.25)^2}{7}} \fallingdotseq 15.67 \rightarrow 16$$

180ページの表より、自由度16のt分布の上側2.5パーセント点は、「2.120」です。したがって、棄却域の境界値は−2.12と2.12となります。

④帰無仮説が正しいかどうかを検証する

$T = -2.556$は−2.12より小さいので、棄却域に含まれます。したがって、帰無仮説H_0は棄却され、対立仮説H_1が採択されます。すなわち、工場Xと工場Yの製品の重さの平均には、有意に差があることがわかります。…答え

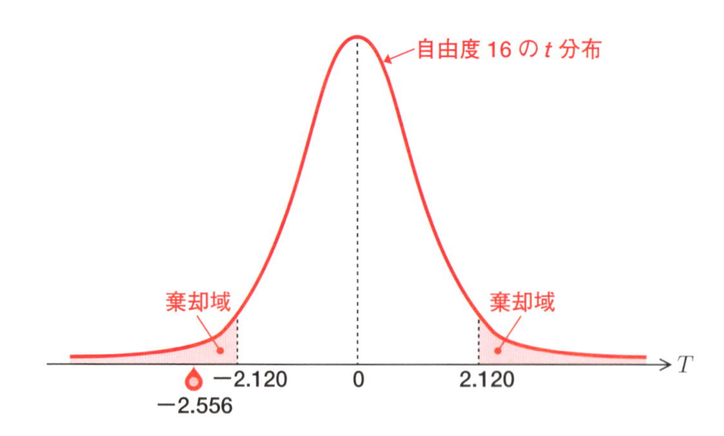

練習問題4 （答えは282ページ）

高血圧患者20人を10人ずつ2つのグループに分け、グループXに新薬、グループYに従来薬を投与したところ、結果は次のようになった。新薬は従来薬に比べ効果が高いといえるだろうか。ウェルチのt検定により、有意水準5%で検定しなさい。

	血圧低下度の平均	標本標準偏差
グループX（10人）	63mmHg	12mmHg
グループY（10人）	49mmHg	15mmHg

7-5 母比率に関する検定

この節の概要

▶ 標本から割り出した比率（標本比率）を、母集団全体の比率（母比率）としてよいかどうかを検定する方法を説明します。

母比率の検定

例題　ある薬品メーカーが発売した新薬は、高血圧患者の 80%に効果があると宣伝されている。試しにこの新薬を 200 人の高血圧患者に投与したところ、145 人に効果が認められた。宣伝は正しいといえるかどうか、有意水準 5%で検定しなさい。

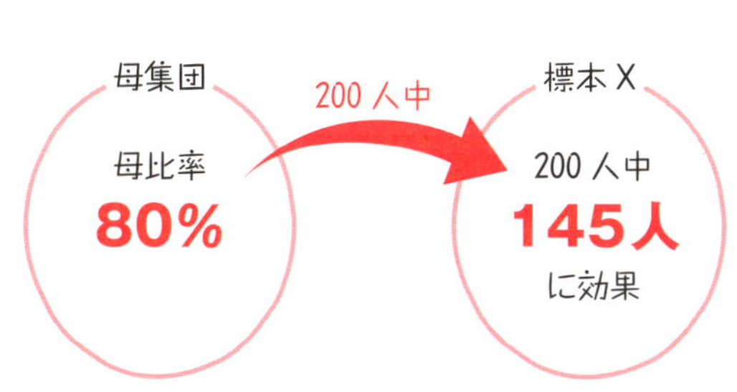

①帰無仮説 H_0、対立仮説 H_1 を立てる

ここでは、「宣伝が正しい」すなわち母比率 $p = 0.8$ を帰無仮説 H_0 にします。対立仮説は「宣伝が正しくない」すなわち母比率 $p \neq 0.8$ です。

帰無仮説 $H_0：p = 0.8$
対立仮説 $H_1：p \neq 0.8$

②検定統計量を求める

帰無仮説が正しいとすると、薬の効果が認められた患者数は、標本の大きさ n、母比率 p の二項分布 $B(n, p)$ にしたがいます。さらに、n

がじゅうぶん大きければ、二項分布$B(n, p)$は平均np、分散$np(1-p)$の正規分布に近似します（117ページ）。

したがって、新薬の効果が認められた患者数をXとすると、

平均

$$Z=\frac{X-\mu}{\sigma}=\frac{X-np}{\sqrt{np(1-p)}}$$

標準偏差

は、標準正規分布$N(0, 1^2)$にしたがいます（93ページ）。右辺の分母と分子をnで割ると、

$$Z=\frac{(X-np)/n}{\frac{\sqrt{np(1-p)}}{n}}=\frac{X/n-p}{\sqrt{\frac{np(1-p)}{n^2}}}=\frac{X/n-p}{\sqrt{\frac{p(1-p)}{n}}} \quad \cdots①$$

ここで、$\frac{X}{n}$は標本比率（＝試験で新薬の効果があった患者の割合）です。式①に$X = 145$，$n = 200$，$p = 0.8$を代入し、検定統計量とします。

$$Z=\frac{\frac{145}{200}-0.8}{\sqrt{\frac{0.8\times(1-0.8)}{200}}}=\frac{0.725-0.8}{\sqrt{\frac{0.8\times0.2}{200}}}\fallingdotseq -2.652$$

③棄却域を設定する

検定統計量Zは標準正規分布$N(0, 1^2)$にしたがいます。有意水準5%、対立仮説$p \neq 0.8$なので、両側に2.5%ずつ棄却域を設定します。棄却域の境界値は-1.96と1.96です（215ページ参照）。

④帰無仮説が正しいかどうかを検証する

$Z = -2.652$は-1.96以下なので棄却域に含まれます。したがって、帰無仮説H_0は棄却され、対立仮説$p \neq 0.8$が採択されます。よって、「高血圧患者の80%に効果がある」という宣伝は有意水準5%で正しくありません。…答え

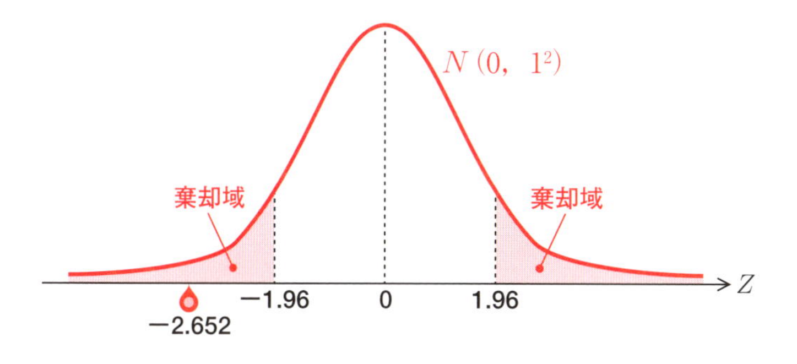

練習問題5 （答えは283ページ）

コインを50回投げたところ、そのうち30回で表が出た。表が出る確率は$\frac{1}{2}$より大きいと言えるだろうか。有意水準5%で検定しなさい。

コラム サイコロのいかさまを見抜く

第6章では、「サイコロを100回振り、⚀の目が25回出るのは偶然か」という例題を取り上げました（186ページ）。じつはこの問題も母比率の検定として考えることができます。

サイコロを1回振って⚀の目がでる確率をpとすると、帰無仮説と対立仮説は次のようになります。

帰無仮説 $H_0 : p = \frac{1}{6}$　　対立仮説 $H_0 : p > \frac{1}{6}$

前ページの式①に、$X = 25$, $n = 100$, $p = \frac{1}{6}$を代入して、検定統計量Zを求めます。

$$Z = \frac{\frac{X}{n} - p}{\sqrt{\frac{p(1-p)}{n}}} = \frac{\frac{25}{100} - \frac{1}{6}}{\sqrt{\frac{1/6 \times 5/6}{100}}} \fallingdotseq 2.24$$

有意水準を5%とすると、棄却域は$Z \geqq 1.64$となります（右片側検定）。2.24は1.64より大きいので、棄却域に含まれます。よって、帰無仮説は棄却され、対立仮説$p > \frac{1}{6}$が採択されます。

7-6 適合度検定

この節の概要

▶ 適合度検定（てきごうどけんてい）は、標本から得た度数の分布が、理論上の確率分布に沿っているかどうかを検定します。検定にはカイ２乗分布を使います。

理論的な分布に適合しているかを検定する

適合度検定（てきごうど）とは、標本から得た度数の分布が、理論上の確率分布に適合しているかどうかを検証するものです。

例題　日本人の血液型の分布は、A型が40%、B型が20%、O型が30%、AB型が10%といわれている。ある会社で、従業員100人の血液型を調べたところ、次の表のような結果になった。

	A型	B型	O型	AB型	計
人数	33人	29人	33人	5人	100人

この結果は、日本人全体の血液型の分布と一致しているといえるだろうか。有意水準5%で検定しなさい。

①帰無仮説 H_0 と対立仮説 H_1 を立てる

「標本の分布は、理論的な分布と一致している」という仮説を帰無仮説 H_0 とします。対立仮説 H_1 は「一致していない」です。

②検定統計量を求める

適合度検定では、検定統計量として次の値を求めます。

$$\chi^2 = \frac{(観測値1 - 理論値1)^2}{理論値1} + \frac{(観測値2 - 理論値2)^2}{理論値2} + \cdots + \frac{(観測値n - 理論値n)^2}{理論値n}$$

ここで観測値とは、従業員100人を調べた結果の血液型ごとの人数です。また、理論値とは、理論的な確率分布にしたがった場合の血液型ごとの人数です。表にまとめると次のようになります。

	A型	B型	O型	AB型	計
観測値	33人	29人	33人	5人	100人
確率	0.4	0.2	0.3	0.1	1
理論値	40人	20人	30人	10人	100人

100人×0.4＝40人

この表から統計量χ^2を求めると、次のようになります。

$$\chi^2 = \frac{(33-40)^2}{40} + \frac{(29-20)^2}{20} + \frac{(33-30)^2}{30} + \frac{(5-10)^2}{10}$$

$$= \frac{(-7)^2}{40} + \frac{9^2}{20} + \frac{3^2}{30} + \frac{(-5)^2}{10}$$

$$= 8.075$$

この統計量χ^2は、自由度$k - 1 = 3$（k：4）のカイ2乗分布にしたがうことがわかっています（243ページ【補足4】参照）。

適合度基準

k個の区分ごとの観測値（度数）と確率分布が次の表であるとき、

	区分1	区分2	…	区分k	計
観測値	x_1	x_2	…	x_k	n個
確率	p_1	p_2	…	p_k	1
理論値	np_1	np_2	…	np_k	n個

$$\chi^2 = \frac{(x_1 - np_1)^2}{np_1} + \frac{(x_2 - np_2)^2}{np_2} + \cdots + \frac{(x_k - np_k)^2}{np_k}$$

は、自由度$k-1$のカイ2乗分布にしたがう。

③棄却域を設定する

χ^2の値は、観測値と理論値のズレが小さいほど0に近づきます。逆に、観測値と理論値のズレが大きいほど大きくなります。ズレが滅多にないほど大きい場合、「標本の分布は、理論的な分布と一致している」という帰無仮説は棄却されます。したがって、棄却域は次のような片側検定になります。

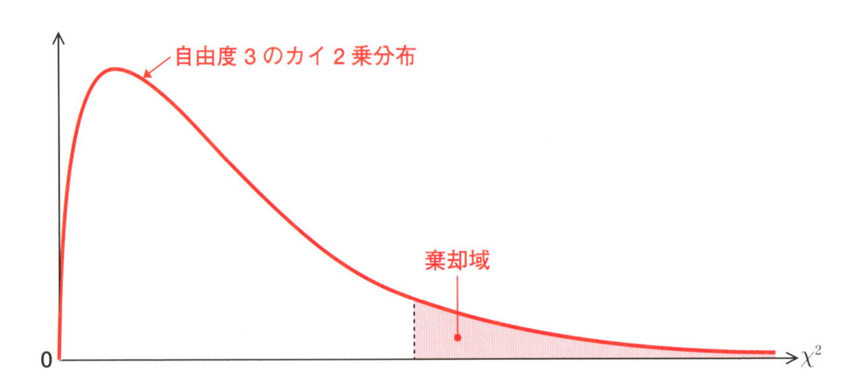

棄却域の境界値を求めましょう。カイ2乗分布の上側5パーセント点は下側95パーセント点と同じです。164ページの表より、自由度3のカイ2乗分布の下側95パーセント点は「7.81」になります。

n \ α	0.005	0.025	0.05	0.95	0.975	0.995
1	0.00	0.00	0.00	[illegible]	5.02	7.88
2	0.01	0.05	0.10	[illegible]	7.38	10.60
3	[illegible]	[illegible]	[illegible]	7.81	9.35	12.84

④帰無仮説が正しいかどうかを検証する

$\chi^2 = 8.075$は、7.81より大きいので、帰無仮説は棄却されます。したがって、標本の分布は、理論的な分布と一致していません。…答え

練習問題 6　（答えは 283 ページ）

A 君と B 君の 2 人がじゃんけんを 60 回したところ、結果は次のようになった。A 君は B 君より有意にじゃんけんが強いと言えるだろうか。有意水準 5% で検定しなさい。

	A 君	B 君	あいこ	計
勝った回数	28	15	17	60

補足 4

適合度基準 χ^2 が自由度 $k-1$ のカイ 2 乗分布にしたがう理由

$k=2$ の場合、χ^2 は次のようになります。

$$\chi^2 = \frac{(x_1 - np_1)^2}{np_1} + \frac{(x_2 - np_2)^2}{np_2}$$

$x_2 = n - x_1,\ p_2 = 1 - p_1$ なので、

$$\chi^2 = \frac{(x_1 - np_1)^2}{np_1} + \frac{\{(n - x_1) - n(1 - p_1)\}^2}{n(1 - p_1)}$$

$$= \frac{(1 - p_1)(x_1 - np_1)^2}{np_1(1 - p_1)} + \frac{p_1(n - x_1 - n + np_1)^2}{np_1(1 - p_1)}$$

$$= \frac{(1 - p_1)(x_1 - np_1)^2 + p_1(x_1 - np_1)^2}{np_1(1 - p_1)}$$

$$= \frac{(1 - p_1 + p_1)(x_1 - np_1)^2}{np_1(1 - p_1)}$$

$$= \left(\frac{x_1 - np_1}{\sqrt{np_1(1 - p_1)}}\right)^2$$

ここで、x_1 は二項分布 $B(n,\ p_1)$ にしたがうので、n がじゅうぶん大きければ正規分布 $N(np_1,\ np_1(1 - p_1))$ にしたがいます。したがって、（　）内は標準正規分布にしたがい、$(\quad)^2$ は自由度 1 のカイ 2 乗分布にしたがいます。

7-7 独立性の検定

この節の概要

▶ 独立性の検定は、クロス集計表（しゅうけいひょう）の行と列が互いに独立しているかどうかを検定します。適合度検定と同じく、カイ２乗分布を使います。

クロス集計表の行と列が独立しているかどうかを検定する

２つの変量の関係を２次元の表で表したものを**クロス集計表**といいます（分割表（ぶんかつひょう）ともいう）。たとえば、学校で「好きな科目は何か」というアンケートを取り、次のような結果を得たとしましょう。

性別＼好きな科目	国語	数学	英語	計
男子	20	40	30	90
女子	40	20	50	110
計	60	60	80	200

この表は、２行 ×３列のクロス集計表になっています。この結果から、男子と女子とで、好きな科目の傾向に差があるといえるでしょうか？これを統計的に検定することを、**独立性の検定**といいます。

例題 上のクロス集計表から、男子と女子とで好きな科目の傾向に差があるかどうかを、有意水準 5%で検定しなさい。

①帰無仮説 H_0、対立仮説 H_1 を求める

独立性の検定では、「行と列が互いに独立である」ことを帰無仮説 H_0 とします。対立仮説 H_1 はその逆で、「互いに独立ではない」ことです。

たとえば、生徒から無作為に1人選んだとき、その生徒が男子であるという事象をA_1、その生徒の好きな科目が国語であるという事象をB_1としましょう。

このとき、その生徒が男子で、かつ国語が好きである確率$P(A_1$ かつ $B_1)$は、次のように求めることができます（54ページ）。

$$P(A_1 \text{ かつ } B_1) = P(A_1)\, P_{A1}(B_1)$$

ここで$P_{A1}(B_1)$は条件付き確率「生徒が男子である場合に、国語が好きである確率」を表します。例題では、生徒数200人のうち男子生徒が90人なので、

$$P(A_1) = \frac{90}{200}$$

また、男子生徒90人のうち国語が好きな生徒は20人なので、

$$P_{A1}(B_1) = \frac{20}{90}$$

以上から、生徒が男子かつ国語が好きである確率$P(A_1$ かつ $B_1)$は、

$$P(A_1 \text{ かつ } B_1) = P(A_1)\, P_{A1}(B_1) = \frac{90}{200} \times \frac{20}{90} = \boxed{\frac{20}{200}}$$

となります。生徒数200人のうち男子でかつ国語が好きな生徒は20人なので、この計算はアンケート結果の表と一致しています。

これに対し、独立性の検定の帰無仮説では、事象A_1と事象B_1が互いに独立していると仮定します。事象A_1と事象B_1が互いに独立のとき、$P_{A1}(B_1) = P(B_1)$となるので、独立事象の乗法定理により、

$$P(A_1 \text{ かつ } B_1) = P(A_1)\, P(B_1)$$

でなければなりません（57ページ）。生徒数200人のうち国語が好きな生徒は60人なので、

$$P(B_1) = \frac{60}{200}$$

したがって生徒が男子かつ国語が好きである確率$P(A_1$ かつ $B_1)$は、帰

無仮説 H_0 が正しいと仮定すれば、

$$P(A_1 \text{かつ} B_1) = P(A_1)\,P(B_1) = \frac{90}{200} \times \frac{60}{200}$$

と計算できます。

他の項目についても同様にして、確率 $P(A_i \text{かつ} B_j)$ を求めます。

	国語 (B_1)	数学 (B_2)	英語 (B_3)
男子 (A_1)	$\frac{90}{200} \times \frac{60}{200} = \frac{27}{200}$	$\frac{90}{200} \times \frac{60}{200} = \frac{27}{200}$	$\frac{90}{200} \times \frac{80}{200} = \frac{36}{200}$
女子 (A_2)	$\frac{110}{200} \times \frac{60}{200} = \frac{33}{200}$	$\frac{110}{200} \times \frac{60}{200} = \frac{33}{200}$	$\frac{110}{200} \times \frac{80}{200} = \frac{44}{200}$

上で計算した確率にしたがって、帰無仮説 H_0 が正しい場合の理論的な人数を求めると、次のようになります。

	国語 (B_1)	数学 (B_2)	英語 (B_3)
男子 (A_1)	$200 \times \frac{27}{200} = 27$人	$200 \times \frac{27}{200} = 27$人	$200 \times \frac{36}{200} = 36$人
女子 (A_2)	$200 \times \frac{33}{200} = 33$人	$200 \times \frac{33}{200} = 33$人	$200 \times \frac{44}{200} = 44$人

②検定統計量を求める

実際のアンケート結果（観測値）と、上で求めた理論的な人数（理論値）を比較します。

観測値

	国語	数学	英語
男子	20	40	30
女子	40	20	50

理論値

	国語	数学	英語
男子	27	27	36
女子	33	33	44

適合度検定の場合と同様に、表の各項目について、

$$\chi^2 = \frac{(\text{観測値} - \text{理論値})^2}{\text{理論値}} \text{の総和}$$

を求めます。

$$\chi^2 = \frac{(20-27)^2}{27} + \frac{(40-27)^2}{27} + \frac{(30-36)^2}{36} \quad \leftarrow \text{男子}$$

$$+ \frac{(40-33)^2}{33} + \frac{(20-33)^2}{33} + \frac{(50-44)^2}{44} \quad \leftarrow \text{女子}$$

$$\fallingdotseq 16.498$$

一般に、r 行 × s 列のクロス集計表から求めた統計量 χ^2 は、自由度 $(r-1)\times(s-1)$ のカイ2乗分布にしたがいます。したがって上の統計量 χ^2 は、自由度 $(2-1)\times(3-1)=2$ のカイ2乗分布にしたがいます。

③棄却域を設定する

自由度2のカイ2乗分布の上側確率5%を棄却域に設定します。棄却域の境界値は、上側5パーセント点＝下側95パーセント点なので、164ページの表より「5.99」になります。

0.95

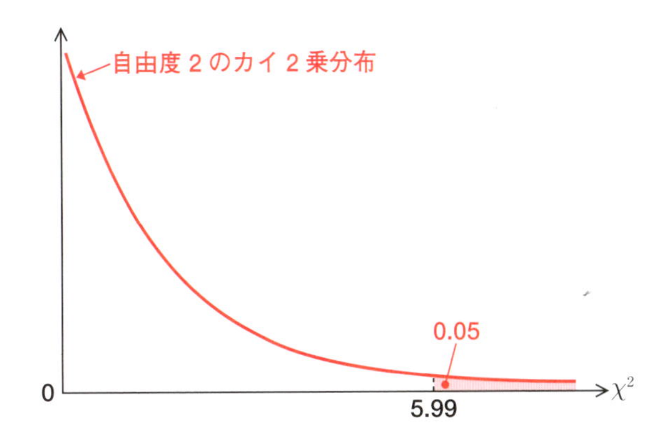

④帰無仮説が正しいかどうかを検証する

$\chi^2 = 16.498$ は5.99より大きいので、棄却域に含まれます。したがって、帰無仮説 H_0 は棄却されます。よって、有意水準5%で、好きな科目の比率は男子生徒と女子生徒とで異なると考えられます。…答え

練習問題 7 （答えは 283 ページ）

あるウイルスに対する免疫の有無を 300 人について調査したところ、以下のような結果が得られた。この免疫の有無と性別に関連性はあるといえるだろうか。

	免疫あり	免疫なし	合計
男性	43	77	120
女性	97	83	180
合計	140	160	300

◆本書で解説した仮説検定一覧

検定項目	検定統計量	統計量の分布	参照ページ
母平均に関する検定（母分散が既知）	$Z=\dfrac{\overline{X}-\mu}{\sigma/\sqrt{n}}$	標準正規分布	194
母平均に関する検定（母分散が未知）	$T=\dfrac{\overline{X}-\mu}{\sqrt{U^2/n}}$	自由度 $n-1$ の t 分布	198
母分散に関する検定（母平均が既知）	$V=\dfrac{(X_1-\mu)^2+\cdots+(X_n-\mu)^2}{\sigma^2}$	自由度 n のカイ 2 乗分布	205
母分散に関する検定（母平均が未知）	$W=\dfrac{(X_1-\overline{X})^2+\cdots+(X_n-\overline{X})^2}{\sigma^2}$	自由度 $n-1$ のカイ 2 乗分布	208
母比率に関する検定	$Z=\dfrac{X/n-p}{\sqrt{p(1-p)/n}}$	標準正規分布	237
母平均の差に関する検定（母分散が既知）	$Z=\dfrac{\overline{X}-\overline{Y}-(\mu_X-\mu_Y)}{\sqrt{\sigma_X{}^2/m+\sigma_Y{}^2/n}}$	標準正規分布	213
母平均の差に関する検定（母分散が等しいと仮定）	$T=\dfrac{\overline{X}-\overline{Y}-(\mu_X-\mu_Y)}{\sqrt{(1/m+1/n)U_{XY}}}$	自由度 $m+n-2$ の t 分布	229
母平均の差に関する検定（母分散が未知）	$T=\dfrac{\overline{X}-\overline{Y}-(\mu_X-\mu_Y)}{\sqrt{U_X{}^2/m+U_Y{}^2/m}}$	自由度 ν の t 分布	234
等分散の検定	$F=\dfrac{U_X{}^2}{U_Y{}^2}$	自由度（$m-1$, $n-1$）の F 分布	218
適合度検定	$\chi^2=\dfrac{(x_1-np_1)^2}{np_1}+\cdots+\dfrac{(x_k-np_k)^2}{np_k}$	自由度 $k-1$ のカイ 2 乗分布	240
独立性の検定	$\chi^2=\dfrac{(\text{観測値}-\text{理論値})^2}{\text{理論値}}$ の総和	自由度 $(s-1)(r-1)$ のカイ 2 乗分布	244

第8章

データ間の関係を分析する

8-1　散布図と相関
8-2　相関の度合いを数値化する
8-3　回帰直線

8-1 散布図と相関

この節の概要

- ２つのデータ間の相関（そうかん）の有無を視覚的に表すために、散布図（さんぷず）を描きます。
- 相関には、正の相関と負の相関があります。

散布図を描く

ある学校の生徒 30 人の毎日の学習時間と数学のテスト結果（100 点満点）について調査した結果、次のようなデータが得られたとします。

出席番号	学習時間	数学	出席番号	学習時間	数学	出席番号	学習時間	数学
1	4	65	11	3.5	50	21	3	75
2	2.5	48	12	1.5	42	22	2.8	42
3	4.2	72	13	4	65	23	1	58
4	3	53	14	3.5	58	24	6	79
5	2	49	15	3	65	25	1.5	35
6	5.5	80	16	5.2	73	26	2.5	61
7	5	85	17	3.5	66	27	2.7	70
8	3.5	64	18	2	55	28	5	88
9	4	73	19	4.5	66	29	3.7	42
10	4	90	20	4.8	82	30	4.2	57

学習時間とテスト結果の間には、何らかの関係があるでしょうか？このような２つのデータ間の関係は、**散布図**（さんぷず）をつくってみるとよくわかります。

散布図では、一方のデータを横軸に、もう一方のデータを縦軸にとり、２つのデータの交点に点を書き入れていきます。たとえば上の表で、出席番号１番の生徒は、学習時間が４時間、数学の点数が65点なので、横軸が４、縦軸が65の座標上に点（4，65）を書き入れます。

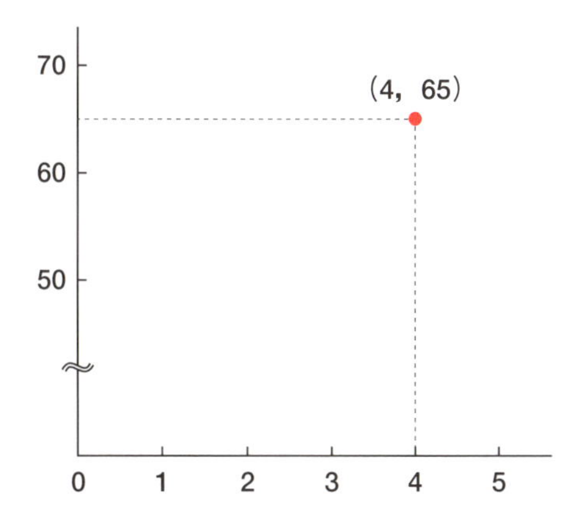

出席番号２～30番の生徒についても同様に点を書き入れると、全部で30個の点が散らばったグラフができます。

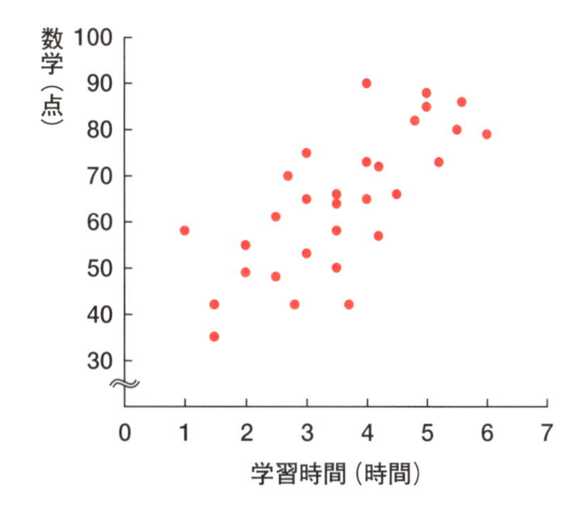

このようなグラフを散布図といいます。

正の相関と負の相関

できあがった散布図をみると、右肩上がりの範囲の中に、ほとんどの点が集まっていることがわかります。これは、「学習時間が多い生徒は、数学の点数も高い傾向がある」ことを示しています。

このように、2つのデータのうち一方が増加すると、もう一方のデータも増加する傾向があるとき、2つのデータ間には「**正の相関**」があるといいます。散布図上の点は、相関が強いほど細い帯状にまとまり、相関が弱いほど広い範囲に散らばります。

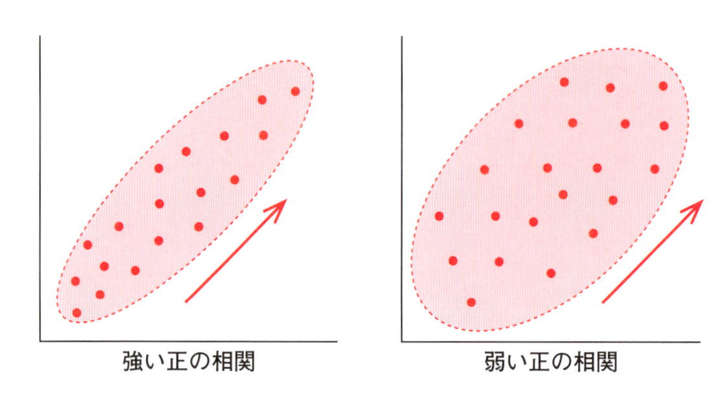

同じ生徒30人に、毎日の通学時間（分）についてもたずねました。結果は次の表のようになりました。

出席番号	通学時間（分）	数学	出席番号	通学時間（分）	数学	出席番号	通学時間（分）	数学
1	23	65	11	45	50	21	33	75
2	38	48	12	60	42	22	48	42
3	15	72	13	48	65	23	30	58
4	38	53	14	53	58	24	15	79
5	53	49	15	30	65	25	30	35
6	30	80	16	27	73	26	38	61
7	27	85	17	38	66	27	41	70
8	38	64	18	45	55	28	45	88
9	15	73	19	45	66	29	56	42
10	8	90	20	23	82	30	63	57

このデータを散布図で表すと、次のようになります。

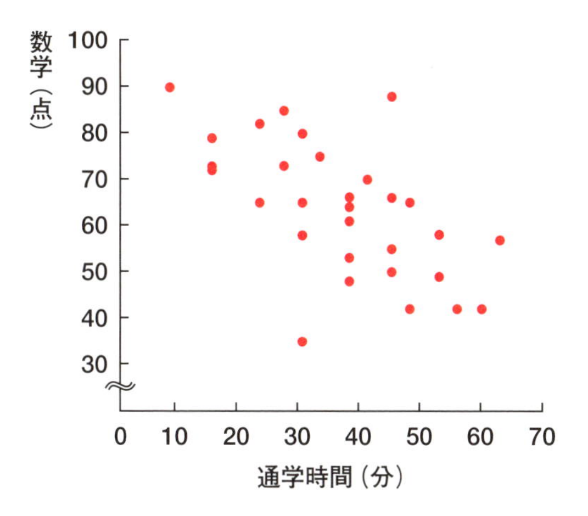

今度は、多くの点が右肩下がりの範囲に集まっています。これは、「通学時間が長い生徒は、数学の点数が低い傾向がある」ことを示していると言えるでしょう。

このように、2つのデータのうち一方が増加すると、もう一方のデータが減少する傾向があるとき、2つのデータ間には**負の相関**があるといいます。

コラム 相関関係と因果関係

「通学時間が長いと、どうして数学の点数が低くなるの？」と疑問に思った人が多いと思います。その理由は、散布図からはわかりません。「通学時間と数学の点数に負の相関がある」のは、今回調査した30人の生徒についてたまたま言えるだけであって、全国の学生一般に当てはまるとは限りません。

また、相関関係は因果関係ではないことにも注意が必要です。たとえば、市町村ごとの自動車販売台数と交通事故の発生件数には、正の相関が認められます。しかし、自動車が売れるから交通事故が多いのか、反対に交通事故が多いから自動車が売れるのかはわかりません。そのどちらでもなく、単に人口が多い市町村ほど、自動車も交通事故も多いだけの話かも知れません。

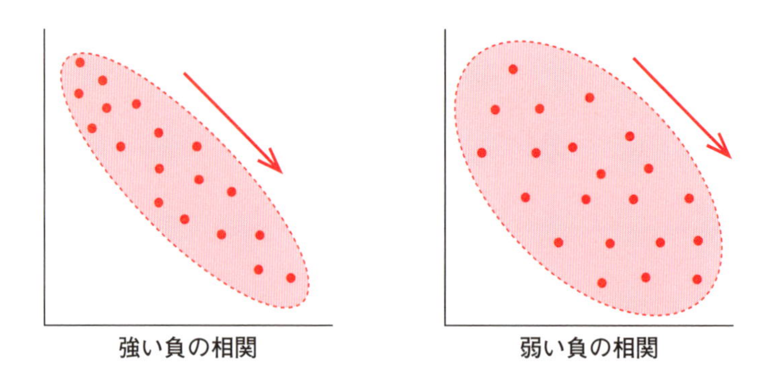

散布図の状態を相関の種類ごとにまとめると、次のようになります。

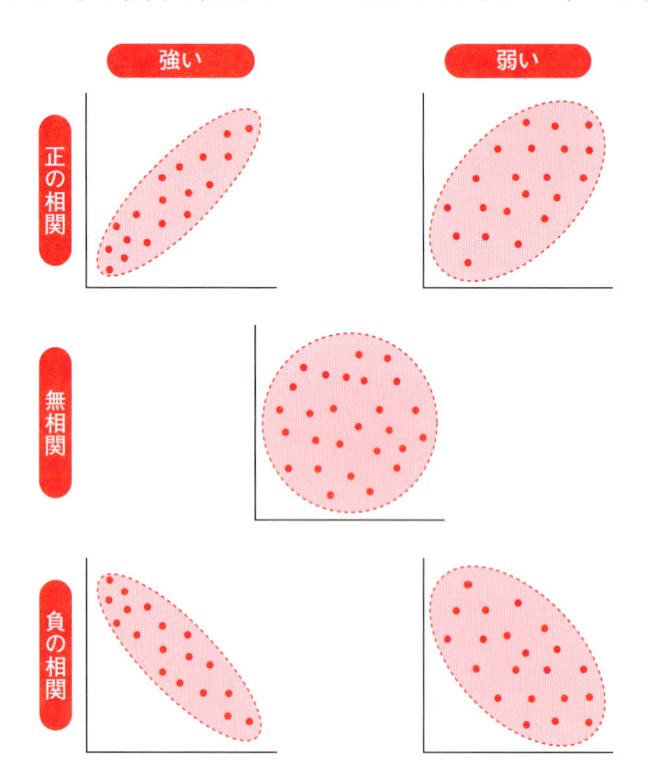

真ん中の散布図は、点が円形に散らばっており、正の相関も負の相関も認められません。このような状態を「**相関がない**」あるいは**無相関**といいます。

8-2 相関の度合いを数値化する

この節の概要

- 相関の度合いを数値で表す統計量として、共分散（きょうぶんさん）と相関係数を説明します。
- 相関係数が－１以上１以下の値になることを示します。

散布図は相関の有無を視覚的に表しますが、相関の強弱を正確に表すことはできません。そこで、相関の度合い（どあい）を数値で表すことを考えます。このような統計量として、**共分散**と**相関係数**があります。

共分散を求める

相関の度合いを表すのに、共分散がそのまま使われることはほとんどありません。しかし共分散は相関係数を理解するのに必要なので、少しくわしく説明します。

共分散を言葉で表すと、「2つのデータの偏差同士の積の平均」ということになります。式で表すと次のようになります。

共分散

xの偏差 ×yの偏差

$$S_{xy} = \frac{(x_1-\overline{x})(y_1-\overline{y})+(x_2-\overline{x})(y_2-\overline{y})+\cdots+(x_n-\overline{x})(y_n-\overline{y})}{n}$$

※ $x_1, x_2, \cdots, x_n$：データx　$y_1, y_2, \cdots, y_n$：データy
　$\overline{x}, \overline{y}$：$x$の平均値，$y$の平均値

x	y
1	10
2	20
3	25
4	15
5	30

この値が、どうして相関の度合いを示すことになるのでしょうか。共分散は計算が面倒なので、簡単な例で説明しましょう。たとえば、右のような2つのデータx，yの相関を考えます。

xとyの平均は、計算するとそれぞれ$\overline{x}=3$，$\overline{y}=20$になります。また、

2つのデータの偏差と、偏差同士の積は次のようになります。

$(x-\overline{x})$	$(y-\overline{y})$	$(x-\overline{x})(y-\overline{y})$
−2	−10	20
−1	0	0
0	5	0
1	−5	−5
2	10	20

共分散は、$(x-\overline{x})(y-\overline{y})$ の平均なので、次のように求めることができます。

$$S_{xy}=\frac{20+0+0-5+20}{5}=\frac{35}{5}=\boxed{7}$$ ⬅ 共分散

データ x と y の共分散は7とわかりました。共分散の値が正の値のとき、2つのデータ間には「正の相関」があります。逆に、共分散の値が負の値のときは「負の相関」になります。

- **共分散が正の値 ➡ 正の相関**
- **共分散が負の値 ➡ 負の相関**

どうしてそうなるかを説明しておきましょう。データ x とデータ y の偏差同士の積は、次のいずれかの場合に正の値になります。

① x と y の値がどちらも平均より大きい
② x と y の値がどちらも平均より小さい

①のケースでは、偏差 $(x-\overline{x})$ と $(y-\overline{y})$ がどちらも正になるので、(+)×(+)=(+)になります。②のケースでは、偏差 $(x-\overline{x})$ と $(y-\overline{y})$ がどちらも負になるので、(−)×(−)=(+)になります。

このような (x, y) の組は、散布図では下図の色網の部分にプロットされます。

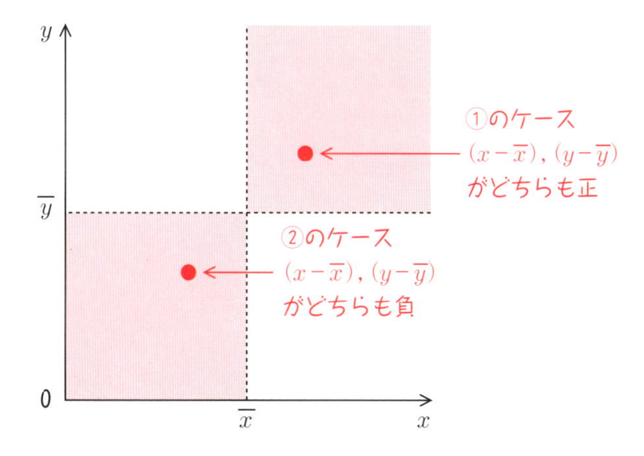

上図の色網の部分に点が多く集まるのは、データxとデータyに「正の相関」がある場合です。したがって、共分散の値が0より大きい場合は、「正の相関」があると言えるのです。

反対に、偏差同士の積が負の値になるのは、次のような場合です。

③ xの値が平均より小さく、yの値が平均より大きい
④ xの値が平均より大きく、yの値が平均より小さい

このような（x, y）の組は、散布図では下図の色網の部分にプロットされます。

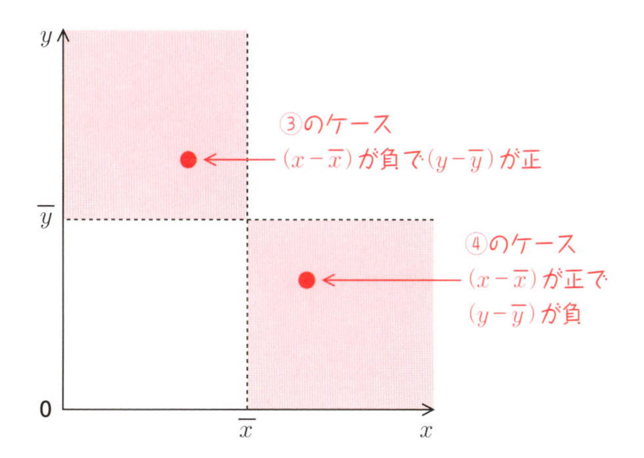

上図の色網の部分に点が多く集まるのは、データ x とデータ y に「負の相関」がある場合です。したがって、共分散の値が0より小さい場合は、「負の相関」があると言えるのです。

共分散の値の大きさは、座標 $(\overline{x}, \overline{y})$ と、座標 (x, y) を対角とする長方形の面積の平均として考えることもできます。

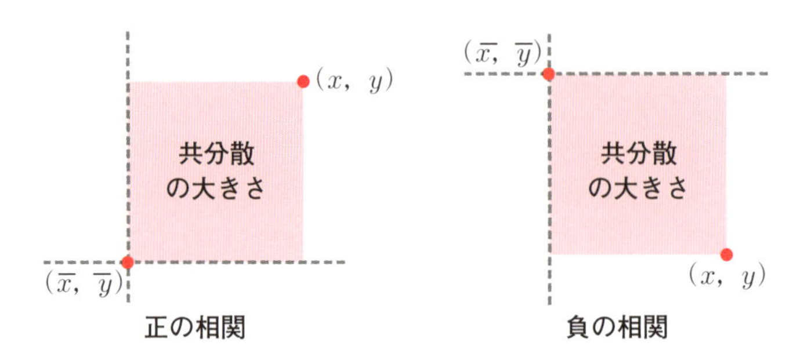

相関係数を求める

共分散は、絶対値が大きいほど相関が強いのですが、比較対象がないのでどの程度強いのかはよくわかりません。そこで、相関の強弱をわかりやすく示したものが、**相関係数**です。相関の度合いを示す統計量としては、一般的に相関係数を使います。

相関係数は、共分散の値を2つのデータの標準偏差の積で割ったものです。式で表すと次のようになります。

相関係数

$$r = \frac{S_{xy}}{S_x S_y}$$

※ S_{xy}：データ x とデータ y の共分散
　S_x：データ x の標準偏差
　S_y：データ y の標準偏差

先ほど共分散 S_{xy} の大きさを面積で表しましたが、相関係数は、この面積を $S_x \times S_y$ の長方形の面積を「1」とする比率で示したものと考えることができます。

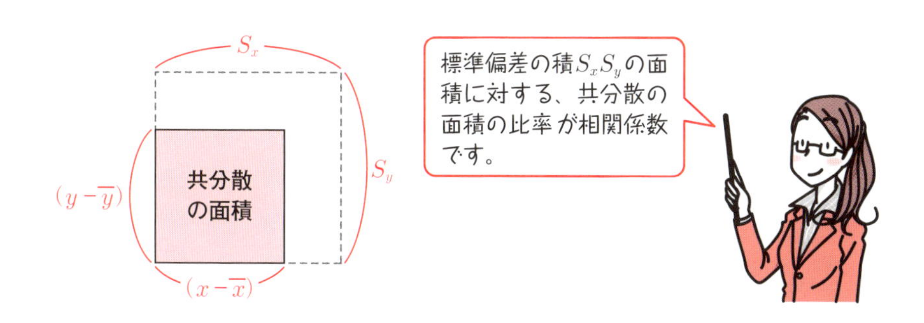

相関係数の値はかならず－1以上1以下の範囲になり、1に近いほど「正の相関」が強く、－1に近いほど「負の相関」が強くなります。また、$r=0$の場合は相関がない、すなわち「**無相関**（むそうかん）」になります。

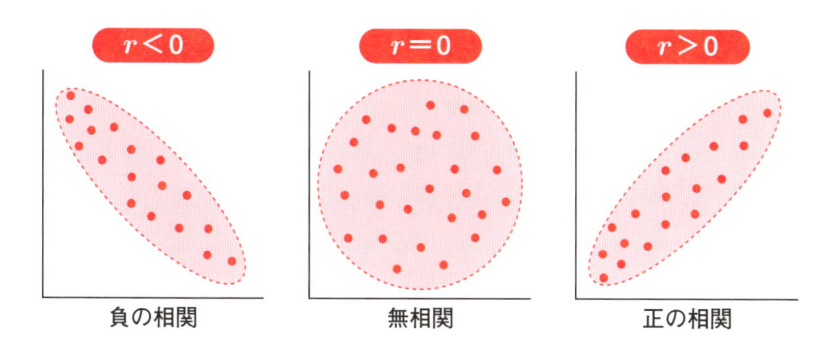

256ページのデータから相関係数を求めてみましょう。共分散 $S_{xy}=7$ はすでに求めたので、ここでは標準偏差 S_x と S_y を計算します（計算方法は30ページを参照してください）。

$$S_x=\sqrt{\frac{(-2)^2+(-1)^2+0^2+1^2+2^2}{5}}=\sqrt{2}$$

$$S_y=\sqrt{\frac{(-10)^2+0^2+5^2+(-5)^2+10^2}{5}}=\sqrt{50}$$

相関係数 r は次のようになります。

$$r=\frac{S_{xy}}{S_xS_y}=\frac{7}{\sqrt{2}\sqrt{50}}=\frac{7}{\sqrt{100}}=\frac{7}{10}=0.7$$ ⬅ 相関係数

一般に、相関係数の絶対値が0.2～0.4なら「弱い相関」、0.4～0.7なら「中程度の相関」、0.7以上なら「強い相関」とみなせます。したがって、データxとデータyには、かなり強い正の相関があることがわかります。散布図をつくってみると、右図のようになります。

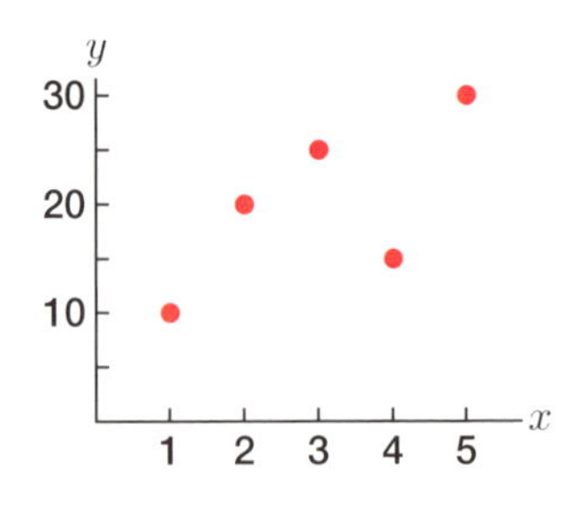

相関係数が－1以上1以下になる理由

相関係数が、常に－1以上1以下になることを確認しておきましょう。

証明

相関係数は、次のような式で表すことができます。

共分散

xの標準偏差　　yの標準偏差

$$r=\frac{\dfrac{(x_1-\overline{x})(y_1-\overline{y})+(x_2-\overline{x})(y_2-\overline{y})+\cdots+(x_n-\overline{x})(y_n-\overline{y})}{n}}{\sqrt{\dfrac{(x_1-\overline{x})^2+(x_2-\overline{x})^2+\cdots+(x_n-\overline{x})^2}{n}}\sqrt{\dfrac{(y_1-\overline{y})^2+(y_2-\overline{y})^2+\cdots+(y_n-\overline{y})^2}{n}}}$$

$$=\frac{\dfrac{(x_1-\overline{x})(y_1-\overline{y})+(x_2-\overline{x})(y_2-\overline{y})+\cdots+(x_n-\overline{x})(y_n-\overline{y})}{n}}{\dfrac{\sqrt{(x_1-\overline{x})^2+(x_2-\overline{x})^2+\cdots+(x_n-\overline{x})^2}\sqrt{(y_1-\overline{y})^2+(y_2-\overline{y})^2+\cdots+(y_n-\overline{y})^2}}{\sqrt{n}\sqrt{n}}}$$

$$=\frac{(x_1-\overline{x})(y_1-\overline{y})+(x_2-\overline{x})(y_2-\overline{y})+\cdots+(x_n-\overline{x})(y_n-\overline{y})}{\sqrt{(x_1-\overline{x})^2+(x_2-\overline{x})^2+\cdots+(x_n-\overline{x})^2}\sqrt{(y_1-\overline{y})^2+(y_2-\overline{y})^2+\cdots+(y_n-\overline{y})^2}}\cdots①$$

このままでは式が長いので、文字の置き換えを行います。まず、

$a_1=(x_1-\overline{x}),\ a_2=(x_2-\overline{x}),\ \cdots,\ a_n=(x_n-\overline{x})$
$b_1=(y_1-\overline{y}),\ b_2=(y_2-\overline{y}),\ \cdots,\ b_n=(y_n-\overline{y})$

とします。これにより、式①は次のようになります。

$$r=\frac{a_1b_1+a_2b_2+\cdots+a_nb_n}{\sqrt{a_1{}^2+a_2{}^2+\cdots+a_n{}^2}\ \sqrt{b_1{}^2+b_2{}^2+\cdots+b_n{}^2}} \quad \cdots②$$

さらに、

$$A = a_1{}^2 + a_2{}^2 + \cdots + a_n{}^2$$
$$B = b_1{}^2 + b_2{}^2 + \cdots + b_n{}^2$$
$$C = a_1b_1 + a_2b_2 + \cdots + a_nb_n$$

と置けば、r の式は次のように簡単になります。

$$r=\frac{C}{\sqrt{A}\ \sqrt{B}} \quad \cdots③ \qquad (注：A>0,\ B>0)$$

この r が $-1 \leqq r \leqq 1$ であることは、次のような2次不等式で表せます。

$$r^2 \leqq 1$$

$$r^2 \leqq 1 \iff r^2 - 1 \leqq 0$$
$$\iff (r+1)(r-1) \leqq 0$$
$$\iff -1 \leqq r \leqq 1$$

$a^2 - b^2 = (a+b)(a-b)$

この式に式③を代入すると、

$$\left(\frac{C}{\sqrt{A}\ \sqrt{B}}\right)^2 \leqq 1 \quad \Rightarrow \frac{C^2}{AB} \leqq 1 \quad \Rightarrow \quad C^2 \leqq AB$$
$$\Rightarrow \quad AB - C^2 \geqq 0 \quad \cdots④$$

となります。したがって、式④が成り立つことを示せば、$-1 \leqq r \leqq 1$ であることを証明したことになります。そこで、ややトリッキーな方法ですが、次のような不等式を用意します。

$$(a_1t - b_1)^2 + (a_2t - b_2)^2 + \cdots + (a_nt - b_n)^2 \geqq 0$$

この式の左辺は2乗和の形をしているので、t がどんな値でも、この不等式が成り立つのは明らかです。この不等式を、次のように変形します。

$$(a_1^2t^2-2a_1b_1t+b_1^2)+(a_2^2t^2-2a_2b_2t+b_2^2)+\cdots+(a_n^2t^2-2a_nb_nt+b_n^2)\geqq 0$$
$$\Rightarrow (a_1^2+a_2^2+\cdots+a_n^2)\,t^2-2(a_1b_1+a_2b_2+\cdots+a_nb_n)\,t+(b_1^2+b_2^2+\cdots+b_n^2)\geqq 0$$
$$\Rightarrow At^2 - 2Ct + B \geqq 0 \quad \cdots ⑤$$

この式⑤をグラフで表します。そのためには、式⑤をさらに次のように変形します。

この部分を無理矢理 A でくくる

$$At^2-2Ct+B\geqq 0$$
$$A\left(t^2-2\frac{C}{A}t\right)+B\geqq 0$$

$a^2-2ab+b^2$ の形にする

$$A\left\{t^2-2\cdot\left(\frac{C}{A}\right)t+\left(\frac{C}{A}\right)^2-\left(\frac{C}{A}\right)^2\right\}+B\geqq 0$$

$\left(\frac{C}{A}\right)^2$ を足したので $\left(\frac{C}{A}\right)^2$ を引く

$$A\left\{\left(t-\frac{C}{A}\right)^2-\left(\frac{C}{A}\right)^2\right\}+B\geqq 0$$

分母と分子に A を掛ける

$$A\left(t-\frac{C}{A}\right)^2-\frac{C^2}{A}+\frac{AB}{A}\geqq 0$$
$$A\left(t-\frac{C}{A}\right)^2+\frac{AB-C^2}{A}\geqq 0 \quad \cdots ⑥$$

このような変形を**平方完成**（へいほうかんせい）といいます。平方完成ができれば、2次関数のグラフが描けます（次ページのメモ参照）。

式⑥のグラフは、頂点が $\left(\frac{C}{A},\ \frac{AB-C^2}{A}\right)$ で、下に凸の次のようなグラフになります。

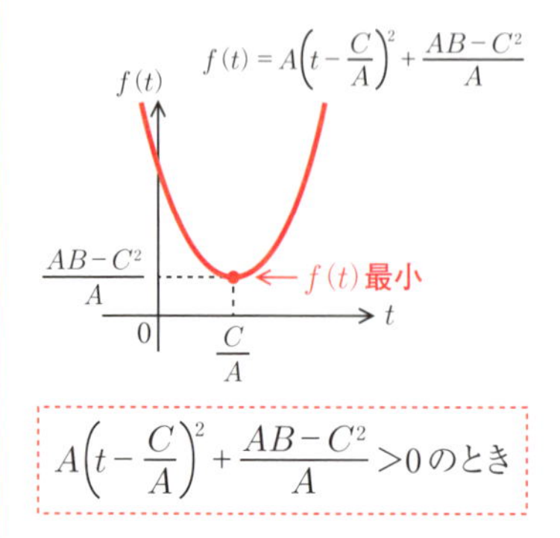

$A\left(t-\frac{C}{A}\right)^2+\frac{AB-C^2}{A}>0$ のとき

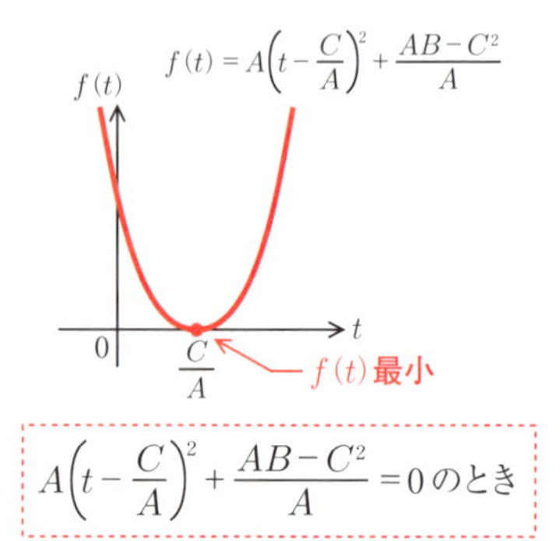

$A\left(t-\frac{C}{A}\right)^2+\frac{AB-C^2}{A}=0$ のとき

平方完成と２次関数のグラフ

- ２次式 $ax^2+bx+c \quad (a \neq 0)$ を、$a(x-p)^2+q$ の形に変形することを、平方完成という。
- $f(x)=a(x-p)^2+q$ のグラフは、頂点が $(p,\ q)$ で、$a>0$ のとき下に凸、$a<0$ のとき上に凸となる。

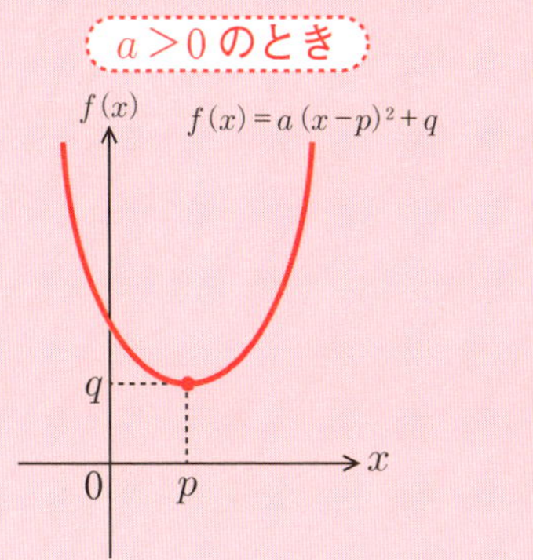

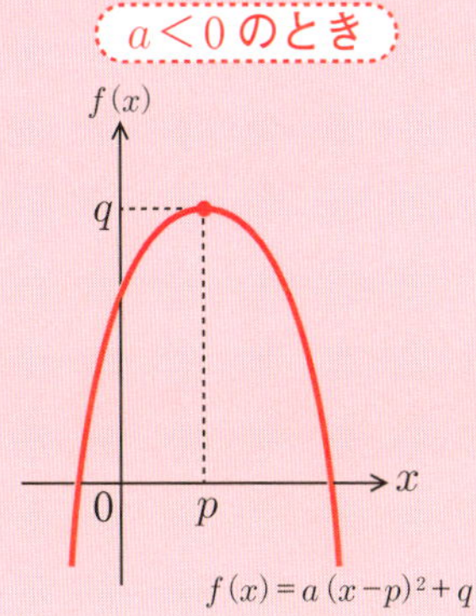

グラフから、$f(t)=A\left(t-\dfrac{C}{A}\right)^2+\dfrac{AB-C^2}{A}$ が最小になるのはグラフの頂点、すなわち $t=\dfrac{C}{A}$ のときで、その値は $\dfrac{AB-C^2}{A}$ であることがわかります。グラフの頂点が t 軸より下側にくることはないので、この値は0より小さくなることはありません。したがって

$$\frac{AB-C^2}{A} \geqq 0$$

また、$A>0$ なので、

$$AB-C^2 \geqq 0$$

が成り立ちます。

以上で、式④が成り立つことが示せました。式④が成り立つなら $r^2 \leqq 1$ なので、$-1 \leqq r \leqq 1$ となります。

8-3 回帰直線

この節の概要

- 相関する２つのデータの関係を直線のグラフで表したものを、回帰直線（かいきちょくせん）といいます。回帰直線は、公式を覚えればすぐに求めることができます。
- 最小２乗法による回帰直線の求め方についても説明します。

回帰直線とは

相関関係にあるデータを散布図で表すと、右肩上がりまたは右肩下がりの範囲に点が集まります。この範囲は、相関が強いほど１本の直線に近づいていきます。

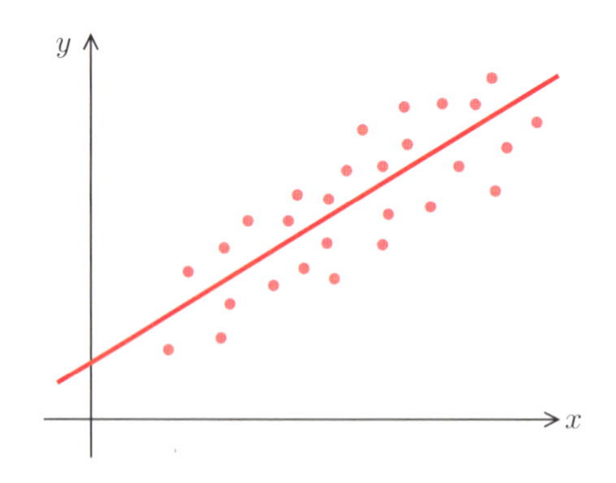

この直線は、データ x とデータ y の間にある比例関係を表しています。つまり、「x の値が○○のときは、y の値は ×× になる」ことを表します。もちろん、実際のデータは直線から外れる場合もありますが、「x の値が○○だから、y の値は ×× くらいかな」のように、ある程度の予測を立てることが可能になります。

このような直線を**回帰直線**（かいきちょくせん）といいます。

直線の式を求める

回帰直線を求める前に、直線の式について復習しておきましょう。

直線のグラフは、**傾き**（かたむ）と**y切片**（せっぺん）によって定義できます。傾きとは、xが1増加したときのyの変化量です。またy切片とは、直線がy軸と交わる点のy座標の値のことです。

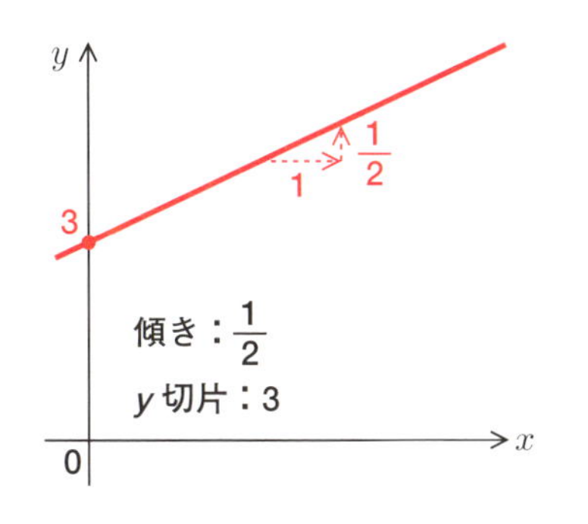

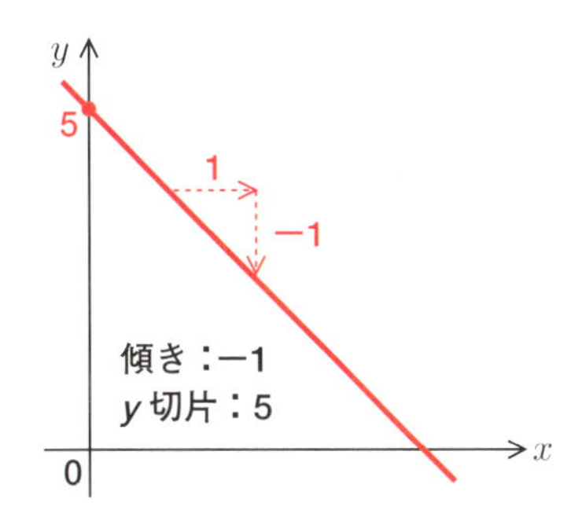

上図のように、傾きが0より大きいとき直線は右上がりになり、0より小さいときは右下がりとなります。

傾きa，y切片bの直線上にある任意の点を(x, y)とすると、xとyの間には

$$y = ax + b$$

の関係が成り立ちます。この$y = ax + b$を、**直線の式**といいます。

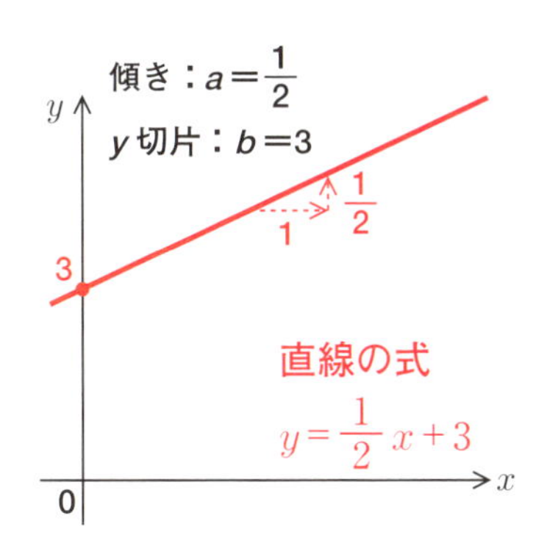

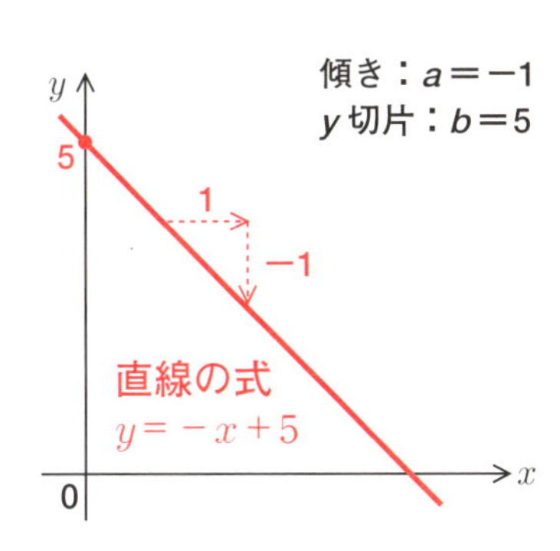

回帰直線の式を求める

くわしい説明は後回しにして、まずは回帰直線を求める公式を示します。

(x, y) を1対とする n 個のデータ

$$\underbrace{(x_1, y_1), (x_2, y_2), \cdots, (x_n, y_n)}_{n\text{個}}$$

があり、x の平均を $\overline{x}$，y の平均を $\overline{y}$，x の分散を $S_x^{\ 2}$，x と y の共分散を S_{xy} とします。このとき、回帰直線の式は次のように表せます。

回帰直線の公式

$$y - \overline{y} = \frac{S_{xy}}{S_x^{\ 2}}(x - \overline{x})$$

上の回帰直線の公式を直線の式 $y = ax + b$ の形に変形すると、

$$y = \frac{S_{xy}}{S_x^{\ 2}}(x - \overline{x}) + \overline{y}$$

$$= \frac{S_{xy}}{S_x^{\ 2}}x - \frac{S_{xy}}{S_x^{\ 2}}\overline{x} + \overline{y}$$

となります。以上から、回帰直線の傾きと y 切片はそれぞれ

傾き：$\dfrac{S_{xy}}{S_x^{\ 2}}$　　　y 切片：$-\dfrac{S_{xy}}{S_x^{\ 2}}\overline{x} + \overline{y}$

となります。

また、回帰直線の式に $x = \overline{x}$ を代入すると、

$$y - \overline{y} = \frac{S_{xy}}{S_x^{\ 2}}(\overline{x} - \overline{x}) = 0 \quad \Rightarrow \quad y = \overline{y}$$

となります。これは、回帰直線がかならず点 $(\overline{x}, \overline{y})$ を通ることを示します。

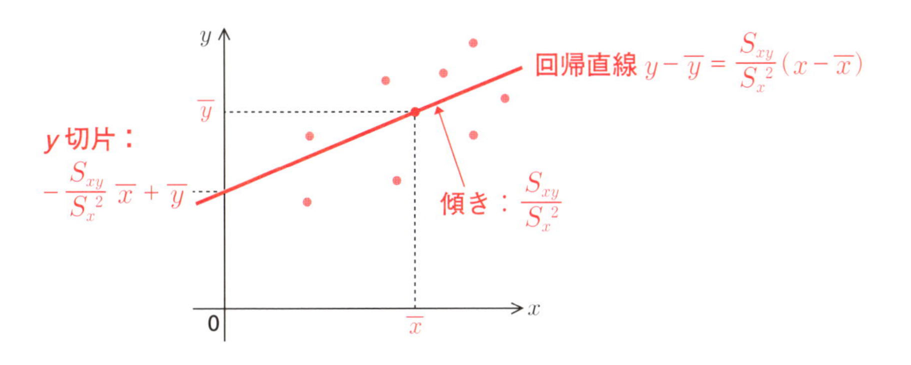

例題 次のデータから、回帰直線の式を求めよ。

x	y
5	12
9	25
13	19
8	10
15	34

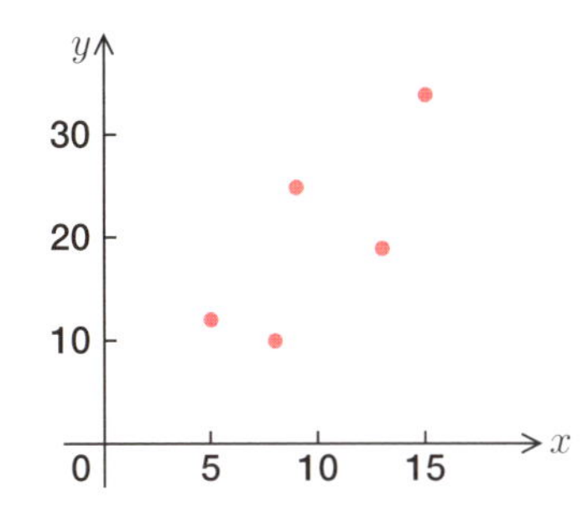

x の平均 $\overline{x}$，y の平均 $\overline{y}$，x の分散 $S_x^{\,2}$，共分散 S_{xy} を求めます。

$$\overline{x}=\frac{5+9+13+8+15}{5}=10$$

$$\overline{y}=\frac{12+25+19+10+34}{5}=20$$

$$S_x^{\,2}=\frac{(5-10)^2+(9-10)^2+(13-10)^2+(8-10)^2+(15-10)^2}{5}$$

$$=\frac{(-5)^2+(-1)^2+3^2+(-2)^2+5^2}{5}$$

$$=\frac{25+1+9+4+25}{5}=12.8$$

$$S_{xy}=\frac{(5-10)(12-20)+(9-10)(25-20)+(13-10)(19-20)+(8-10)(10-20)+(15-10)(34-20)}{5}$$

第8章 データ間の関係を分析する

$$= \frac{(-5)\times(-8)+(-1)\times 5+3\times(-1)+(-2)\times(-10)+5\times 14}{5}$$

$$= \frac{40-5-3+20+70}{5} = 24.4$$

これらの値を、266ページの回帰直線の公式に当てはめると、次のようになります。

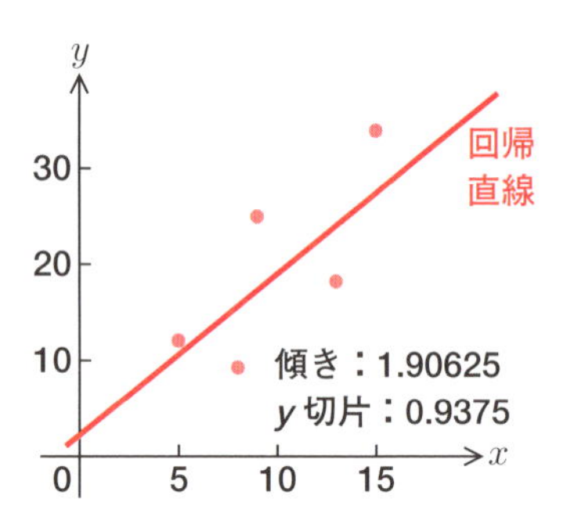

$$y-20 = \frac{24.4}{12.8}(x-10)$$

$$\Rightarrow\ y = \frac{244}{128}x - \frac{244}{128}\times 10 + 20$$

$$\Rightarrow\ y = 1.90625x + 0.9375$$ …答え

最小2乗法による回帰直線の求め方

266ページの回帰直線の公式は、**最小2乗法**と呼ばれる方式で求めたものです。この公式がどのように導かれるか説明しておきましょう。

最小2乗法では、個々のデータと直線との y 方向の距離の2乗和が、もっとも小さくなるような直線を回帰直線とします。

対となる n 個のデータを $(x_1,\ y_1)$, $(x_2,\ y_2)$, …, $(x_n,\ y_n)$ とし、回帰直線の式を $y=ax+b$ とします。このとき、$(x_1,\ y_1)$ と回帰直線との y 方向の距離は、

$$y_1-(ax_1+b)$$

です（右図参照）。

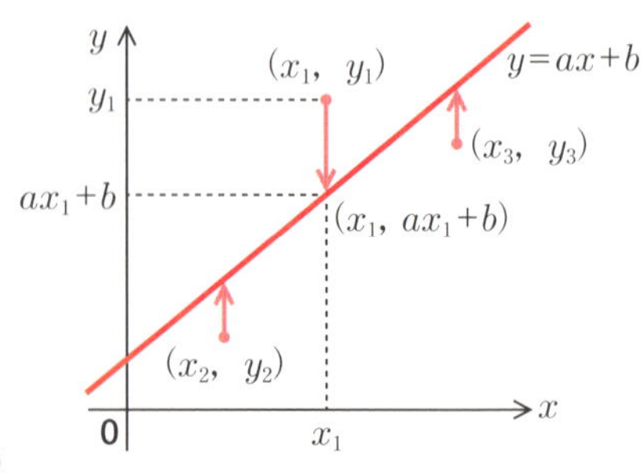

同様に、$(x_2,\ y_2)$, …, $(x_n,\ y_n)$ と回帰直線との y 方向の距離は、

$$y_2-(ax_2+b),\ \cdots,\ y_n-(ax_n+b)$$

となります。これらを2乗して、その合計を求めます。

$$\{y_1-(ax_1+b)\}^2+\{y_2-(ax_2+b)\}^2+\cdots+\{y_n-(ax_n+b)\}^2 \quad \cdots①$$

この値がもっとも小さくなるときのaとbの値が、回帰直線の傾きとy切片になります。式①を展開して項を整理しましょう。

$(a-b)^2=a^2-2ab+b^2$

$$=y_1^2-2y_1(ax_1+b)+(ax_1+b)^2+y_2^2-2y_2(ax_2+b)+(ax_2+b)^2 + \cdots + y_n^2-2y_n(ax_n+b)+(ax_n+b)^2$$

$$\begin{aligned}=\ & y_1^2-2ax_1y_1-2by_1+a^2x_1^2+2abx_1+b^2\\ +\ & y_2^2-2ax_2y_2-2by_2+a^2x_2^2+2abx_2+b^2\\ +\ & \cdots\\ +\ & y_n^2-2ax_ny_n-2by_n+a^2x_n^2+2abx_n+b^2\end{aligned}$$

ア　イ　ウ　エ　オ　カ

$$=\underbrace{(y_1^2+y_2^2+\cdots+y_n^2)}_{ア}-2a\underbrace{(x_1y_1+x_2y_2+\cdots+x_ny_n)}_{イ}-2b\underbrace{(y_1+y_2+\cdots+y_n)}_{ウ}$$

$$+\underbrace{a^2(x_1^2+x_2^2+\cdots+x_n^2)}_{エ}+\underbrace{2ab(x_1+x_2+\cdots+x_n)}_{オ}+\underbrace{nb^2}_{カ} \quad \cdots②$$

このままでは式が長いので、次のように文字を置き換えます。

$$X=x_1+x_2+\cdots+x_n,\ Y=y_1+y_2+\cdots+y_n,\ Z=x_1y_1+x_2y_2+\cdots+x_ny_n$$
$$V=x_1^2+x_2^2+\cdots+x_n^2,\ W=y_1^2+y_2^2+\cdots+y_n^2$$

すると、式②は次のようになります。

$$W-2Za-2Yb+Va^2+2Xab+nb^2$$

この式を、まずはbについて平方完成（262ページ）します。

無理矢理nでくくる

$$=nb^2+2(Xa-Y)b+Va^2-2Za+W$$

$$=n\left(b^2+2\frac{Xa-Y}{n}b\right)+Va^2-2Za+W$$

$a^2+2ab+b^2$の形にする

$$=n\left\{b^2+2\frac{Xa-Y}{n}b+\left(\frac{Xa-Y}{n}\right)^2-\left(\frac{Xa-Y}{n}\right)^2\right\}+Va^2-2Za+W$$

$$=n\left(b^2+\frac{Xa-Y}{n}\right)^2-n\left(\frac{Xa-Y}{n}\right)^2+Va^2-2Za+W$$

続いて、aについても平方完成します。

$$=n\left(b+\frac{Xa-Y}{n}\right)^2-n\cdot\frac{X^2a^2-2XYa+Y^2}{n^2}+Va^2-2Za+W$$

この部分を無理矢理くくる

$$=n\left(b+\frac{Xa-Y}{n}\right)^2+\left(V-\frac{X^2}{n}\right)a^2-2\left(Z-\frac{XY}{n}\right)a-\frac{Y^2}{n}+W$$

$$=n\left(b+\frac{Xa-Y}{n}\right)^2+\left(\frac{nV-X^2}{n}\right)\left\{a^2-2\left(\frac{nZ-XY}{n}\right)\left(\frac{n}{nV-X^2}\right)a\right\}-\frac{Y^2}{n}+W$$

$$=n\left(b+\frac{Xa-Y}{n}\right)^2+\left(\frac{nV-X^2}{n}\right)\left\{a^2-2\left(\frac{nZ-XY}{nV-X^2}\right)a+\left(\frac{nZ-XY}{nV-X^2}\right)^2\right.$$

$a^2-2ab+b^2$の形にする

$$\left.-\left(\frac{nZ-XY}{nV-X^2}\right)^2\right\}-\frac{Y^2}{n}+W$$

$$=\underbrace{n\left(b+\frac{Xa-Y}{n}\right)^2}_{Ⓐ}+\underbrace{\left(\frac{nV-X^2}{n}\right)\left(a-\frac{nZ-XY}{nV-X^2}\right)^2}_{Ⓑ}-\left(\frac{nV-X^2}{n}\right)\left(\frac{nZ-XY}{nV-X^2}\right)^2$$

$$-\frac{Y^2}{n}+W \quad \cdots③$$

式③は複雑ですが、もともとは式①の変形ですから正の数になります。また、上の項Ⓐ，Ⓑに注目すると、

Ⓐ：$n>0$，$(\quad)^2\geqq 0$より、Ⓐ$\geqq 0$

Ⓑ：$$\frac{nV-X^2}{n}=\frac{(nV-X^2)/n^2}{n/n^2}=\frac{V/n-(X/n)^2}{1/n}$$

$$=n\left\{\frac{x_1{}^2+x_2{}^2+\cdots+x_n{}^2}{n}-\left(\frac{x_1+x_2+\cdots+x_n}{n}\right)^2\right\}$$

$$=n\{\overline{x^2}-(\overline{x})^2\}=nS_x{}^2\geqq 0$$

xの分散

また、$(\quad)^2\geqq 0$より、Ⓑ$\geqq 0$

以上から、式③

$$Ⓐ+Ⓑ-\left(\frac{nV-X^2}{n}\right)\left(\frac{nZ-XY}{nV-X^2}\right)^2-\frac{Y^2}{n}+W \quad (\geqq 0)$$

は、Ⓐと Ⓑが 0 のとき最小になります。Ⓐと Ⓑが 0 になるのは、

$$b + \frac{Xa - Y}{n} = 0 \quad \cdots④, \quad a - \frac{nZ - XY}{nV - X^2} = 0 \quad \cdots⑤$$

のときです。したがって式⑤より、

$$a = \frac{nZ - XY}{nV - X^2} = \frac{(nZ - XY)/n^2}{(nV - X^2)/n^2} = \frac{Z/n - (X/n)(Y/n)}{V/n - (X/n)^2}$$

$$= \frac{\overline{xy} - \overline{x} \cdot \overline{y}}{\overline{x^2} - (\overline{x})^2} = \frac{S_{xy}}{S_x^{\,2}}$$

← 共分散 $S_{xy} = \overline{xy} - \overline{x} \cdot \overline{y}$ より（補足参照）

また、式④より、

$$b = -\frac{Xa - Y}{n} = \frac{Y - Xa}{n} = \frac{Y}{n} - \frac{X}{n} \cdot \frac{S_{xy}}{S_x^{\,2}}$$

$$= \overline{y} - \frac{S_{xy}}{S_x^{\,2}} \overline{x}$$

以上から、回帰直線の式は、

$$y = \underbrace{\frac{S_{xy}}{S_x^{\,2}}}_{a} x + \underbrace{\overline{y} - \frac{S_{xy}}{S_x^{\,2}} \overline{x}}_{b} \Rightarrow \quad y - \overline{y} = \frac{S_{xy}}{S_x^{\,2}} (x - \overline{x})$$

となります。

補足

$S_{xy} = \overline{xy} - \overline{x} \cdot \overline{y}$ の証明

$$S_{xy} = \frac{(x_1 - \overline{x})(y_1 - \overline{y}) + \cdots + (x_n - \overline{x})(y_n - \overline{y})}{n}$$

$$= \frac{x_1 y_1 - x_1 \overline{y} - y_1 \overline{x} + \overline{x} \cdot \overline{y} + \cdots + x_n y_n - x_n \overline{y} - y_n \overline{x} + \overline{x} \cdot \overline{y}}{n}$$

$$= \frac{(x_1 y_1 + \cdots + x_n y_n) - (x_1 + \cdots + x_n)\overline{y} - (y_1 + \cdots + y_n)\overline{x} + n\overline{x} \cdot \overline{y}}{n}$$

$$= \frac{x_1 y_1 + \cdots + x_n y_n}{n} - \frac{x_1 + \cdots + x_n}{n} \overline{y} - \frac{y_1 + \cdots + y_n}{n} \overline{x} + \frac{\cancel{n}\overline{x} \cdot \overline{y}}{\cancel{n}}$$

$$= \overline{xy} - \overline{x} \cdot \overline{y} - \overline{y} \cdot \overline{x} + \overline{x} \cdot \overline{y} = \overline{xy} - \overline{x} \cdot \overline{y}$$

練習問題の解説と解答

第1章

【練習問題1】 ▶P.20

摂取したアルコールの量は、それぞれ

ビール：$500 \times 0.05 = 25$mL
水割り：$100 \times 0.09 = 9$mL
日本酒：$200 \times 0.12 = 24$mL

ですから、合計で$25 + 9 + 24 = 58$mLです。

一方、飲んだ酒の量は$500 + 100 + 200 = 800$mLなので、平均のアルコール度数（加重平均）は次のように求められます。

$$\frac{58}{800} = 0.0725 \Rightarrow 7.25\%$$

答え：**7.25%**

【練習問題2】 ▶P.23

利回りのパーセントを倍率にすると、1年目の20%は1.2倍、2年目の－20%は0.8倍、3年目の10%は1.1倍となります。したがって幾何平均は、

$$\sqrt[3]{1.2 \times 0.8 \times 1.1} = \sqrt[3]{1.056} \fallingdotseq 1.0183$$

以上から、3年間の平均利回りは約1.83%になります。なお、3乗根の計算には、関数電卓やパソコンが必要です。

答え：**1.83%**

【練習問題3】 ▶P.25

全体の作業量を1とすると、1日の作業量はA君が$\frac{1}{10}$、B君が$\frac{1}{15}$です。2人の1日分の作業量は

$$\frac{1}{10} + \frac{1}{15} = \frac{3+2}{30} = \frac{5}{30} = \frac{1}{6}$$

したがって、2人で作業した場合には$1 \div \frac{1}{6} = 6$日かかります。

答え：**6日**

【練習問題4】 ▶P.28

まず、B組の平均を求めます。

$$\overline{x} = \frac{25+35+40+45+50+55+55+60+65+70}{10} = 50$$

B組の分散は次のようになります。

$$\begin{aligned}
&\{(25-50)^2 + (35-50)^2 + (40-50)^2 \\
&\quad + (45-50)^2 + (50-50)^2 + (55-50)^2 \\
&\quad + (55-50)^2 + (60-50)^2 + (65-50)^2 \\
&\quad + (70-50)^2\} \div 10 \\
&= \{(-25)^2 + (-15)^2 + (-10)^2 + (-5)^2 \\
&\quad + 0^2 + 5^2 + 5^2 + 10^2 + 15^2 + 20^2\} \div 10 \\
&= (625 + 225 + 100 + 25 + 0 + 25 + 25 \\
&\quad + 100 + 225 + 400) \div 10 \\
&= 1750 \div 10 \\
&= 175
\end{aligned}$$

答え：**175**

【練習問題5】 ▶P.31

2つのデータを合わせた平均$\overline{x}$は、次のように加重平均で計算できます（20ページ）。

$$\overline{x} = \frac{40 \times 20 + 55 \times 10}{20 + 10} = \frac{800 + 550}{30} = \frac{1350}{30} = 45$$

また、データAのデータの2乗和をA^2、データBのデータの2乗和をB^2とすると、

$$\frac{A^2}{20} - 40^2 = 700 \Rightarrow A^2 = (700 + 40^2) \times 20 = 46000$$

$$\frac{B^2}{10} - 55^2 = 400 \Rightarrow B^2 = (400 + 55^2) \times 10 = 34250$$

以上から、2つのデータを合わせた分散は次のようになります。

$$s^2 = \frac{A^2 + B^2}{20 + 10} - \overline{x}^2 = \frac{46000 + 34250}{20 + 10} - 45^2$$
$$= 2675 - 2025 = 650$$

答え：**平均45，分散650**

【練習問題6】 ▶ P.38

数学の成績の分布は平均が40，分散が144なので、70点の場合の偏差値は次のようになります（標準偏差＝$\sqrt{分散}$）。

$$T = \frac{70 - 40}{\sqrt{144}} \times 10 + 50 = 2.5 \times 10 + 50 = 75$$

答え：**75**

第2章

【練習問題1】 ▶ P.42

52枚のカードのうち、ハートの絵札は「ハートのジャック」「ハートのクィーン」「ハートのキング」の3枚なので、

$$P(A かつ B) = \frac{3}{52}$$

また、ハートのカードは13枚、絵札は3×4＝12枚あり、そのうちハートの絵札は3枚なので、

$$P(A または B) = \frac{13 + 12 - 3}{52} = \frac{22}{52} = \frac{11}{26}$$

となる。

答え：$P(A かつ B) = \frac{3}{52}$

$P(A または B) = \frac{11}{26}$

【練習問題2】 ▶ P.44

数字が2以下のカードは2×4＝8枚あるので、引いたカードが2以下である確率は$\frac{8}{52}$です。また、絵札は3×4＝12枚あるので、絵札である確率は$\frac{12}{52}$です。

2つの事象は互いに排反なので、2以下または絵札である確率は

$$\frac{8}{52} + \frac{12}{52} = \frac{20}{52} = \frac{5}{13}$$

となります。

答え：$\frac{5}{13}$

【練習問題3】 ▶ P.48

3回の試行は互いに独立なので、3回とも1の目が出る確率は、

$$\frac{1}{6} \times \frac{1}{6} \times \frac{1}{6} = \frac{1}{216}$$

となります。

答え：$\frac{1}{216}$

【練習問題4】 ▶ P.49

4回のうち2回表が出る場合の数は、${}_4C_2 = 6$通り。また、コインを1回投げて表が出る確率は$\frac{1}{2}$です。したがって、コインを4回投げて表が2回出る確率は、

$$6 \times \left(\frac{1}{2}\right)^2 \left(1 - \frac{1}{2}\right)^2 = 6 \times \left(\frac{1}{2}\right)^4 = 6 \times \frac{1}{16} = \frac{3}{8}$$

答え：$\frac{3}{8}$

【練習問題 5】 ▶ P.54

A君が10本中3本ある“当たり”を引く確率は、$P(A)=\frac{3}{10}$です。

A君が“当たり”を引いた場合、当たりくじは10本中2本になります。したがってA君が“当たり”を引いたときB君が“当たり”を引く確率は、$P_A(B)=\frac{2}{9}$です。確率の乗法定理より、2人とも“当たり”を引く確率は、

$$\frac{3}{10}\times\frac{2}{9}=\frac{1}{15}$$

答え：$\frac{1}{15}$

【練習問題 6】 ▶ P.55

子ども2人の男女の組合せは、(男, 男), (男, 女), (女, 男), (女, 女)の4通りです。少なくとも1人が女の子である事象をA、2人とも女の子である事象をBとしてベン図を書くと、次のようになります。

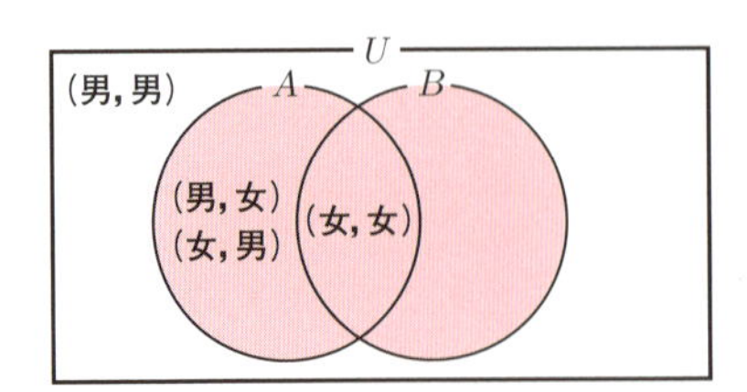

したがって、

$$P(A)=\frac{3}{4},\ P(A\text{かつ}B)=\frac{1}{4}$$

$$P_A(B)=\frac{P(A\text{かつ}B)}{P(A)}=\frac{1}{4}\div\frac{3}{4}=\frac{1}{3}$$

となります。

答え：$\frac{1}{3}$

【練習問題 7】 ▶ P.57

偶数の目は⚁、⚃、⚅の3通りあるので、

$$P(A)=\frac{3}{6}=\frac{1}{2}$$

また、3の倍数の目は⚂、⚅の2通りあるので、

$$P(B)=\frac{2}{6}=\frac{1}{3}$$

偶数かつ3の倍数の目は⚅のみなので、

$$P(A\text{かつ}B)=\frac{1}{6}$$

$P(A\text{かつ}B)=P(A)P(B)$が成り立つので、事象Aと事象Bは互いに独立です。

答え：互いに独立している

【練習問題 8】 ▶ P.59

確率分布は次のようになります。

1等が当たる確率 $P(X=1000)=\frac{1}{100}$

2等が当たる確率 $P(X=500)=\frac{5}{100}=\frac{1}{20}$

3等が当たる確率 $P(X=100)=\frac{10}{100}=\frac{1}{10}$

はずれの確率 $P(X=0)=1-\frac{1+5+10}{100}$

$$=\frac{84}{100}=\frac{21}{25}$$

答え：

X	0	100	500	1000	計
P	$\frac{21}{25}$	$\frac{1}{10}$	$\frac{1}{20}$	$\frac{1}{100}$	1

【練習問題 9】 ▶ P.63

2個のサイコロの出た目の組合せは

全部で6×6＝36通りあります。これらを出た目の合計ごとに整理すると、次のようになります。

X	出た目	確率
2	⚀⚀	$\frac{1}{36}$
3	⚀⚁，⚁⚀	$\frac{2}{36}$
4	⚀⚂，⚁⚁，⚂⚀	$\frac{3}{36}$
5	⚀⚃，⚁⚂，⚂⚁，⚃⚀	$\frac{4}{36}$
6	⚀⚄，⚁⚃，⚂⚂，⚃⚁，⚄⚀	$\frac{5}{36}$
7	⚀⚅，⚁⚄，⚂⚃，⚃⚂，⚄⚁，⚅⚀	$\frac{6}{36}$
8	⚁⚅，⚂⚄，⚃⚃，⚄⚂，⚅⚁	$\frac{5}{36}$
9	⚂⚅，⚃⚄，⚄⚃，⚅⚂	$\frac{4}{36}$
10	⚃⚅，⚄⚄，⚅⚃	$\frac{3}{36}$
11	⚄⚅，⚅⚄	$\frac{2}{36}$
12	⚅⚅	$\frac{1}{36}$

以上から、出た目の和の期待値は次のように計算できます。

$$
\begin{aligned}
E(X) &= 2\times\frac{1}{36}+3\times\frac{2}{36}+4\times\frac{3}{36}+5\times\frac{4}{36} \\
&\quad +6\times\frac{5}{36}+7\times\frac{6}{36}+8\times\frac{5}{36} \\
&\quad +9\times\frac{4}{36}+10\times\frac{3}{36}+11\times\frac{2}{36} \\
&\quad +12\times\frac{1}{36} \\
&= \frac{2+6+12+20+30+42+40+36+30+22+12}{36} \\
&= \frac{252}{36}=7
\end{aligned}
$$

なお、68ページの例題では、この問題のよりスマートな解法を説明しています。

答え：7

【練習問題10】 ▶P.64

$$
\begin{aligned}
E(X) &= 1\times0.5+2\times0.2+3\times0.3=1.8 \\
V(X) &= (1-1.8)^2\times0.5+(2-1.8)^2\times0.2 \\
&\quad +(3-1.8)^2\times0.3 \\
&= 0.64\times0.5+0.04\times0.2+1.44\times0.3 \\
&= 0.76
\end{aligned}
$$

答え：平均＝1.8，分散＝0.76

【練習問題11】 ▶P.67

$$
\begin{aligned}
E(Y) &= E(5X-4) = 5E(X)-4 \\
&= 5\times10-4=46 \\
V(Y) &= V(5X-4) = 5^2V(X) \\
&= 25\times27=675
\end{aligned}
$$

答え：$E(Y)=46$，$V(Y)=675$

【練習問題12】 ▶P.70

$E(X+Y)=E(X)+E(Y)$ より、

$$
\begin{aligned}
E(X-Y) &= E(X)+E(-Y) \\
&= E(X)-E(Y)
\end{aligned}
$$

が成り立ちます。したがって、

$$E(X-Y)=E(X)-E(Y)=12-8=4$$

答え：4

【練習問題13】 ▶P.72

もらえる10円玉の金額をX（＝0，10）

とします。コイン を1枚投げて表が出る確率は$\frac{1}{2}$なので、

$$E(X)=0\times\frac{1}{2}+10\times\frac{1}{2}=5$$

$$V(X)=(0-5)^2\times\frac{1}{2}+(10-5)^2\times\frac{1}{2}=25$$

同様に、もらえる50円玉の金額を$Y(=0,\ 50)$とすると、

$$E(Y)=0\times\frac{1}{2}+50\times\frac{1}{2}=25$$

$$V(Y)=(0-25)^2\times\frac{1}{2}+(50-25)^2\times\frac{1}{2}$$
$$=625$$

XとYは互いに独立であり、もらえる金額は$X+Y$で表すことができます。したがって、

$$E(X+Y)=E(X)+E(Y)=5+25=30$$
$$V(X+Y)=V(X)+V(Y)=25+625$$
$$=650$$

ちなみに、$X+Y$の確率分布は次のようになります。

$X+Y$	0	10	50	60
P	$\frac{1}{4}$	$\frac{1}{4}$	$\frac{1}{4}$	$\frac{1}{4}$

表から$E(X+Y)$、$V(X+Y)$を計算しても、結果は当然同じです。

$$E(X+Y)=0\times\frac{1}{4}+10\times\frac{1}{4}+50\times\frac{1}{4}$$
$$+60\times\frac{1}{4}=30$$

$$V(X+Y)=(0-30)^2\times\frac{1}{4}+(10-30)^2$$
$$\times\frac{1}{4}+(50-30)^2\times\frac{1}{4}$$
$$+(60-30)^2\times\frac{1}{4}$$
$$=650$$

答え：**期待値＝30，分散＝650**

【練習問題14】 ▶P.75

たとえば、サイコロを3回振って⚀の目が出る回数Xは、二項分布$B(3,\ \frac{1}{6})$にしたがいます。Xの値ごとの確率は次のようになります。

$$P(X=0)={}_3C_0\times(1-\frac{1}{6})^3=1\times(\frac{5}{6})^3$$
$$=\frac{125}{216}$$

$$P(X=1)={}_3C_1\times(\frac{1}{6})^1\times(1-\frac{1}{6})^2$$
$$=3\times\frac{1}{6}\times(\frac{5}{6})^2=\frac{75}{216}$$

$$P(X=2)={}_3C_2\times(\frac{1}{6})^2\times(1-\frac{1}{6})^1$$
$$=3\times(\frac{1}{6})^2\times\frac{5}{6}=\frac{15}{216}$$

$$P(X=3)={}_3C_3\times(\frac{1}{6})^3=1\times(\frac{1}{6})^3=\frac{1}{216}$$

以上から、確率分布表は次のようになります。

X	0	1	2	3	計
P	$\frac{125}{216}$	$\frac{75}{216}$	$\frac{15}{216}$	$\frac{1}{216}$	1

【練習問題15】 ▶P.78

不良品の個数をXとすると、Xは二項分布$B(10000,\ \frac{1}{500})$にしたがいます。したがって、平均$E(X)$と分散$V(X)$はそれぞれ次のようになります。

$$E(X)=10000\times\frac{1}{500}=20$$

$$V(X) = 10000 \times \frac{1}{500} \times (1 - \frac{1}{500})$$

$$= \frac{10000 \times 1 \times 499}{500 \times 500} = 19.96$$

$$s(X) = \sqrt{19.96} \fallingdotseq 4.47$$

答え：**平均＝20個，標準偏差＝4.47個**

第３章

【練習問題 1】 ▶ P.102

身長160cmを、標準正規分布にしたがう確率変数Zに変換すると、

$$Z = \frac{160 - 174}{8} = -1.75$$

99ページの標準正規分布表より、$P(0 \leqq Z \leqq 1.75) = 0.4599$です。したがって、

$$P(X \leqq 160) = P(Z \leqq -1.75)$$
$$= P(Z \geqq 1.75) = 0.5 - 0.4599$$
$$= 0.0401$$

以上から、身長160cm以下の男子生徒の割合は、$0.0401 \times 100 = 4.01$パーセントです。

答え：**4.01％**

【練習問題 2】 ▶ P.104

$P(Z \geqq a)$の面積が0.1となるので、$P(Z \geqq a) = 0.5 - P(0 \leqq Z \leqq a)$より、$P(0 \leqq Z \leqq a) = 0.5 - 0.1 = 0.4$となるパーセント点$a$を求めます。

99ページの標準正規分布表より、0.4以上でもっとも小さい数値は「0.4015」です。「0.4015」の左端は「1.2」、上端は「0.09」なので、$a = 1.29$となります。

標準正規分布にしたがう確率変数の値1.29を、平均62、標準偏差12の正規分布にしたがう確率変数の値に変換すると、$X = \mu + \sigma Z$より、

$$X = 62 + 12 \times 1.29 = 77.48$$

78点以上なら上位10％に入ります。

答え：**78点以上**

【練習問題 3】 ▶ P.122

製品の重さは正規分布$N(100, 2^2)$にしたがうので、95％の範囲は次のようになります。

$$-1.96 \times 2 + 100 \leqq X \leqq 1.96 \times 2 + 100$$
$$\Rightarrow \quad 96.08 \leqq X \leqq 103.92$$

答え：**96.08g以上103.92g以下**

【練習問題 4】 ▶ P.128

実際の体温をμとすると、95％の確率で次の不等式が成り立ちます。

$$-1.96 \times 0.5 + \mu \leqq 35.7 \leqq 1.96 \times 0.5 + \mu$$
$$\Rightarrow -1.96 \times 0.5 \leqq 35.7 - \mu \leqq 1.96 \times 0.5$$
$$\Rightarrow -1.96 \times 0.5 - 35.7 \leqq -\mu \leqq 1.96 \times 0.5 - 35.7$$
$$\Rightarrow 1.96 \times 0.5 + 35.7 \geqq \mu \geqq -1.96 \times 0.5 + 35.7$$
$$\Rightarrow 34.72 \leqq \mu \leqq 36.68$$

3辺からμを引く

答え：**34.72℃以上36.68℃以下**

第４章

【練習問題 1】 ▶ P.151

母分散$\sigma = 6^2$，標本の大きさ$n = 100$より、標本平均$\overline{X}$は、平均μ、分散$\frac{6^2}{100}$の正規分布にしたがいます。したがって、95％の確率で次の不等式が成り立ちます。

$$\mu-1.96\times\sqrt{\frac{6^2}{100}}\leqq\overline{X}\leqq\mu+1.96\times\sqrt{\frac{6^2}{100}}$$

$\overline{X}=170$を代入すると、次のようになります。

$$\mu-1.96\times\sqrt{\frac{6^2}{100}}\leqq170\leqq\mu+1.96\times\sqrt{\frac{6^2}{100}}$$

$$\Rightarrow\ -170-1.96\times\sqrt{\frac{6^2}{100}}\leqq-\mu\leqq-170+1.96\times\sqrt{\frac{6^2}{100}}$$

$$\Rightarrow\ 170+1.96\times\sqrt{\frac{6^2}{100}}\geqq\mu\geqq170-1.96\times\sqrt{\frac{6^2}{100}}$$

$$\Rightarrow\ 168.824\leqq\mu\leqq171.176$$

答え：**168.824cm 以上 171.176cm 以下**

【練習問題 2】 ▶ P.154

標本の大きさ$n=50$はじゅうぶん大きいので、中心極限定理により、標本平均$\overline{X}$は平均μ、分散$\frac{2^2}{50}$の正規分布にしたがうと考えられます（140ページ）。したがって、$\overline{X}$の値は95％の確率で次の範囲になります。

$$\mu-1.96\times\sqrt{\frac{2^2}{50}}\leqq\overline{X}\leqq\mu+1.96\times\sqrt{\frac{2^2}{50}}$$

この不等式に$\overline{X}=15$を代入し、μの95パーセント信頼区間を求めます。

$$\mu-1.96\times\sqrt{\frac{2^2}{50}}\leqq15\leqq\mu+1.96\times\sqrt{\frac{2^2}{50}}$$

$$\Rightarrow\ -15-1.96\times\sqrt{\frac{2^2}{50}}\leqq-\mu\leqq-15+1.96\times\sqrt{\frac{2^2}{50}}$$

$$\Rightarrow\ 15+1.96\times\sqrt{\frac{2^2}{50}}\geqq\mu\geqq15-1.96\times\sqrt{\frac{2^2}{50}}$$

$$\Rightarrow\ 15+1.96\times\frac{\sqrt{2}}{5}\geqq\mu\geqq15-1.96\times\frac{\sqrt{2}}{5}$$

$\sqrt{\frac{4}{50}}=\sqrt{\frac{2}{25}}=\frac{\sqrt{2}}{5}$

$$\Rightarrow\ 15.554\geqq\mu\geqq14.446$$

答え：**14.446g 以上 15.554g 以下**

【練習問題 3】 ▶ P.158

母比率をp，標本の大きさ$n=400$とします。「支持する」と回答した人の人数を確率変数Xとすると、Xは二項分布$B(n,\ p)$にしたがいます。$n=400$はじゅうぶんに大きいので、二項分布$B(n,\ p)$は正規分布$N(np,\ np(1-p))$に近似します。したがって、95％の確率で次の不等式が成り立ちます。

$$np-1.96\sqrt{np(1-p)}\leqq X\leqq np+1.96\sqrt{np(1-p)}$$

標本比率$r=\frac{X}{n}$とすると、

$$\Rightarrow\ p-1.96\sqrt{\frac{p(1-p)}{n}}\leqq r\leqq p+1.96\sqrt{\frac{p(1-p)}{n}}$$

$$\Rightarrow\ r-1.96\sqrt{\frac{p(1-p)}{n}}\leqq p\leqq r+1.96\sqrt{\frac{p(1-p)}{n}}$$

左右辺の母比率pは標本比率rで代用します。$r=0.4$，$n=400$を代入すると、母比率pの95パーセント信頼区間は次のようになります。

$$0.4-1.96\sqrt{\frac{0.4\times(1-0.4)}{400}}\leqq p\leqq0.4+1.96\sqrt{\frac{0.4\times(1-0.4)}{400}}$$

$\Rightarrow\ 0.352 \leqq p \leqq 0.448$

答え：**35.2％以上 44.8％以下**

第５章

【練習問題 1】 ▶ P.165

$(1-0.99) \div 2 = 0.005$ より、下側確率が $0.005 = 0.5\%$ になるパーセント点と、上側確率が $0.005 = 0.5\%$ になるパーセント点を求めます。

164ページの表より、自由度10のカイ２乗分布の下側0.5パーセント点は「2.16」です。

上側0.5パーセント点は下側99.5パーセント点と同じです。164ページの表より、自由度10のカイ２乗分布の下側99.5パーセント点は「25.19」です。

以上から、自由度10のカイ２乗分布にしたがう X の99％は、2.16以上25.19以下の範囲に収まります。

答え：**2.16以上 25.19以下**

【練習問題 2】 ▶ P.169

7個の標本と母平均から、統計量 V は次のようになります。

$$V = \{(98-95)^2 + (99-95)^2 + (93-95)^2 + (94-95)^2 + (92-95)^2 + (96-95)^2 + (95-95)^2\} \div \sigma^2$$

$$= \frac{9+16+4+1+9+1+0}{\sigma^2} = \frac{40}{\sigma^2}$$

この統計量 V は、自由度７のカイ２乗分布にしたがいます。164ページの表より、自由度７のカイ２乗分布の下側2.5パーセント点と97.5パーセント点は「1.69」「16.01」なので、確率95％で次の不等式が成り立ちます。

$$1.69 \leqq \frac{40}{\sigma^2} \leqq 16.01$$

$$\Rightarrow\ \frac{40}{16.01} \leqq \sigma^2 \leqq \frac{40}{1.69}$$

$$\Rightarrow\ 2.498 \leqq \sigma^2 \leqq 23.67$$

$$\Rightarrow\ \sqrt{2.498} \leqq \sigma \leqq \sqrt{23.67}$$

$$\Rightarrow\ 1.58 \leqq \sigma \leqq 4.87$$

答え：**1.58g 以上 4.87g 以下**

【練習問題 3】 ▶ P.174

$$S^2 = \frac{(X_1-\overline{X})^2+(X_2-\overline{X})^2+\cdots+(X_n-\overline{X})^2}{n}$$

より、統計量 W は、

$$W = \frac{(X_1-\overline{X})^2+(X_2-\overline{X})^2+\cdots+(X_n-\overline{X})^2}{\sigma^2}$$

$$= \frac{nS^2}{\sigma^2}$$

となります。$n = 10$, $S^2 = 20$ を代入すると、

$$W = \frac{10 \times 20}{\sigma^2} = \frac{200}{\sigma^2}$$

この統計量 W は、自由度 $10-1=9$ のカイ２乗分布にしたがいます。

164ページの表より、自由度９のカイ２乗分布の下側2.5パーセント点と97.5パーセント点はそれぞれ2.70と19.02なので、確率95％で次の不等式が成り立ちます。

$$2.70 \leqq \frac{200}{\sigma^2} \leqq 19.02$$

$$\Rightarrow\ \frac{200}{19.02} \leqq \sigma^2 \leqq \frac{200}{2.70}$$

$$\Rightarrow\ 10.515 \leqq \sigma^2 \leqq 74.074$$

$$\Rightarrow\ \sqrt{10.515} \leqq \sigma \leqq \sqrt{74.074}$$

$$\Rightarrow\ 3.24 \leqq \sigma \leqq 8.61$$

答え：3.24cm 以上 8.61cm 以下

【練習問題 4】 ▶ P.179

(1 − 0.99) ÷ 2 = 0.005 より、下側確率が 0.005 = 0.5%になるパーセント点と、上側確率が 0.005 = 0.5%になるパーセント点を求めます。

180 ページの表より、自由度10の t 分布の上側 0.5 パーセント点は「3.169」です。t 分布は左右対称なので、下側 0.5 パーセント点は「−3.169」になります。

以上から、自由度 10 の t 分布にしたがう確率変数の 99%は、−3.169 以上 3.169 以下の範囲に収まります。

答え：−3.169 以上 3.169 以下

【練習問題 5】 ▶ P.184

$\overline{X} = 162,\ U^2 = 20,\ n = 5$ として、次の統計量 T を求めます（182 ページ）。

$$T = \frac{\overline{X} - \mu}{\sqrt{\frac{U^2}{n}}} = \frac{162 - \mu}{\sqrt{\frac{20}{5}}} = \frac{162 - \mu}{2}$$

この統計量 T は自由度 5 − 1 = 4 の t 分布にしたがいます。180 ページの表より、自由度 4 の t 分布の下側 2.5 パーセント点と上側 2.5 パーセント点はそれぞれ − 2.776 と 2.776 なので、95%の確率で次の不等式が成り立ちます。

$$-2.776 \leqq \frac{162 - \mu}{2} \leqq 2.776$$

$$\Rightarrow 162 - 2.776 \times 2 \leqq \mu \leqq 162 + 2.776 \times 2$$

$$\Rightarrow 156.448 \leqq \mu \leqq 167.552$$

答え：156.448cm 以上 167.552cm 以下

第 6 章

【練習問題 1】 ▶ P.204

帰無仮説 H_0 を $\mu = 102$、対立仮説 H_1 を $\mu \neq 102$ として、両側検定を行います。

母分散が不明なので、t 分布による検定になります。不偏分散 U^2 は標本分散 S^2 の $\frac{n}{(n-1)}$ 倍なので、次のように求めることができます（146 ページ）。

$$U^2 = \frac{n}{(n-1)} S^2 = \frac{10}{9} \times 2.1^2 = 4.9$$

検定統計量は次のようになります。

$$T = \frac{\overline{X} - \mu}{\sqrt{\frac{U^2}{n}}} = \frac{104 - 102}{\sqrt{\frac{4.9}{10}}} = \frac{2}{0.7} \fallingdotseq 2.857$$

統計量 T は、自由度 9 の t 分布にしたがいます。両側検定なので、上下に 2.5%ずつ棄却域を設けます。180 ページの表より、自由度 9 の t 分布の上側 2.5 パーセント点は 2.262 なので、棄却域は − 2.262 以下または 2.262 以上となります。

一方、検定統計量は 2.857 なので、棄却域に含まれます。したがって、帰無仮説 H_0 は棄却され、対立仮説 H_1 が採択されます。すなわち、製造機械の設定は有意水準 5%以下で 102g ではありません。

答え：$\mu \neq 102$

【練習問題 2】 ▶ P.210

帰無仮説 H_0 は $\sigma^2 = 0.2^2$ です。一方、対立仮説 H_1 は $\sigma^2 < 0.2^2$ とし、左片側検定を行います。

母平均が未知なので、次のような検定統計量 W を求めます（173 ページ）。

$$W = \frac{(X_1 - \overline{X})^2 + \cdots + (X_n - \overline{X})^2}{\sigma^2} = \frac{nS^2}{\sigma^2}$$

$n = 10$、標本標準偏差 $S = 0.12$ なので、検定統計量は次のようになります。

$$W = \frac{10 \times 0.12^2}{0.2^2} = \frac{0.144}{0.04} = 3.6$$

統計量 W は自由度 9 のカイ 2 乗分布にしたがいます。左片側検定なので、下側確率 5%を棄却域とします。164 ページの表より、自由度 9 のカイ 2 乗分布の下側 5 パーセント点は 3.33 です。

検定統計量は 3.6 なので、棄却域に含まれません。したがって帰無仮説は棄却されず、有意水準 5%でばらつきは少なくなったとは言えません。

なお、この検定結果は標本標準偏差が大きいからというより、標本数が少ないためと考えられます。

答え：ばらつきは少なくなったとは言えない

第 7 章

【練習問題 1】 ▶ P.216

新薬と従来薬の血圧低下度の母平均をそれぞれ μ_X, μ_Y とします。帰無仮説 H_0 を $\mu_X = \mu_Y$、対立仮説を $\mu_X > \mu_Y$ とし、右片側検定を行います。

母標準偏差を仮定したので、検定統計量は次のように求めることができます。

$$Z = \frac{(\overline{X} - \overline{Y}) - (\mu_X - \mu_Y)}{\sqrt{\dfrac{\sigma_X{}^2}{m} + \dfrac{\sigma_Y{}^2}{n}}}$$

$$= \frac{60 - 48 - 0}{\sqrt{\dfrac{15^2}{25} + \dfrac{20^2}{25}}} = \frac{12}{5} = 2.4$$

統計量 Z は標準正規分布にしたがいます。右片側検定なので、上側 5%を棄却域とします。99 ページの表より、標準正規分布の上側 5 パーセント点は 1.64 です（196 ページ参照）。検定統計量 2.4 は棄却域に含まれるので、帰無仮説は棄却されます。したがって、新薬は有意水準 5%で従来薬より効果が高いといえます。

答え：効果が高い

【練習問題 2】 ▶ P.223

「男子生徒と女子生徒の身長の母分散が等しい」を帰無仮説 H_0 とします。まず、2 つの標本からそれぞれの不偏分散を求めます（不偏分散 U^2 は、標本分散 S^2 の $\dfrac{n}{n-1}$ 倍です）。

男子：$U_X{}^2 = \dfrac{mS_X{}^2}{m-1} = \dfrac{10 \times 12^2}{9} = 160$

女子：$U_Y{}^2 = \dfrac{nS_Y{}^2}{n-1} = \dfrac{11 \times 5^2}{10} = 27.5$

2 つの不偏分散から、検定統計量を求めます。

$$F = \frac{U_X{}^2}{U_Y{}^2} = \frac{160}{27.5} \fallingdotseq 5.82$$

統計量 F は、自由度（9, 10）の F 分布にしたがいます。上下 2.5%に棄却域を設定するので、境界値となる下側 2.5 パーセント点と上側 2.5 パーセント点を求めます。

221ページの表より、自由度（9, 10）の F 分布の上側 2.5 パーセント点は 3.779 です。また、下側 2.5 パーセント点は自由度（10, 9）の F 分布の上側 2.5 パーセント点（3.964）の逆数なので、$\dfrac{1}{3.964} = 0.252$

となります。

検定統計量5.82は3.779より大きいので、棄却域に含まれます。したがって帰無仮説H_0は棄却されます。すなわち、2つの母分散は有意水準5%で等しくありません。

答え：等しくない

【練習問題3】 ▶P.231

帰無仮説H_0を$\mu_X=\mu_Y$、対立仮説H_1を$\mu_X>\mu_Y$として、右片側検定を行います。2つの母分散の値はわかりませんが、等しいと仮定できるので、t分布による検定法が使えます。

検定統計量を求めるために、まず2つのグループの不偏分散U_X^2, U_Y^2を求め（146ページ）、合併した分散U_{XY}を計算します（問題文より、$S_X=12$, $S_Y=15$, $m=10$, $n=10$）。

$$U_X^2=\frac{mS_X^2}{m-1}=\frac{10\times12^2}{10-1}=160$$

$$U_Y^2=\frac{nS_Y^2}{n-1}=\frac{10\times15^2}{10-1}=250$$

$$U_{XY}=\frac{(m-1)U_X^2+(n-1)U_Y^2}{m+n-2}$$

$$=\frac{9\times160+9\times250}{10+10-2}=205$$

検定統計量は次のようになります。

$$T=\frac{\overline{X}-\overline{Y}-(\mu_X-\mu_Y)}{\sqrt{\left(\frac{1}{m}+\frac{1}{n}\right)U_{XY}}}$$

$$=\frac{63-49-0}{\sqrt{\left(\frac{1}{10}+\frac{1}{10}\right)\times205}}\fallingdotseq2.186$$

統計量Tは、自由度18のt分布にしたがいます。180ページの表より、自由度18のt分布の上側5パーセント点は1.734なので、有意水準5%の棄却域は$T\geqq1.734$となります。

検定統計量は2.186なので、棄却域に含まれます。したがって、帰無仮説H_0は棄却され、対立仮説H_1が採択されます。すなわち、新薬は有意水準5%で従来薬より効果が高いといえます。

答え：効果が高い

【練習問題4】 ▶P.236

帰無仮説H_0を$\mu_X=\mu_Y$、対立仮説H_1を$\mu_X>\mu_Y$とし、右片側検定を行います。まず、不偏分散U_X^2, U_Y^2を求めます（146ページ）。

$$U_X^2=\frac{mS_X^2}{m-1}=\frac{10\times12^2}{10-1}=160$$

$$U_Y^2=\frac{nS_Y^2}{n-1}=\frac{10\times15^2}{10-1}=250$$

次に、検定統計量を求めます。

$$T=\frac{(\overline{X}-\overline{Y})-(\mu_X-\mu_Y)}{\sqrt{\frac{U_X^2}{m}+\frac{U_Y^2}{n}}}$$

$$=\frac{63-49-0}{\sqrt{\frac{160}{10}+\frac{250}{10}}}\fallingdotseq2.186$$

次に、自由度νを求めます。

$$\nu=\frac{\left(\frac{U_X^2}{m}+\frac{U_Y^2}{n}\right)^2}{\frac{\left(\frac{U_X^2}{m}\right)^2}{m-1}+\frac{\left(\frac{U_Y^2}{n}\right)^2}{n-1}}\fallingdotseq17.17\rightarrow17$$

180ページの表より、自由度17のt分布の上側5パーセント点は1.740です。検定統計量2.186は1.740より大きいので、棄却域に含まれます。したがって、帰無仮説 H_0 は棄却され、対立仮説 H_1 が採択されます。すなわち、新薬は有意水準 5%で従来薬より効果が高いといえます。

答え：効果が高い

【練習問題 5】 ▶ P.239

帰無仮説 H_0 を $p=\frac{1}{2}$、対立仮説 H_1 を $p>\frac{1}{2}$ として、右片側検定を行います（pはコインを投げたとき表が出る確率）。

コインを n 回投げて表が出る回数は、二項分布 $B(n,\ p)$ にしたがいます。この分布は、n がじゅうぶんに大きいので、正規分布 $N(np,\ np(1-p))$ に近似します。検定統計量は次のようになります。

$$Z=\frac{\frac{X}{n}-p}{\sqrt{\frac{p(1-p)}{n}}}=\frac{\frac{30}{50}-\frac{1}{2}}{\sqrt{\frac{(1/2)(1/2)}{50}}}$$
$$\fallingdotseq 1.414$$

統計量 Z は標準正規分布にしたがいます。有意水準が5%なので、上側5パーセントを棄却域とします。99 ページの表より、標準正規分布の上側 5 パーセント点は 1.64 なので（196 ページ）、検定統計量 1.414 は棄却域に含まれません。したがって、帰無仮説は棄却されません。すなわち、表が出る確率は $\frac{1}{2}$ より大きいとは言えません。

答え：$\frac{1}{2}$ より大きいとは言えない

【練習問題 6】 ▶ P.243

帰無仮説 H_0 は、A 君の勝ち数とB 君の勝ち数、あいこの数に違いはないことです。

2 人がじゃんけんをしたときの手（グー、チョキ、パー）の組合せは、3×3 ＝ 9 通りです。このうち A 君の勝ちが 3 通り、B 君の勝ちが 3 通り、あいこが 3 通りなので、それぞれの確率は $\frac{1}{3}$ ずつになるはずです。したがって、理論的な勝敗の回数は次のようになります。

	A 君	B 君	あいこ	計
勝った回数	28	15	17	60
理論値	20	20	20	60

上の表から、検定統計量を求めます。

$$\chi^2=\frac{(28-20)^2}{20}+\frac{(15-20)^2}{20}+\frac{(17-20)^2}{20}$$
$$=\frac{64+25+9}{20}=4.9$$

統計量 χ^2 は、自由度 3 − 1 = 2 のカイ 2 乗分布にしたがいます。自由度 2 のカイ 2 乗分布の上側 5 パーセント点（＝下側 95 パーセント点）は、164 ページの表より 5.99 です。検定統計量 4.9 はこの値よりより小さいので、棄却域には含まれません。したがって、帰無仮説は棄却されません。A 君の勝ち数が多いのはたまたまです。

答え：A 君がじゃんけんに強いとは言えない

【練習問題 7】 ▶ P.248

帰無仮説 H_0 は「免疫の有無と性別

は独立している」です。

帰無仮説が正しいとき、各事象の理論的な確率は次のようになります。

	免疫あり	免疫なし
男性	$\frac{120}{300}\times\frac{140}{300}=\frac{14}{75}$	$\frac{120}{300}\times\frac{160}{300}=\frac{16}{75}$
女性	$\frac{180}{300}\times\frac{140}{300}=\frac{21}{75}$	$\frac{180}{300}\times\frac{160}{300}=\frac{24}{75}$

したがって、それぞれの理論的な人数は次のようになります。

	免疫あり	免疫なし
男性	$300\times\frac{14}{75}=56$	$300\times\frac{16}{75}=64$
女性	$300\times\frac{21}{75}=84$	$300\times\frac{24}{75}=96$

観測値と理論値から、検定統計量を求めます。

$$\chi^2=\frac{(43-56)^2}{56}+\frac{(77-64)^2}{64}+\frac{(97-84)^2}{84}+\frac{(83-96)^2}{96}$$

$$=\frac{169}{56}+\frac{169}{64}+\frac{169}{84}+\frac{169}{96}\fallingdotseq 9.43$$

統計量 χ^2 は、自由度1のカイ2乗分布にしたがいます。164ページの表より、自由度1のカイ2乗分布の上側5パーセント点（＝下側95パーセント点）は3.84です。検定統計量9.43はこの値より大きいので、棄却域に含まれます。したがって帰無仮説 H_0 は棄却されます。すなわち、免疫の有無は有意水準5%以下で性別との関連性が認められます。

答え：免疫の有無と性別は関連性がある

索引

● あ行

一致性 …… 146
上側確率 …… 101
ウェルチの t 検定 …… 234
Excel …… 105
F 分布 …… 217
重み …… 20

● か行

カイ2乗分布 …… 161
回帰直線 …… 264
階級 …… 15
階級値 …… 15
階乗 …… 51
確率の加法定理 …… 43
確率の乗法定理 …… 54
確率分布 …… 59
確率変数 …… 58
確率密度関数 …… 82
加重平均 …… 20
仮説検定 …… 186
片側検定 …… 203
傾き …… 265
合併した分散 …… 230
幾何平均 …… 22
棄却 …… 192
棄却域 …… 196
記述統計 …… 17
期待値 …… 62
帰無仮説 …… 187
95パーセント信頼区間 …… 125
共分散 …… 255
極限 …… 95
空事象 …… 45
区間推定 …… 125
組合せ …… 51
クロス集計表 …… 244
検定統計量 …… 195

● さ行

最小2乗法 …… 268
最頻値 …… 25
算術平均 …… 18
3乗根 …… 23
散布図 …… 250
サンプル …… 131
シグマ範囲 …… 111
試行 …… 40
事象 …… 40
自然対数 …… 95
下側確率 …… 101
自由度 …… 161, 174
順列 …… 50
条件付き確率 …… 53
推測統計 …… 17
スチューデントの t 分布 …… 177
正規分布 …… 91
正規母集団 …… 136
正の相関 …… 252
積事象 …… 41
積分 …… 85
z 得点 …… 35
相加平均 …… 18
相関係数 …… 258
相乗平均 …… 22
相対度数 …… 16

相対度数分布表 …… 16
総和記号 …… 116

●た行

第1種の誤り …… 193
第2種の誤り …… 193
大数の法則 …… 61, 137
代表値 …… 18
対立仮説 …… 187
チェビシェフの不等式 …… 114
中央値 …… 25
抽出 …… 132
柱状図 …… 16
中心極限定理 …… 140
調和平均 …… 24
直線の式 …… 265
t 分布 …… 175
適合度基準 …… 241
適合度検定 …… 240
等分散の検定 …… 218
同様に確からしい …… 40
独立 …… 46, 56, 70
独立試行の積の法則 …… 47
独立事象の乗法定理 …… 57
独立性の検定 …… 244
度数 …… 15
度数分布表 …… 15

●な行

二項分布 …… 75
2次不等式の解 …… 124
2次方程式の解の公式 …… 124
ネイピア数 …… 94

●は行

パーセント点 …… 103
排反 …… 43
背理法 …… 189
反復試行 …… 48
p 値 …… 197
ヒストグラム …… 16
非復元抽出 …… 132
標準化 …… 35, 93
標準正規分布 …… 92
標準正規分布表 …… 99
標準偏差 …… 30
標本 …… 131
標本空間 …… 40
標本の大きさ …… 131
標本標準偏差 …… 131
標本比率 …… 155
標本分散 …… 131
標本平均 …… 131
復元抽出 …… 132
負の相関 …… 253
不偏性 …… 142
不偏分散 …… 146
分割表 …… 244
分散 …… 28
平均 …… 18
平方完成 …… 263
平方根 …… 23
偏差 …… 27
偏差値 …… 37
母集団 …… 131
母集団の大きさ …… 131
母標準偏差 …… 131
母比率 …… 155
母比率に関する検定 …… 237

母比率の推定 …… 158
母分散 …… 131
母分散に関する検定
母平均がわかっている場合 …… 205
母平均がわからない場合 …… 208
母分散の推定
母平均がわかっている場合 …… 169
母平均がわからない場合 …… 172
母平均 …… 131
母平均に関する検定
母分散がわかっている場合 …… 194
母分散がわからない場合 …… 198
母平均の差に関する検定
ウェルチの t 検定 …… 234
母分散が等しい場合 …… 229
母分散がわかっている場合 …… 213
母平均の推定
標本が大きい場合 …… 154
母分散がわかっている場合 …… 151
母分散がわからない場合 …… 183
ポワソン分布 …… 79

●ま行

無作為抽出 …… 132
無相関 …… 254
メディアン …… 25
モード …… 25

●や行

有意確率 …… 197
有意水準 …… 188
余事象 …… 45
4 乗根 …… 23

●ら行

ラプラスの定理 …… 79
離散型確率変数 …… 81
立方根 …… 23
両側確率 …… 102
両側検定 …… 203
累乗根 …… 23
連続型確率変数 …… 81

●わ行

y 切片 …… 265
和事象 …… 42

●関数

CHISQ.DIST …… 165
CHISQ.DIST.RT …… 165
CHISQ.INV …… 165
CHISQ.INV.RT …… 165
F.DIST …… 225
F.INV …… 225
F.INV.RT …… 225
NORM.DIST …… 105
NORM.INV …… 107
NORM.S.DIST …… 105
NORM.S.INV …… 107
T.DIST …… 179
T.INV …… 179

●著者略歴　**株式会社ノマド・ワークス**（執筆：平塚陽介）

書籍、雑誌、マニュアルの企画・執筆・編集・制作をはじめ、デジタル・コンテンツの企画・制作に従事する。著書に『電験三種ポイント攻略テキスト＆問題集』『電験三種に合格するための初歩からのしっかり数学』『第1・2種電気工事士　合格へのやりなおし数学』（ナツメ社）、『消防設備士4類　超速マスター』（TAC出版）、『らくらく突破　改訂新版　乙種第4類危険物取扱者合格テキスト』（技術評論社）、『図解まるわかり時事用語』（新星出版社）、『かんたん合格基本情報技術者過去問題集』（インプレス）等多数。

本文イラスト◆川野　郁代
編集協力◆ノマド・ワークス
編集担当◆山路　和彦（ナツメ出版企画株式会社）

本書に関するお問い合わせは、書名・発行日・該当ページを明記の上、下記のいずれかの方法にてお送りください。電話でのお問い合わせはお受けしておりません。

・ナツメ社webサイトの問い合わせフォーム
　https://www.natsume.co.jp/contact
・FAX（03-3291-1305）
・郵送（下記、ナツメ出版企画株式会社宛て）

なお、回答までに日にちをいただく場合があります。正誤のお問い合わせ以外の書籍内容に関する解説・個別の相談は行っておりません。あらかじめご了承ください。

中学レベルからはじめる！
やさしくわかる統計学のための数学

2019年 5月 1日　初版発行
2022年 9月10日　第 4 刷発行

著　者　ノマド・ワークス
発行者　田村正隆

発行所　株式会社ナツメ社
東京都千代田区神田神保町1-52　ナツメ社ビル1F（〒101-0051）
電話　03（3291）1257（代表）　FAX　03（3291）5761
振替　00130-1-58661

制　作　ナツメ出版企画株式会社
東京都千代田区神田神保町1-52　ナツメ社ビル3F（〒101-0051）
電話　03（3295）3921（代表）

印刷所　広研印刷株式会社

ISBN978-4-8163-6614-7　Printed in Japan